TURING 图灵新知

# 谁在掷骰子？

U0383207

[英] 伊恩·斯图尔特 著

何生 译

## 不确定的数学

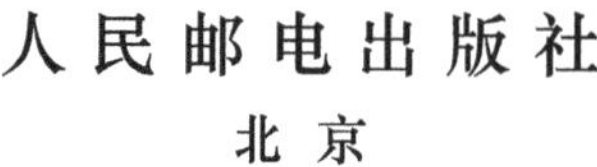


北京

**图书在版编目(CIP)数据**

谁在掷骰子？不确定的数学 / (英) 伊恩·斯图尔特著；何生译. -- 北京：人民邮电出版社，2022.7（2024.2 重印）
（图灵新知）
ISBN 978-7-115-58751-0

Ⅰ.①谁… Ⅱ.①伊… ②何… Ⅲ.①数学－普及读物 Ⅳ.①O1-49

中国版本图书馆CIP数据核字(2022)第032091号

## 内 容 提 要

几个世纪以来，在好奇心以及精确预测未来的“野心”的驱动下，具有开拓意识的数学家希望从概率论和统计学着手，减少各种“不确定性”。但他们发现，某些问题始终难以解决，而直觉也在不断误导人类。

本书探讨了关于“不确定性”的有趣故事和相关科学知识。知名科普作家伊恩·斯图尔特巧妙地建立起一个易于理解、充满想象的数学框架，从概率论、统计学、贝叶斯方法、混沌理论等角度展现了“不确定性”在金融市场、天气预报、人口普查、医学、量子物理学和宇宙学等诸多领域中的重要作用，展望了与不确定性问题紧密相关的科学门类的广阔研究前景。本书适合喜爱数学，对概率论、混沌理论、量子物理学等问题感兴趣的大众读者阅读。

◆ 著　[英] 伊恩·斯图尔特
译　何　生
责任编辑　戴　童
责任印制　彭志环

◆ 人民邮电出版社出版发行　北京市丰台区成寿寺路 11 号
邮编　100164　电子邮件　315@ptpress.com.cn
网址　https://www.ptpress.com.cn
固安县铭成印刷有限公司印刷

◆ 开本：880×1230　1/32
印张：10.5　2022 年 7 月第 1 版
字数：247 千字　2024 年 2 月河北第 4 次印刷
著作权合同登记号　图字：01-2020-5706 号

定价：89.80 元

**读者服务热线：(010) 84084456-6009　印装质量热线：(010) 81055316**
**反盗版热线：(010) 81055315**
**广告经营许可证：京东市监广登字20170147号**

# 中文版序言

这是一本关于不确定性，以及多年来人类如何试图在一个不确定的宇宙中不断前行的书。所有人和国家 / 地区都会同样面临这些问题，我很高兴本书能与中国读者见面。在整个翻译过程中，译者和我通过电子邮件进行了很多次讨论，在此，我对他认真准确的翻译表示感谢。

1989 年，我的第一本科普书《上帝掷骰子吗？混沌之新数学》在英国出版。那本书是关于当时新发现的混沌现象的。所谓混沌现象，是指在一个由确定性的数学规则控制的系统中出现的看似随机的状况。书名致敬了爱因斯坦的"上帝不掷骰子"，他最初并不相信量子力学的规则是随机的。该书重点讨论了"混沌理论"，这是非线性动力系统理论的一个新分支。在那时，混沌和量子力学的联系颇为暧昧，它们主要是具有隐喻性的。

我的这本新书很贴近学术前沿，它参考了过去三十多年的混沌理论研究成果。如今，人们能够对混沌和量子不确定性之间或许存在的关联进行更多讨论了。这是一个有趣但充满争议的话题。然而，这本书涉及的范围更广，它讲的是所有能为不确定性提供信息的各种数学方法。它汇集了很多已经发展了多年的数学技术，帮助我们管理、减少、消除、利用不确定性。混沌时代和量子时代只是六个"不确定性的时代"中的两个，通过这六个关联不甚紧密的时代，我们对不确定性展开广泛的讨论。

在遥远的“信仰时代”，自然世界支配着人类：火灾、洪水、地震、饥荒、飓风和海啸等灾害侵扰着我们；那些无法预测的旁人，如敌军，入侵我们的家园。由于无法掌控这类事情，祭司们逐渐发明了信仰系统，他们把这些事情归因于“神的意志”。祭司们声称，通过检验祭品的肝脏等方法，他们就能预测神的旨意，甚至影响神的决定。

“信仰时代”最终让位于“科学时代”。科学方法告诉我们，宇宙的“自然法则”是建立在数学规律之上的。行星不会按照神的旨意在空中游荡，它们的运行轨迹是标准的椭圆。不确定性只是暂时的无知。只要通过足够的努力和思考，我们就可以找到潜在规律，并预测那些曾被人类的无知所掩盖的东西。

科学还让我们找到了一种有效的方法来量化某一事件的确定性程度，并且，它还能量化误差对观测结果的影响程度。这为数学开辟了一个新的分支，随之而来的是“概率时代”。概率论起源于赌徒和天文学家的需要和经历，前者希望更好地把握“胜算”，后者则希望通过不完美的望远镜得到准确的观测结果。概率论和它的应用——统计学，主导了第三个不确定性时代，并且还引发了一场革命：统计学被应用于对大规模人类行为的研究中。

20 世纪初，人们进入了“量子时代”。在此之前，人们认为不确定性反映了人类的无知。如果我们对某事不确定，那是因为我们没有预测所需要的信息。基础物理学的新发现迫使我们改变了这个观点。根据量子理论，有时候我们根本无法获取所需要的信息，因为连大自然自己都不知道那是什么。

当数学家和科学家们意识到，即使知道某些系统的确切规律，它们仍然是不可预测的，因为在观测中不可避免的误差可以呈指数级增长，最终让预测失灵。这就是混沌理论，它解释了为什么天气如此不可预测，尽管我们知道它所涉及的基本物理学原理。“混沌时代”应运而生。

如今，我们已经进入了“综合时代”，在这个时代里，我们认识到不确定性会以多种形式出现，每种形式在某种程度上又都是可以理解的。我们现在拥有丰富多彩的数学工具箱，它帮助我们在一个不确定性很强的世界里做出明智的选择。“大数据”风靡一时，尽管眼下我们更擅长收集数据，而不是用它做什么有用的事。人们的心智模型已经可以用计算模型来扩充。此外，我们还认识到，不确定性并不总是坏事，我们也常常可以积极地利用它。

这六个时代的故事所涉及的人类活动和科学分支范围很广。尤其是，人们尚未恰当地理解量子的不确定性，这主要是因为我们并不真的知道该如何对量子系统的观测进行建模。我用了两章阐述这个问题：首先是正统的故事，然后是出现不久的非传统观点。从“解读”内脏到卫星导航，从掷骰子到“假新闻”，从人类行为的统计规律到被广泛误解的天气和气候之间的差别，都是本书探讨的主题。

人类开始认识到，世界比我们想象的要复杂得多，一切都是相互联系的。每一天都有关于不确定性的新发现，这些新发现拥有许多不同的形式和含义，为我们提供处理不确定性的新方法。关于不确定性的科学是迷人的，随着新的数学理解和技术进步相结合，它的发展速度越来越快。不确定性是关于未来的科学，它影响着居住在同一个星球上的每一个人。

伊恩·斯图尔特

2019 年 11 月于英国考文垂

# 目录

第 1 章　不确定性的六个时代　1
第 2 章　解读内脏　17
第 3 章　掷骰子　29
第 4 章　抛硬币　41
第 5 章　过量的信息　57
第 6 章　谬论与悖论　79
第 7 章　社会物理学　97
第 8 章　你有多确定?　113
第 9 章　有序与无序　129
第 10 章　无法预知　143
第 11 章　气象工厂　161
第 12 章　补救措施　189
第 13 章　金融预言　205
第 14 章　我们的贝叶斯大脑　223
第 15 章　量子的不确定性　243

第 16 章 骰子做主? 265
第 17 章 利用不确定性 293
第 18 章 未知的未知 309
注释 315
图片致谢 325
译后记 326

# 第 1 章
# 不确定性的六个时代

不确定：不明确或不完全清楚的状态；不能肯定或含糊不清的。

——《牛津英语词典》

不确定性并不总是坏事。我们有时喜欢“意料之外”——只要它们是令人愉快的。正如许多人喜欢赛马，但倘若一开始就知道谁会赢，那么大多数竞赛就会乏味不堪。有些准父母并不愿意提前知晓宝宝的性别。我猜想，我们大多数人不愿意提前知道自己的死期，更不愿意知道死亡将如何降临。但这些都是例外。生活就像一张彩票。不确定性常常滋生怀疑，而怀疑会让我们不舒服，因此，我们希望减少，甚至消除不确定性。我们担心**将要发生的事情**。即便已经知道天气是出了名的不可预测，而且预报还常常出错，我们仍然关注天气预报。

当我们看电视新闻、读报纸或上网“冲浪”时，那些将要发生的事件的不可知程度可能会令我们难以应对。飞机偶尔发生空难；地震和火山喷发能摧毁一个社区，乃至城市的大部分地区；金融业伴随着繁荣与萧条——尽管我们说的是“繁荣与萧条循环”，实际指的是繁荣后会萧条，萧条后会繁荣，但我们并不知道它们会在什么时候发生转换。我们也可以说“雨季和旱季循环”，并号称能预报天气。当选举来临时，我们还会密切关注民意调查，希望了解谁有可能获胜。近些年来，民意调查似乎变得不那么靠谱，但它仍能“摆布”我们的心情。

有时候，我们并不只是不确定，我们还不确定哪些是我们应该不确定的。大多数人担心气候变化，但也有少数人直言不讳地坚称这完全是一场骗局——它是由科学家（那些无法组织一场骗局来救自己命的人）、某个机构，甚至是火星人炮制的……此类阴谋论任你选择。不过，即使是预测了气候变化的气候学家们，也无法确定其确切影响。不过，他们确实对影响的总体情况有相当明确的证据，这些证据实际上也已足够警示人们。

我们不仅无法确定大自然会给我们什么，也不太确定在对自己做些什么。全球经济仍在遭受 2008 年金融危机的影响，而引发这场危机的那群家伙依然和过去一样经营着自己的生意，而这很可能会再次引发更大的金融灾难。我们对如何预测全球金融知之甚少。

在经历了一段（在历史上罕见的）相对稳定的时期后，世界政治正变得越来越支离破碎，旧有的确定性正在动摇。通过一连串虚假信息，真相被"假新闻"所吞没。可以预料，那些对此怨言最多的人往往是造假的罪魁祸首。互联网非但没有使知识大众化，反而让人们接受了无知和偏见。赶走守门人，只会使大门失去作用。

人类一直处于混乱之中，即便在科学领域，大自然服从于精准规律的旧观念也已让位于更灵活的观点。我们可以找到近似正确的规则和模型（在某些领域，"近似"是指"精确到小数点后 10 位"；而在另一些地方，它的意思则是"介于小 $\frac{1}{10}$ 和大十倍之间"），但它们永远只是暂时的，一旦出现新证据，这些规则和模型就会被替代。混沌理论告诉我们，即使**完全**遵循一些严格的规则，结果也有可能是不可预测的。量子理论同样指出，当深入宇宙的最小尺度时，其**本质**也是不可预测的。不确定性不仅仅是人类无知的表现，世界就是由它构成的。

像很多人一样，我们或许只能对未来持宿命论的态度。然而，大多数人会对这种生活方式感到不舒服。如果我们怀疑某些事情可能导致灾难，并有些许预感，那么灾难或许可以避免。当我们面对不喜欢的事物时，常见的自然反应要么是防范它，要么是试着改变它。但是，当我们不知道会发生什么的时候，应该采取怎样的预防措施呢？"泰坦尼克号"沉没后，船只被要求配备更多的救生艇。然而，救生艇的自重导致了“伊斯特兰号”邮轮在密歇根湖倾覆，一共有 848 人遇难[①]。意外后果定律可以挫败最良好的意愿。

因为我们是受时间约束的动物，所以会担心未来。我们能强烈意识到自己在时间上所处的位置，我们预测未来，并根据这些预测进行当下的活动。虽然没有时间机器，但我们经常会表现得就像拥有这种机器，所以会在未来的事情发生之前就采取行动。当然，今日所做的一切的真正原因并不是明天的婚礼、暴风雨或房租账单，而是我们当前相信它会发生。通过进化和个人学习，大脑让我们选择今天的行动，是为了让明天生活得更轻松。大脑是决策机器，对未来做出猜测。

大脑会在瞬间做出一些决策。当板球运动员或棒球运动员接球时，从他们的视觉系统检测到球到其大脑计算出球处在哪个位置，其间确实存在一个微小的时延。值得注意的是，这些运动员通常能接住球，因为他们的大脑非常善于预测球的轨迹。倘若他们漏了一个明显容易接住的球，那要么是预测出错，要么是动作失误。整个过程出于下意识，并且显然是一气呵成的，所以我们并没有注意到自己完全生活在一个比自己的大脑快一秒的世界里。

其他的决策可能会提前几天、几周、几个月、几年甚至几十年做出。我们按时起床，坐公共汽车或火车去上班。我们为明天或下周的饭菜购买食材。我们为即将到来的公众假期做全家出游的计划。每个人**此刻**都在为**将来**做准备。在英国，富有的父母在孩子出生前就为他们安排了上流学校；

① “伊斯特兰号”邮轮（S. S. Eastland）倾覆事件发生在 1915 年，遇难人数应为 844 人。——译者注

更有钱的人则会种下需要几百年才能长成大树的树苗，这样，他们的曾曾曾曾孙便会拥有令人羡慕的风景。

大脑是如何预测未来的呢？它构造了一个关于世界（可能）怎样运转的简易内化模型。它把已知输入模型，并观察结果。如果我们发现地毯在滑动，那么其中的某个模型会告诉我们，这可能会带来危险，它会导致人被绊倒并从楼梯上摔下来。我们需要采取防范措施，把地毯固定住。这一具体的预测是否正确并不重要。事实上，倘若我们把地毯摆放妥当，预测就**不可能**正确，因为输入模型的条件已不再适用。然而，通过观察在类似情况下如果没有采取防范措施会发生什么来改进，进化论和个人经验可以测试这个模型。

这类模型并不必精确描述世界是如何运转的。相反，它们差不多是关于世界如何运转的**信念**。因此，经过数万年，人类的大脑进化成了一台机器，它根据自身关于会产生什么样的结果的信念来做出决定。因此，人类最早学会的应对不确定性的方法之一，就是对控制大自然的超自然物种建立起体系化的信念，这一点毫不奇怪。我们知道**自己**无法掌控大自然，它总是让我们大吃一惊，并且经常令人不愉快，所以我们有理由假设一些非人类实体——灵魂、幽灵、男神、女神——在背后操控。不久之后，一个特殊阶层出现了，他们声称可以向神求情，帮助我们这些凡人实现愿望。那些号称能预知未来的人——先知、预言家、算命师、神谕家——成了部落里备受重视的成员。

这是第一个充满不确定性的时代。人们发明了信仰体系，而且它变得越来越精细，因为每代人都想加深它的印象。人们将自然的不确定性合理化为神祇的意志。

人类这种主动面对不确定性的第一个时代持续了数千年。有证据表明，不管发生了什么，神祇的意志都是可信的。倘若众神高兴，好事就会发生；如果他们生气，灾难就会降临。作为证据，如果好事发生在你身上，那么你显然取悦了神；如果坏事发生，那就是你有过错让神生气了。因此，神的信仰与道德律令紧紧交织在了一起。

最终，越来越多的人开始意识到，这种灵活的信仰体系并不能真正**解释**任何事情。如果天空呈现蓝色是神造就的，那么它也可以是粉色或紫色的。人类开始探索一种不同的思考方式来理解世界，它基于可观测的证据是否支持逻辑推理。

这就是科学。它用高空大气中的光经由细微尘埃散射来解释天空为什么是蓝的。它没有解释为什么蓝色**看起来**是蓝的，这一点正由神经科学家们尝试解决，科学从来不会声称了解一切。随着科学的发展，它取得的成功越来越多，但也伴随着一些可怕的失败；它开始在某些方面赋予我们控制大自然的能力。19 世纪发现的电与磁之间的关系，是真正革命性地将科学转化为几乎影响每个人生活的技术的最早例子之一。

科学告诉我们，大自然并不像我们想象的那么不确定。行星不会因为神的一时兴起而在空中游荡，除了彼此之间的微小干扰之外，它们沿着标准的椭圆轨道运行。我们可以计算出这是什么样的椭圆，搞清那些微小扰动的影响，并预测出某颗行星在几个世纪后的位置。事实上，无论过去还是现在，它们都受限于混沌动力学。既然自然规律是存在的，我们就可以发现它们，并利用它们来预测将要发生的事。令人不安的不确定感让位于一种新信念：如果我们能梳理出基本规律，那么大多数事情是可以解释的。哲学家们开始怀疑，整个宇宙是否只是这些规律在亿万年里运行的结果。或许，自由意志是一种幻觉，一切都只是一台上了发条的巨大机器。

也许不确定性只是暂时的无知。只要通过足够的努力和思考，一切都会变得清晰明了。这是不确定性的第二个时代。

科学也迫使我们找到一种有效的方法，去量化某个事件的确定性或不确定性，这就是概率。对不确定性的研究成了数学领域的一个新分支，本书的主要目的就是讲述人们如何利用各种数学方法，去探求一个更加确定的世界。许多别的领域，比如政治、伦理和艺术，也为此做出了贡献，但我将把重点放在数学上。

概率论是从两类截然不同的人——赌徒和天文学家——的需求和经历中发展起来的。赌徒想要更好地把握“胜算”，天文学家则希望通过不完美的望远镜获得准确的观测结果。随着人类不断深入理解概率论的某些概念，这门学科拓展了其最初的使用范围，它不仅告诉我们用骰子赌博和小行星轨道的情况，而且还包括最基础的物理学原理。每隔几秒钟，我们就会吸入氧气和一些别的气体。构成空气的大量分子就像迷你台球一样四处弹跳。如果它们都聚集在房间的某个角落，而我们正好在另一处，那么我们就会有麻烦。从理论上讲，这种情况是可能发生的，但概率论的定理告诉我们，这种情况极其罕见，实际上它从未发生过。根据热力学第二定律，空气是均匀混合的，这个定律通常还被解释为宇宙总是变得越来越无序。热力学第二定律与时间流动的方向之间也存在某种似是而非的联系。它很深奥。

热力学是一个诞生得相对较晚的科学领域。当它出现时，概率论已经用于人类生活的方方面面——出生、死亡、离婚、自杀、犯罪、身高、体重和政治。统计学作为概率论的一个应用分支由此产生。它为我们提供了强大的分析工具，来处理从麻疹流行到人们将如何在即将到来的选举中投票等各种事务。它为我们向混乱不堪的金融世界射出了一线光明，尽管这丝光明并没有达到我们的期许。统计学告诉我们，人人都是漂浮在概率海洋上的生物。

在不确定性的第三个时代里，概率以及作为其应用分支的统计学占据了主导地位。

20 世纪初，不确定性的第四个时代轰轰烈烈地到来了。在此之前，我们遇到的所有形式的不确定性都有一个共同特征：它们反映了人类的无知。如果对某件事情不确定，那是因为我们没有掌握预测所需要的信息。比如抛硬币，它是随机性的传统标志之一。然而，硬币是一种非常简单的“机械装置”，而机械系统具有确定性，任何确定性的过程原则上都是可预测的。如果我们知道对硬币的所有作用力，比如硬币的初速度和方向、旋转速度和旋转轴，那么就可以用力学定律来算出它落地时哪面朝上。

基础物理学的新发现迫使我们修正这个观点。硬币或许是这样的，但有时我们根本无法获取需要的信息，因为连大自然自己也不知道这些信息。

大约在 1900 年，物理学家们开始在非常小的尺度上理解物质的结构——不仅是原子，还有原子分裂形成的亚原子粒子。艾萨克·牛顿（Isaac Newton）在运动和引力定律上取得突破，由此诞生了经典物理学，它让人类对物理世界有了广泛的理解，并通过精度越来越高的测量加以验证。在所有理论和实验之外，看待具化世界的方式有两种——粒子性和波性。

粒子是一种微小的物质块，具有精确的定义和位置。波就像水面上的涟漪，是一种扰动；它比粒子短暂，并且能延伸到更广阔的空间区域。通过假设行星是一个粒子，可以计算行星轨道，因为行星和恒星之间的距离如此之大，以至于如果你把所有东西都缩小到人类的尺度，行星就会**变成**粒子。在空气里传播的声音是对空气的一种扰动，所有空气都几乎驻留在原来的位置，因此它是一种波。粒子和波是经典物理学的标志，它们泾渭分明。

1678 年发生了一场关于光的本质的大论战。克里斯蒂安·惠更斯（Christiaan Huygens）向巴黎科学院提出了“光是波”的理论。牛顿则确信光是粒子流，并且他的观点占了上风。最终，在走了一百年的弯路之后，新的实验“解决”了这个问题。牛顿错了，光是波。

大约在 1900 年，物理学家们发现了光电效应：光照射在某些金属上时，会产生小电流。阿尔伯特·爱因斯坦（Albert Einstein）由此推导出光是一束微小的粒子，它们被称为光子。牛顿一直都是对的。但是牛顿的理论被抛弃也很合理：大量的实验清楚地表明，光是一种波。于是，争论再起。光是波还是粒子？最终的答案是“两者都对”。光有时像粒子，有时像波，它取决于做什么实验。这一切都非常神秘。

有些先驱者很快就发现了理解这个谜题的方法，量子力学由此诞生。物质所有的经典的确定性，比如粒子的位置和运动速度，被证明在亚原子尺度下都不适用。量子世界充满了不确定性。你越精确地测量一个粒子的位置，就越无法确定它移动的速度。更糟糕的是，关于“它在哪里”这个问题，也没有很好的答案。你能尽力做到的，就是描述它在某个给定位置的概率。量子粒子根本就不是粒子，它只是一团模糊的概率云。

物理学家对量子世界的探索越是深入，一切就变得越发模糊。他们可以用数学描述量子世界，但那些数学都很古怪。在几十年里，他们已经开始确信量子现象的随机性是不能被约化的。量子世界确实是由不确定性构成的，它不存在缺失的信息，也没有更深层次的描述。“闭嘴，乖乖计算”成了一句口号，不要问“它到底是什么”这类尴尬的问题。

当物理学沿着量子理论之路发展时，数学也为自己开辟了新的道路。过去，我们认为随机过程的对立面是确定性过程——给定现在，只有一种未来是可能的。当数学家和一些科学家意识到确定性系统也会不可预测的时候，我们进入了不确定性的第五个时代。这就是混沌理论，它也是大众媒体对非线性动力学的称呼。倘若数学家能更早地发现这一充满活力的概念，那么量子理论的发展或许会大不相同。事实上，确实有一个关于混沌的例子是在量子理论出现之前被发现的，但它被当作一个孤立的奇物。直到 20 世纪六七十年代，才出现了清晰明确的混沌理论。尽管如此，出于一些表达上的原因，我将把混沌放在量子理论之前讨论。

“预测是非常困难的，尤其是对未来的预测。”这是物理学家尼尔斯·玻尔（Niels Bohr）说的——抑或是约吉·贝拉（Yogi Berra）说的？看，我们甚至连**这一点**都无法确定[1]。它并不像听起来那么有趣，因为预测和预言是不一样的。科学中的大多数预测是预言某一事件会在特定条件下**发生**，但并不知道它会**在什么时候**发生。我可以预测"地震会发生"，是因为应力在岩石中累积，而这种预测是可以通过测量应力来验证的。但这并不是预言某次地震的方法，因为预言它需要提前确定它会**在什么时候**发生。我们甚至还有可能"预测"过去确实**发生过**的某个事件，它是对某个理论的合理检验，除非有人回溯早先的记录，否则没有人会注意到它。我知道这通常被称为"后测"，但对检验科学假设来说，它们是一回事。1980年，路易斯（Luiz）和沃尔特·阿尔瓦雷斯（Walter Alvarez）预测，在6500万年前，曾有一颗小行星撞击过地球，恐龙由此灭绝。这是一个真正的预测，因为在此**之后**，他们能寻找地质和化石记录作为证据，来支持或否定它。

在加拉帕戈斯群岛上，几十年来的观测表明，某些种类的达尔文雀的喙的大小是完全可以预测的——只要你能预言年平均降雨量。喙的大小会随着每年的干湿情况而变化。在干旱的年份，种子更坚硬，所以需要更大的喙；而在潮湿的年份，小喙的效果则更好。在这里，喙的大小是**有条件**可预言的。如果某个可靠的神谕告诉我们明年的降雨量，那么我们就可以很有把握地预言鸟喙的大小。这与鸟喙的大小是随机的完全不同。倘若它是随机的，那就无法从降雨量推出。

系统的某些特性是可预测的，而另一些特性则是不可预测的，这种情况并不罕见。我最喜欢用天文学举例。2004 年，天文学家宣布，一颗名为阿波菲斯 99942 的小行星（毁神星）可能会在 2029 年 4 月 13 日与地球相撞，倘若恰好错过，那么第二次相撞可能会在2036年4月13日。一位（幽默专栏的）记者问道："既然他们不知道**年份**，怎么反而能对**日期**如此确定呢？"

你能停下来想一想为什么吗？提示：什么是一年？

答案很简单。当小行星的轨道与地球的轨道相交或者几乎相交时，就会有相撞的可能。随着时间的推移，这些轨道会发生细微变化，进而影响两个天体之间相互接近的程度。如果没有足够的观测资料来精确掌握小行星的运行轨道，我们就无法确定它会离地球有多近。天文学家有足够的轨道数据来排除未来几十年里的大部分年份，但无法确定2029年和2036年的情况。相较而言，可能发生相撞的日期则完全不同。一年过后，地球回到轨道的（几乎）相同位置。这就是所谓"年"的定义。特别的是，我们的地球每隔一年就会接近小行星轨道和地球轨道的交点；也就是说，它们是每年的同一天（如果时间接近午夜，就可能提前或延后一天）。碰巧的是，这一天恰好是和阿波菲斯99942有关的4月13日。

所以玻尔或贝拉都是完全正确的，他们的表述意义深远。即使非常详细地掌握了事物的运作方式，我们依然可能无法知道下周、明年或是下一个世纪会发生什么。

⚄ ⚄ ⚄

如今，我们已经进入了不确定性的第六个时代，其特征是认识到不确定性形式多样，而每种形式在某种程度上又都是可以理解的。我们现在拥有一个庞大的数学工具箱，它可以帮助我们在一个依旧充满着可怕的不确定性的世界里做出明智的选择。快而强大的计算机使我们能够迅速、准确地分析大量数据。“大数据”风靡一时，尽管时下我们更擅长的是收集数据，而不是用它去做有用的事。计算模型可以增强我们的心智模型。我们在一秒钟内完成的计算量，比历史上所有用纸笔做计算的数学家们都大得多。结合对各种不确定性所运用的数学方法，以及由复杂算法得到的模式和结构，或者仅仅量化不确定性的程度，我们便可以在一定程度上“驯服”这个不确定的世界。

我们比过去更善于预言未来。当天气预报说明天不会下雨，实际上却下雨时，我们还是会生气；但自从高瞻远瞩的科学家刘易斯・弗赖伊・理查森（Lewis Fry Richardson）在 1922 年完成《用数值方法进行天气预报》以来，天气预报的准确度有了很大的改善。预报不仅变得更好，还会附上对正确率的评估。当天气网站上说“下雨的概率有 25%”时，它指的是在相同的预报中，有 25% 的预测称会下雨。如果它说“下雨的概率是 80%”，那么很可能五次预测里面有四次是对的。

当英格兰银行发布通货膨胀率变化的预报时，它同样提供了评价其数学建模者预报可靠性程度的估计。它还找到了一种向公众展示估计值的有效方法：绘制一幅“扇形图”来预言通胀率随时间的变化，但它不是一根孤零零的曲线，而是一条阴影带（图 1-1）。随着时间的推移，条带变得越来越宽，这表明精确程度在下降。墨色的深浅表示概率水平：深色区域比淡色区域可能性更大。阴影区域覆盖了 90% 的可能预报。

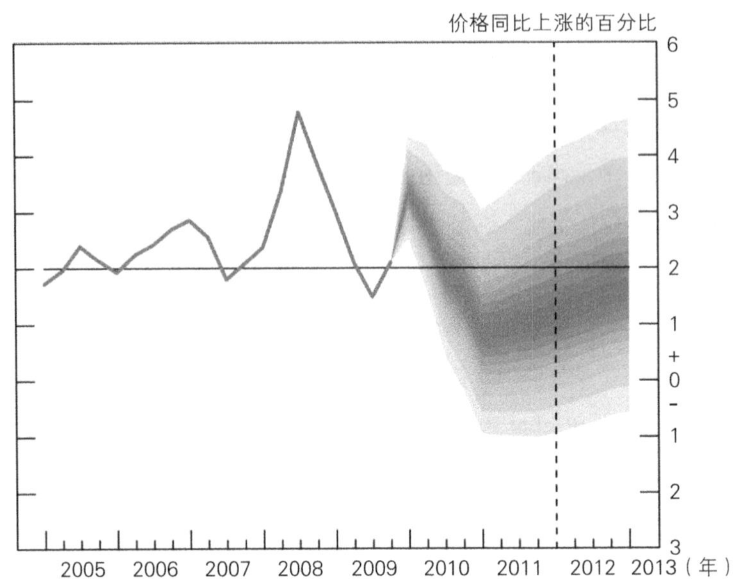


**图 1－1　英格兰银行的这幅通货膨胀扇形图，表示根据 2010 年 2 月消费价格指数对通货膨胀进行的预测**

这里的信息有两重含义。第一，随着理解的不断深入，预测可以变得更加准确。第二，我们可以通过计算预测的可靠性来**控制**不确定性。

人们也开始悟出第三重含义。有时不确定性实际上是**有用的**。为了更好地使用设备和流程，许多技术领域故意制造出一些可控的不确定性。为了找到某些工业问题的最佳解决方案，人们使用随机干扰的数学技术，以避免总在邻近的范围里比较最佳策略，但这样做比在较大的范围里寻找策略的效果差。随机改变天气的记录数据能提高天气预报的准确性，卫星导航系统使用伪随机数字串以避免电子干扰带来的问题，而太空任务则利用混沌理论节省昂贵的燃料。

尽管如此，正如牛顿所说，我们仍然是“在海边玩耍的孩子”，“发现了比寻常更光滑的卵石或更漂亮的贝壳，而摆在眼前的真理之海却仍未被发现”。许多深层次的问题仍然没有答案。我们并没有真正理解全球金融体系，尽管这个星球上的一切都要依赖它。人类的医学专业知识能让我们尽早发现大多数流行病，可以采取措施减轻它们的影响，但我们并不总能预言它们会如何传播。每隔一段时间就会有新的疾病出现，而我们永远无法确切知道下一次疾病会在何时何地暴发。我们可以精确地测定地震和火山喷发，但是地震和火山喷发的预报记录就像我们脚下的地面一样起伏不定。

我们对量子世界了解得越多，就有越多的迹象表明，某些更深层次的理论可以使其表面上的悖论变得更加合理。量子的不确定性不能通过增加更深层的现实来解决，对此物理学家已经给出了数学证明。但这些证明包括了一些假设，它们还有待进一步研究，并且其漏洞不断地被发现。**经典**物理学的新现象与量子之谜有着不可思议的相似之处，而我们知道它们的工作原理与不可约的随机性无关。倘若我们在发现量子的奇异性之前就知道它和混沌理论，那么今天的量子理论可能会很不一样。或者我们也许已经浪费了几十年去寻找那并不存在的决定论。

我把这一切都整整齐齐地归纳进了不确定性的六个时代里，但实际情况并不是那么整齐划一的。那些最终被证明非常简单的原理，都是以复杂且令人困惑的方式出现的。其中有出人意料的百转千折，有大跳跃式的进步，当然也走进过死胡同。某些数学上的进展后来被证实没什么干系，还有一些进展则在人们意识到它们的重要性之前，已经被遗弃许久。甚至在数学家之间也存在思想上的分歧，而政治、医学、金钱以及法律有时也会卷入其中。

按时间顺序来讲述这种故事是不明智的，即使在单独的章节里也不能这样。思想的脉络比时间顺序更重要。特别需要说明的是，我将在第四个时代（量子时代）之前讨论第五个时代（混沌时代）。我还会在讨论更古老的基础物理学发现之前，先聊聊统计学的现代应用。书里还会有一些有趣的谜题、一些简单的计算，以及一些惊喜。然而，这一切都是有原因的，它们彼此衔接。

欢迎来到不确定性的六个时代。

# 第 2 章 解读内脏

家人嗃嗃，未失也；妇子嘻嘻，失家节也。[①]

——《易经》

① 节选自《易经 · 象传》第三十七卦。——译者注

在古巴比伦城高耸的城墙内，身着华服的国王举起手来，聚集在寺庙院子里的贵族和官员顿时鸦雀无声。

在墙外，百姓成日里忙于生计，并不知晓即将发生的事会彻底改变自己的生活。没关系，他们已经习以为常，这是天意。担心或抱怨并不会有什么好处，他们甚至几乎不会去考虑这件事。

巴鲁祭司手里拿着刀，在祭坛前等待着。一只羊被人用一根短绳牵了进来，它是根据古老的仪式精心挑选出来的。这只羊感觉到了倒霉的事情即将发生。它呻吟着，挣扎着想要逃跑。

屠刀割破羊的喉咙，血溅了出来。人群中发出一阵骚动。血慢慢地流着，祭司小心翼翼地切开羊肚取出肝脏。他虔诚地把它放在血迹斑斑的石头上，俯身仔细地看着那刚被取出的内脏。人群屏住呼吸，国王向祭司走近了几步。他们一边打着手势，一边低声交谈着，偶尔还指着那脱离羊体的脏器讨论某些特征——这里有点儿瑕疵，那里有块不寻常的突起。祭司将木钉插入一块特殊泥板上的洞中，以记录他们观察到的结果。祭司显然很满意，又和国王讨论了一番，然后恭敬地退下，而国王则转身面向他的贵族们。

当他宣布进攻邻国的预兆是吉利的时候，贵族们欢呼雀跃。然而后来，有些人在战场上发现情况大相径庭，但为时已晚。

事实或许就是如此。我们对古巴比伦王国知之甚少，即使对其公元前1600年左右行将灭亡时的情况也不太了解，但在这座古老的城市里，类似的事情一定是司空见惯的。古巴比伦因这类事情而闻名。《圣经》告诉我们[2]：“当巴比伦王站在岔路口，有两条路摆在眼前时，他会占卜——有时是摇一摇箭，有时是向神灵祷告，而有时则是检视肝脏。”古巴比伦人相信，受过特殊训练的祭司，也就是巴鲁，能够通过解读羊肝来预言未来。他们编制了一份巨大的预兆清单，即《巴鲁图》。出于实际考虑，为了快速给出结果，巴鲁在实际占卜中会做一个更加简要的小结。他们有充满了传统色彩的系统化仪式：检查肝脏的特定区域，每块区域都有其自身含义，代表某位专属的男神或女神。时至今日，《巴鲁图》仍存有一百多块刻有楔形文字的泥板，上面列出了八千多种预兆。人们相信，古巴比伦人利用死羊身上的一个脏器，编制出了丰富的信息，其内容多样，含义晦涩，间或辅以一些陈词滥调，这是非同寻常的。

《巴鲁图》有十个主要章节。前两章说的是可怜的动物而不是肝脏，而剩下的八章则聚焦在肝脏的一些特征上，它们包括：“驻地”，即肝脏左叶上的一个凹槽；“路径”，即与第一个凹槽成直角的另一个凹槽；“幸运标记”，即某块小突起，等等。其中许多区域还被进一步细分。与每块区域相关的征兆都被当作预言，它们通常与历史有关，就好像祭司们在记录肝脏区域和那些已发生事件之间的过往联系。其中有些是具体的：“被公牛顶了，但死于被鞋咬了的阿玛尔 - 苏恩纳国王的预兆。”（这个模糊的说辞可能是指他穿凉鞋时被蝎子咬了。）有些在今天听起来仍是对的：“会计人员将洗劫宫殿。”还有一些似乎很具体，但缺少关键细节：“一位名人将骑着一头驴到达。”另一些则太含混，以至于几乎毫无用处，如“长期预言：哀悼”。肝脏的某些区域被归为不可靠或不明确的。这一切看起来是以某种奇特的方式高度整理过的，几乎是很系统化的。这份清单经过长期编纂，而且被反复编辑和扩充，并由后来的抄写员抄成副本，由此流传至今。还有一些其他证据也留存至今。特别值得一提的是，大英博物馆收藏了一个公元前 1900

年与公元前 1600 年间的羊肝黏土模型。

如今，我们把这种预言未来的方法称为**内脏观察法**或者肝占卜。更一般而言，**内脏观察法**是通过观察被献祭的动物（主要是羊和鸡）的内脏来预言未来的，而**牲羊脏卜法**则通常使用脏器占卜，主要关注脏器的形状及其位置。这些方法后来被伊特鲁里亚人采用，例如，人们在意大利发现过一个公元前 100 年的肝脏形青铜器物，它就是按伊特鲁里亚的众神名字划分各块区域的。古罗马人延续了这一传统，他们称巴鲁为 haruspex（脏卜师），这个词是由“内脏”（haru）和“观察”（spec-）组成的。解读内脏的习俗可以追溯到尤里乌斯 · 凯撒和克劳狄乌斯时期，终于公元 390 年左右的狄奥多西一世时期，彼时的基督教最终废弃了那些更古老异教的最后遗存。

我为什么要在一本关于不确定性的数学书里告诉你们这些呢？

这些占卜说明，人类关于预言未来的渴望可以追溯到很久以前。毫无疑问，它的起源要更古老得多，但古巴比伦的铭文记录得非常详细，来源也很可靠。历史还表明，随着时间的推移，宗教传统是如何变得越来越复杂的。这些记录非常清楚地表明，古巴比伦王族和祭司们相信这种方法——或者，至少他们发现它似乎相信起来很方便。但是，长期的内脏观察实践表明，这些信仰是真实存在的。即使在今天，类似的迷信仍然比比皆是：避开黑猫和梯子；如果你无意间弄撒了盐，就需要撒一撮盐在肩膀上；一面破镜子会带来坏运气。在集市上仍然有“吉卜赛人”通过看手相算命来赚钱，他们那些关于命运线或维纳斯带的行话，会让人想起《巴鲁图》里神秘的羊肝分类。很多人对这种信念持怀疑态度，有的人勉强承认“它或许是那么回事”，还有一些人则绝对相信未来是可以预言的，预言的方式包括星辰、茶叶、掌纹、塔罗牌，或按讨论变化的中国典籍《易经》的说法，抛掷蓍草茎。

一些占卜技术就像古巴比伦的《巴鲁图》一样复杂。**万变不离其宗**……骑驴而至的名人让人想起现代小报上的那些高大黝黑的陌生人，这些现代占星术的预言模糊到能与足够多可能的事件产生联系，以“证实”它是对的，但它同时又足够具体，从而传达出一种晦涩难解的印象。当然，这还会给那些预言家带来稳定的收益。

为什么我们会如此痴迷于预测未来呢？这是合乎情理的，也是符合自然规律的，因为我们一直生活在一个不确定的世界。虽然现在仍是如此，但至少我们已经对所处的世界为什么充满了不确定性，以及这些不确定性是怎样的有了些许了解，并且还可以在一定程度上很好地利用这些知识。我们祖先的世界就没那么确定了。人们无法通过监测地质断层的应力的危险程度来判断岩石是否会沿着地质断层滑动，从而预测地震。这是大自然的偶然情况，其不可预测性被归结为强大的超自然物种的一时兴起。在当时，理解随机发生的事件最简单的方法，或许也是唯一的方法，就是认为没什么明显的原因。一定是有**什么东西**导致了这些事件，而且必须是有自我意志的东西，它能够决定这些事件应该发生，并且有能力确保它们会发生。男神或女神是最为合理的解释。神灵们拥有支配自然的力量，他们想做什么就做什么，想什么时候做就什么时候做，而普通人却要为此承担后果。至少，有了神，就有可能安抚他们，影响他们的行为——或者说，由此祭司的地位才能保全，质疑权威毫无益处，更不用说违抗权威了。无论如何，正确而神奇的仪式、皇室和祭司的特权，或许可以为未来打开一扇窗，并消除一些不确定性。

这一切的背后，是人类生存状态的一个方面，可以说是它使我们这个物种有别于大多数其他动物——人类是受时间约束的。我们意识到未来是存在的，并根据对未来的期望来规划当前的行为。当人类还在非洲大草原上狩猎采果时，部落的长老们就已经知道季节会变化，动物会迁徙，在不同时间可以利用不同的植物。天空中远处的情形预示着暴风雨即将来临，越早注意到它们，你就越有可能在暴风雨到来前做好准备。通过预测未来，有时可以减轻一些非常糟糕的影响。

随着社会和技术的进步，通过提高准确度和扩大覆盖面，我们得以更加积极主动地应对时间约束。如今，我们在工作日的特定时间起床，**因为**想赶上当地的火车去上班。我们知道火车应该在什么时候发车，也知道它应该在什么时候到达，我们安排自己的生活，以便按时上班。为了迎接周末的到来，我们预订足球票、电影票、戏票。我们提前几周预订某家餐馆，是因为 29 号星期六是埃斯梅丽达的生日。我们在 1 月的促销活动中购买圣诞卡片，是因为它们那时更便宜，并在接下来的日子里把卡片收起来，直到 11 个月后才会用到它们。到那时，我们又拼命地回忆到底把它们放在了哪里。简而言之，我们的生活在很大程度上受自己所认为将要发生的事情影响。如果不考虑到这一点，就会很难解释我们的行为。

作为受时间约束的生物，我们知道未来并不总是如所期望的那样。去上班的火车晚点，互联网因雷雨而中断，飓风横扫并摧毁十几个加勒比海岛屿，选举结果并不像民调预测的那样，而我们的生活也被自己反对的人搅得天翻地覆。毫无疑问，我们非常重视预测未来。它帮助我们保护自己和家人，让我们有一种掌控了自己命运的（虚幻）感觉。我们是如此迫切地想知道未来会发生什么，以至于对书中最古老的骗局之一如痴如醉，那个骗局就是那些宣称对未来有特殊知识的人。如果祭司能影响神，他就可以安排一个有利的未来。如果萨满可以预言何时下雨，我们就至少可以提前做好准备，而不用浪费太多的等待时间。如果先知能算出天象，我们就可以留意那个高大黝黑的陌生人或骑驴名人。如果其中任何一人能让我们相信他们的能力是真的，我们就会蜂拥而上，去利用他们的技能。

即便这只是老掉牙的痴人说梦。

为什么有这么多人仍然相信运气、命运和征兆呢？

为什么我们很容易对神秘的符号、长长的清单、复杂的单词、精致而古老的服饰、仪式和圣歌产生深刻印象呢？

为什么我们会天真地认为，难以琢磨的浩瀚宇宙真的会在乎绕着某颗恒星运行的一块潮湿的石头上住着的一群进化过度的猿类？更何况这颗恒星真的非常普通，它只是在更浩瀚的宇宙里可观测的那部分中的一颗，而所有可观测的恒星多达 **10 的 17 次方**（十亿亿）颗。为什么我们要用人类的语言来解释宇宙呢？它是那种**可以**预测的实体吗？

即使在今天，人类为什么还如此轻信那些明显的胡说八道呢？

我指的当然是**某些人的**信仰，不是我的。我的信仰是理性的，它以坚实的事实为依据，是古代智慧的结晶，这些成果指引我按照人人应该生活的方式生活。那些人的迷信是盲目的，它没有任何事实根据，只有对传统的绝对盲从才能支撑这种迷信，而那些人却还在不断地告诫别人应该怎么做。

当然，那些人对我的看法和我对他们的看法大致相同，但有一点是不同的。

我是正确的。

这就是信仰的麻烦。盲目的信仰本质上是不可检验的。即使它是可测试的，我们也会经常忽略其结果，或者说，如果测试证明我们的信仰是错的，我们会拒绝承认。这种态度可能是非理性的，但它反映了人类大脑的进化过程和组织方式。对任何一个人的内心而言，信仰都是有意义的，即便是对于那些公认的笨蛋，也是如此。许多神经学家认为，人类的大脑可以被认为是一台贝叶斯决策机（托马斯·贝叶斯是长老会牧师，同时也是一位优秀的统计学家——更多关于他的故事参见第 8 章）。大致说来，我所指的设备，其结构本身就是信念的具体化。通过个人经历和长期进化，我们的大脑已经形成了一张连锁假设的网络，在假设某些可能事件发生的情况下，推断出另一些事件发生的可能性有多大。如果你用锤子敲大拇指，那么它会疼——这几乎是肯定的。如果在下雨天，你不穿雨衣或不打伞就出门，那么就会被淋湿——这也几乎是毫无疑问的。如果天空看起来灰蒙蒙的，但当前的空气很干，你外出时没有带雨衣或雨伞，那么你会被淋湿的可能性就不太大。外星人经常乘坐飞碟之类的不明飞行物造访地球——如果你是这方面的信徒，那么这是毫无疑问的；但如果你不是，那么就会认为它绝无可能。

当面对新信息的时候，我们不仅仅是接受它。人类大脑的进化受到区分事实与虚构、真相与谎言的需求的严重影响。我们根据自己已经相信的东西来判断新的信息。有人声称看见天空中有一种奇异的光，正以难以置信的速度移动。如果你相信存在不明飞行物，那么它显然就是外星人造访地球的证据。如果你不相信，那就是那个人看错了，或者它可能是某种普通的新发明。我们常常不考察实际情况，本能地做出这样的判断。

某些人可能会与这种矛盾作斗争，因为大脑中理性的那部分会注意到这些明显的不一致。有些饱受拷问的灵魂完全放弃信仰，而另一些人则皈依某种新宗教或信仰体系……随你怎么称呼。不过，大多数人坚信从小就被灌输的那些信念。关于宗教的“流行病学”研究表明，特定的宗教派别过几代就会有所变化，人们的信念在文化上源于他们的父母、兄弟姐妹、亲戚、老师和权威人士。这就是我们常常认为局外人一无是处的原因之一。如果你从小就崇拜猫女神，每天都被警告如果忘记烧香或诵念经文，就会有可怕的后果，那么烧香念经和随之而来的满足感很快就会变得根深蒂固。事实上，它们正被连入你的贝叶斯决策大脑，让你无法不相信，不管别的证据看起来多么矛盾。就像按连着门铃的按钮不可能突然发动汽车一样，它需要彻底重新布线，而对大脑重新“布线”是极困难的。此外，知道诵什么样的经可以将你的文明和那些野蛮人区分开，他们甚至不相信存在猫女神，更不用说崇拜她。

信念也很容易被强化。如果你不断地寻找并筛选，“正面”证据总能被找到。每天都会有许多事情发生，有好事，也有坏事，其中的某些事情会强化人们的信念。贝叶斯大脑让人忽略其余那些“不重要”的部分，把它们过滤掉。这就是为什么人们会对“假新闻”如此大惊小怪。问题是，这一点很要紧。理性思维需要付出更多努力来推翻那些预埋的假设。

曾经有人告诉我，在科孚岛上有一种迷信，当人们看到螳螂时，认为它要么带来好运，要么带来厄运，**这取决于发生什么**。这听起来似乎很可笑（当然也可能不是真的），但是，自然灾害幸存者在感谢神听到他们的祈祷并拯救了他们的生命的同时，很少会想起遇难者再也不能开口了。基督教的某些派别把祷告的螳螂当作虔诚的象征，而另一些派别则把它当作死亡。我想，这是由你为什么会认为螳螂是在做祈祷，以及你是否相信祈祷决定的。

人类已经进化到能在一个混乱的世界里有效活动的程度。我们的大脑里塞满“迅速而粗糙”地解决潜在问题的各种方案。打破镜子真的会带来厄运吗？打破面前的每一面镜子来做这个实验的成本太高，如果迷信是错的，那几乎就不会有什么效果；但倘若它是对的，我们便在自找麻烦。为了以防万一，避免打破镜子会简单得多。每一个这样的决定都在加强贝叶斯大脑里的概率网络中的一条连接。

在过去，这些连接对我们很有帮助。那是一个更简单的世界，人们也过着一种更简单的生活。如果人们偶尔惊慌失措地“豹口脱险”，而最终发现那“豹子”原来只是在微风中摇曳的灌木，最多也就是自己看起来有点儿傻兮兮。但如今，如果有太多的人试图在不尊重客观事实的情况下，仅凭自己的信仰来治理这个星球的话，就会对自己和其他人造成严重伤害。

心理学家雷·海曼（Ray Hyman）在十几岁时就开始通过给人看手相赚钱。他一开始并不相信，但必须假装深信不疑，否则就不会有生意。他按照传统对手掌纹路进行解释，过了一段时间，他的预测变得如此成功——正如他的顾客们所说的那样——以至于他开始相信其中一定有什么原因。斯坦利·贾克（Stanley Jaks）是一位专业的心理医生，他知道这个行当的所有窍门。他建议海曼做个实验，先弄清楚顾客的掌纹含义，然后告诉他们**完全相反的**意思。海曼测试之后指出：“令我吃惊和恐惧的是，我的解读和过去一样成功。”于是，海曼很快就成了怀疑论者[3]。

当然，他的客户并没有这样觉得。他们下意识地选择那些看起来准确的预测，忽略不准确的预测。不管怎样，一切都是含混而不明确的，因此可以随意解释，信徒们可以找到大量的证据来证明手相术是有效的。科学岛上关于螳螂的迷信也**总是**对的，因为没有后续的事件能够驳斥它。

为什么一些古代文明如此重视羊肝？确切地说这多少有点神秘，但内脏观察只是未来学家们庞大武库中的一种武器。据《以西结书》记载，古巴比伦王会问询家中的神像，也就是请教神明。而且，他还求助于真正的武器，他会“摇一摇箭”，这被称为箭卜术。在古巴比伦时代之后，这种占卜术还得到过阿拉伯人、希腊人和斯基泰人的青睐。箭卜术有好几种，但所有方法都用到了特殊的仪式箭，这种箭上装饰着神奇的符号。神秘的象征主义总是令人印象深刻，尤其是对那些受教育程度较低的人而言，它暗示着一种神秘的力量和隐秘的知识。人们写下某个重要问题的各种可能结果，然后把它们分别绑在不同的箭上，再射向空中。射得最远的就是正确答案。也许是为了避免浪费时间找回远处的箭，他们只是简单地把箭放在一个箭筒里，然后随机抽一支出来。

肝脏、箭矢——还有别的吗？几乎可以是任何东西。杰里纳 · 丹维奇（Gerina Dunwich）在《神秘学简明词典》里列出了上百种占卜方法。占星术根据某人出生时的恒星构型来预测他的命运，手相术从掌纹里读出未来，而读茶术则观察茶叶，我们对这些方法都很熟悉。但这些仅仅是人类通过日用品预测宇宙的想象力的皮毛。如果你不喜欢看手相，那为什么不试试“脚相”呢？还有云雾卜（根据云的形状和方向推断未来的事件）、鼠卜（根据老鼠的吱吱声占卜）、无花果卜、洋葱卜（根据洋葱的发芽情况占卜），或者你也可以用整头猪（也可以是山羊或驴）做头卜，这种占卜方法曾经被日耳曼人和伦巴第人广泛使用。将山羊或驴献祭，取头炙烤。然后，把点燃的碳[4]倒在头上，同时读出嫌疑犯的名字。当头发出噼里啪啦的声响时，就可以辨识出有罪的一方。这不算是预测未来，而是挖出过去的秘密。

乍一看，这些方法是如此不同，除了都是用日用品来完成某种仪式并解读结果的神秘含义之外，很难找到什么共同点。然而，许多方法都基于同样的假设：用**小**而复杂的东西模拟，以理解大而复杂的东西。茶叶在杯子里形成的形状是变化的、随机的、不可预测的，未来也是变化的、随机的、不可预测的。怀疑这两者之间可能存在某种联系，在逻辑上并不是巨大的飞跃。同样，云、老鼠的吱吱声，以及你的脚掌纹也是如此。如果你相信命运是在出生的那一刻就已经注定的，那么为什么不把它写在某个地方，让内行能看到呢？你出生的日期和时间会让什么发生变化呢？**哈哈**！当然是月球和行星在恒星背景下的运动啦……

古代文化不具备我们现在所掌握的广泛科学知识，然而并不只有他们相信占卜，现在有许多人依然相信占星术。还有一些人并不完全**相信**占卜，但他们觉得阅读星座运势，并看看它们准确与否是一件很有趣的事。在许多国家，非常多的人会参与购买彩票。他们知道中奖的概率很小（不过他们可能并不知道有**多么**小），但必须参与其中才有可能中奖，如果中奖，就能瞬间解决财务问题。我并没有说买彩票是明智之举，因为所有人几乎都会输，不过我知道的确有人中过 50 万英镑……

彩票（许多国家也有类似的东西）是一种纯粹碰运气的游戏，这一观点得到了统计分析的支持，但成千上万的玩家仍然认为，运用某些巧妙的系统可以战胜这种可能性[5]。你可以买一台缩小版的彩票机，它可以随机吐出带号码的小球，然后用它来选择该押哪些号。这里包含了一个基本原理，那就是“真正的彩票机和缩小版的彩票机工作原理是一样的，它们都是随机的，因此在某种神秘的方式下，缩小版的彩票机会和真正的彩票机一样运行”。大机器在小机器上重复。它与茶叶以及吱吱叫的老鼠的逻辑是一样的。

# 第 3 章 掷骰子

骰子的最佳掷法，就是把它们扔得远远的。

——16 世纪谚语

几千年来，人类预测未来的愿望被表现为无数的占卜方法、神谕般的宣告、精心安排的拜神仪式，以及大量的迷信。这对理性思维几乎没有造成任何影响，更不必谈科学或数学。即使有人想把预测记录下来，并将其和对应事件做比较，也有太多的理由去排除那些“受干扰”的数据——神可能会生气，也有可能是你误解了神谕的含义。人们经常陷入确认偏误的陷阱，即留意与预测或信念一致的东西，而忽略那些与之矛盾的东西。时至今日，人们仍不断重复着这种偏误。

然而，有一个人类活动的领域，忽视事实必然会导致灾难，那就是“赌博”，其中有自欺欺人的地方，数百万人仍对概率持有非理性的、错误的执念。不过，还有数百万人则希望对赔率及其组合方式拿捏得恰到好处，通过掌握概率基本知识，来增大赢的可能性。不一定非要很正式的数学，只需熟练掌握一些基础知识，再加上一点儿经验规则和推论就够了。与宗教预言（诸如神谕）和“假新闻”不同，它提供了一种客观的测试来验证对概率的信赖程度——从长远来看是赚钱还是赔钱。如果一个广受吹捧的解决问题的方法没效果，人们很快会察觉并后悔曾经的尝试。如果在花自己的钱时用那种方法，现实很快就会还以颜色。

大部分资金在一定程度上是循环的：投注者在赛马上下注，庄家会向赢钱的人支付奖金，但同时会从输了的人那里赢回赌注；大量的钱经由许多人的手，这样或那样地流动着，但从长远来看，其中的很大一部分最终进入并留在了庄家和赌场的口袋（还有银行账户）里。因此，尽管最终成为收益的净现金量很大，但还是会少一些。

当数学家们开始认真思考赌博和其他碰运气的游戏，尤其是在长期情况下可能的状况时，关于概率论的真正数学诞生了。概率论的先驱们不得不从大量混乱的直觉、迷信，以及各种粗糙的快速猜测中提炼出合理的数学原理，在过去，它们一直是人类处理偶然事件的方法。从复杂入手，几乎不会是处理社会或科学问题的好方法。例如，倘若早期的数学家们想要预测天气，他们不会有什么好成果，因为当时的方法是不够的。相反，他们干了一件数学家们经常干的事——考虑最简单的情况，这样，大部分复杂性被去除，人们可以清楚地说明到底在讨论什么。这些“玩具般的模型”常常被人误解，因为它们似乎与现实中的复杂性相去甚远。但是纵观历史，对科学进步至关重要的重大发现都源于这些小模型[6]。

表示概率的典型图标是一种经典的赌具——骰子[7]。

骰子可能起源于印度河流域，它是从更古老的指关节骨——用于算命和游戏的动物骨头——演变而来的。考古学家在古代伊朗的沙赫里索克塔（被焚之城，公元前 3200 年～公元前 1800 年）发现了六面骰子，它们基本上和如今使用的骰子一样。最古老的骰子可以追溯到公元前 2800 至公元前 2500 年，被用于一种类似西洋双陆棋的游戏。差不多与此同时，古埃及人也用骰子玩一种叫塞尼特的游戏，尽管有很多种猜测，但人们并不清楚塞尼特的游戏规则。

我们并不能确定这些早期的骰子是否也用于赌博。古埃及人没有钱，但他们经常用谷物作为货币，它是一种复杂的易货体系里的一部分。但是在两千年前的古罗马，用骰子赌博已经很普遍了。大多数古罗马骰子有些奇怪。乍一看，这些骰子看起来像立方体，但它们的面十有八九是矩形，而不是正方形的。它们没有正方体的对称性，所以某些数字出现的频率会比其他数字高。长期投注后，即使是这种轻微的偏差也会产生很大影响，这也是骰子通常的玩法。直到 15 世纪中叶，对称立方体的骰子才得到广泛认可。那么，当古罗马赌徒被要求玩有偏骰子的时候，他们为什么不表示反对呢？研究骰子的荷兰考古学家耶尔默·埃尔肯斯（Jelmer Eerkens）猜想，可能只有他们更相信命运而非物理，才能解释这一切。如果认为命运掌握在神的手里，那么当他们想让你赢的时候，你就会赢；当他们不想让你赢的时候，你就会输。骰子的形状是无关紧要的[8]。

到 15 世纪 50 年代，赌徒们似乎已经变聪明了，因为从那时起的大多数骰子是对称的立方体。甚至数字的排列也已被标准化，这也许是为了方便检查所有六个数字是否都在（一种至今仍在使用的惯用出千①方法，就是偷偷把普通骰子换成可以作弊的骰子，其上的某些数字会出现两次，以便于增大掷出它的可能性。把它们放在相对的面上，粗看起来是不会发现其中有玄机的。如果有两个这种骰子，那么有些和数就不可能被掷出来。当然，即使用完全正常的骰子，出千的方法也有很多）。一开始，大多数骰子上的点数是按照 1 对 2、3 对 4、5 对 6 排列的。这种排列被称为质数排列，因为 3、7 和 11 都是质数。大约到 17 世纪，人们不再喜欢质数排列，代替它的是我们今天使用的排列方式：1 对 6、2 对 5、3 对 4。这也被称为“7”排列，因为相对的面的数字和总是 7。质数排列和“7”排列都有两种不同的形式，它们互为镜像。

随着骰子变得更规则、更标准，赌徒们采用更理性的方法成为可能。他们不再相信幸运女神会影响有偏骰子，而是更关注在没有神干预的情况

① 即“出老千”，指在赌博中作弊。——译者注

下，出现特定结果的可能性。他们不可能没有注意到，对于一个无偏骰子，尽管掷出的那些数字不会是任何一个可预测的顺序，但给定数字和其他数字出现的可能性是一样的。因此，从长远来看，虽然或多或少有些变化，但每个数字出现的频率应该是大体相同的。这种想法最终推动一些开拓型数学家创立了数学的一个新分支——概率论。

第一位先驱者是意大利文艺复兴时期的吉罗拉莫·卡尔达诺（Girolamo Cardano）。1545 年，他因《大术》一书而在数学上赢得声誉。它是我们如今所说的代数领域里第三本非常重要的书。公元 250 年左右，希腊数学家丢番图（Diophantus）在《算术》一书中引入了表示未知数的符号。公元 800 年，波斯数学家穆罕默德·花拉子密在《还原和对消计算概要》一书中，为我们创造了"代数"（algebra）这个词。虽然没有使用符号，但他开发了用于解方程的系统化方法，这种方法被称为"算法"（algorithm），该词源于其名字的拉丁语写法（Algorismus）。卡尔达诺将这两种思想结合起来，用符号表示未知数，再把这些符号视为新的数学对象。卡尔达诺还超越了他的前辈，解出了一些更复杂的方程式。

卡尔达诺的数学成就无可挑剔，但他的性格有很多缺陷：他是个赌棍加流氓，并且伴有暴力倾向。但他生活在一个赌徒和流氓横行的时代，暴力也随处可见。卡尔达诺是一位医生，以当时的标准来看，他干得还相当不错。他是个星象学家，还因卜算基督教星象而惹上过教会的麻烦。据说他因替自己占卜而陷入了一个更大的麻烦：他预测了自己的死期，而职业自豪感让他选择自杀以确保预言成真。考虑到卡尔达诺的个性，这个故事虽然似乎并没有客观证据，但确有一定的可信度。

在研究卡尔达诺对概率论的贡献之前，有必要整理一下术语。如果“赌徒”赌一匹马，“庄家”并不会给他这匹马获胜的概率，而是会给他一个赔率。比方说，“庄家”可能会在虚明翰马场下午 4：30 的文艺复兴赛上，为“飞驰的吉罗拉莫”开出 3 : 2 的赔率。也就是说，如果“赌徒”下 2 英镑的注，并且赢了，“庄家”就会给“赌徒”3 英镑，同时返还原来的 2 英镑。“赌徒”赢了的话，就可以多赚 3 英镑；而“赌徒”输了的话，那么“庄家”会赚 2 英镑。

从长远来看，如果输赢相抵，那么这种安排是公平的。因此，赔率为 3 : 2 的马，每赢两场，就应该输三场。换句话说，平均每 5 场比赛应该有 2 场胜利。因此，赢的**概率**是五分之二（$\frac{2}{5}$）。一般而言，如果赔率是 $m : n$，并且是严格公平的，那么这匹马获胜的概率就是

$$p=\frac{n}{m+n}$$

当然，赔率很少是公平的，“庄家”做生意是为了赚钱。然而，赔率会接近于这个公式，因为“庄家”并不希望客户意识到他们被骗了。

不管实际情况如何，这个公式告诉你如何将赔率转化为概率。你也可以反过来，记住赔率 6 : 4 和 3 : 2 是一样的。$m : n$ 的比值为分数 $\frac{m}{n}$，它等于 $\frac{1}{p}-1$。证明如下：如果 $p=\frac{2}{5}$，那么 $\frac{m}{n}=\frac{5}{2}-1=\frac{3}{2}$，也就是赔率为 3 : 2。

卡尔达诺总是缺钱，为了解决经济问题，他成了一名职业赌徒和国际象棋手。他的《论赌博》写于 1564 年，但直到 1663 年才作为自己的作品集

出版，而那时他早已去世。书中包含了首个系统化处理概率的方法。他用骰子说明了一些基本概念，书中写道："你在多大程度上偏离……公平，如果对你的对手有利，那你就是个傻瓜；而如果对你有利，那你就是不公平的。"这就是他对"公平"的定义。在书中的其他地方，他还解释了如何作弊，所以只要不公平发生在别人身上，他实际上似乎对此并**不反对**。另外，即使是诚实的赌徒，为了能发现对手在作弊，他也需要知道怎样作弊。在此基础上，他解释了为什么公平的赔率可以被当作赌徒的输赢比率（对庄家而言则是赢输比率）。实际上，他把某个事件的概率定义为在很长一段时间里发生这件事所占的比例。他把数学应用到骰子赌博中，从而说明了这一点。

在分析开始前，他指出："赌博最基本的原则就是简单的相同条件，例如对手、旁观者、金钱、环境、骰子盒，以及骰子本身。"在这样的约定下，掷一枚骰子是非常简单的。如果骰子是均匀的，那么会有六种结果，每种结果平均每六次会出现一次。它们的概率都是 $\frac{1}{6}$。当有两枚或两枚以上骰子时，卡尔达诺的结论基本正确，而有些数学家则算错了。卡尔达诺说，掷两枚骰子时有 36 种相同的可能性，而掷三枚骰子时则有 216 种可能性。如今我们知道，$36=6\times6=6^2$，而 $216=6\times6\times6=6^3$，但卡尔达诺是这样总结的："掷出来的组合，面相同的有 6 种，而面不同的有 15 种，翻一倍可以得到 30 种，于是一共有 36 种。"

为什么翻倍呢？假设一枚骰子是红色的，另一枚是蓝色的。那么，4 和 5 的组合可以有两种不同的情况：红色 4 配蓝色 5，以及红色 5 配蓝色 4。然而，4 和 4 的组合只有一种，即红色 4 和蓝色 4。这里引入颜色是为了方便证明，即使两枚骰子**看起来**一样，掷出不同数字组合的方法仍然有两种，但掷出相同数字的方法只有一种。这里的关键在于数字对是有序的，而不是无序的[9]。这一发现看似简单，实则是一项意义重大的进步。

对三枚骰子而言，卡尔达诺解决了一个长期以来的难题。赌徒们很早就根据经验发现，当掷三枚骰子时，掷出 10 的可能性比掷出 9 的可能性大。然而，这让他们感到很困惑，因为总共有六种方法可以得到 10，它们是：

$$1+4+5 \qquad 1+3+6 \qquad 2+4+4$$

$$2+2+6 \qquad 2+3+5 \qquad 3+3+4$$

但掷出 9 的方法**也**有 6 种：

$$1+2+6 \qquad 1+3+5 \qquad 1+4+4$$

$$2+2+5 \qquad 2+3+4 \qquad 3+3+3$$

那么为什么 10 更经常出现呢？卡尔达诺指出，这是因为和为 10 的有序三元组一共有 27 种，但和为 9 的有序三元组一共只有 25 种[10]。

卡尔达诺在书中还反复多次讨论掷骰子，其中包含了他最重要的发现。首先，从长远来看，事件发生的概率是事件发生所占的比例。如今，这被称为概率的“频率主义”定义。其次，如果单个事件的发生概率是 $p$，那么它在 $n$ 次试验里每次都发生的概率将是 $p^n$。他花了一些时间才得到了这个正确公式，书中也记录了他在实验过程中犯过的错误。

你一定不会认为律师和天主教神学家会对赌博产生浓厚的兴趣，然而皮埃尔·德·费马（Pierre de Fermat）和布莱斯·帕斯卡（Blaise Pascal）

是那种卓有成就的数学家，他们无法抗拒挑战的诱惑。1654 年，梅雷骑士（Chevalier de Méré）向费马和帕斯卡讨教关于“点数问题”的解决方法，这位梅雷先生以精于赌博闻名，他的赌技表面上“甚至延伸到了数学领域”——这真是难得的赞美。

考虑某种简单的游戏，其中每个玩家都有 50% 的机会获胜，比如抛硬币。一开始，玩家们在一个“罐子”里投入相同的赌注，并同意第一个回合数赢到一定数量（“点数”）的人赢得赌注。然而，游戏在结束前就被终止了。考虑当时的分数，他们应该如何分配赌注呢？例如，假设那个罐子里有 100 法郎，游戏规定在一个玩家赢了 10 轮后停止，但是当比分在 7∶4 时，他们不得不终止游戏。这时，每位玩家应该拿多少钱呢？

这个问题引发了两位数学家之间的大量通信，除了帕斯卡给费马的第一封信之外，其他信件至今仍被保存着，在那封信里，他似乎给出了一个错误的答案 [11]。费马回复了一个不同的计算结果，并催促帕斯卡尽快回信，让他说明是否同意这个理论。回信正如他所希望的那样：

先生：

我和您一样急不可耐。虽然还在床上，但我忍不住想告诉你，我在昨天晚上收到了你关于点数问题的信，它是由卡尔卡维先生亲手交给我的，我对这封信佩服得五体投地。我没有时间详细描述，但是，总而言之，你已经找到了完美地评判点数和骰子的方法。

帕斯卡承认他之前的尝试是错误的，他俩来来回回反复讨论这个问题，而皮埃尔 · 德 · 卡尔卡维（Pierre de Carcavi，和费马一样，他是数学家和议会参赞）则当他们的中间人。他们的关键见解是，重要的不是过去的比赛历史（除了预设的局数），而是在接下来的几轮比赛中可能会发生什么。如果双方的目标是 20 胜，而比赛在 17：14 时中断了，那么奖金的分配方式应该与目标为 10 胜、比分为 7：4 时完全相同（在这两种情况下，一位玩家需要 3 分，另一位则还需要 6 分。他们是怎样得到这个比分的并不重要）。两位数学家分析了这个假设，计算了我们如今所说的每位玩家的期望值，即如果游戏重复多次，他们得到的平均奖金。在这个例子里，答案是赌注应该按 219：37 分配，领先的一方获得多的那份。你应该猜不到这个答案[12]。

接下来的重要成果是由克里斯蒂安·惠更斯贡献的，他在 1657 年出版了《论概率游戏中的推理》一书。惠更斯也讨论了点数问题，并且明确了“期望”这一概念。我们不用他的公式，而是用一个典型的例子来说明。假设你玩了很多次骰子游戏，你的输赢情况是：

- 如果你掷出 1 或 2，就输 4 英镑；
- 如果你掷出 3，就输 3 英镑；
- 如果你掷出 4 或 5，就赢 2 英镑；
- 如果你掷出 6，就赢 6 英镑。

我们并不能马上看清你是否拥有长期优势。为了得到结果，我们需要计算：

- 输 4 英镑的概率是 $\frac{2}{6}=\frac{1}{3}$；

- 输 3 英镑的概率是 $\frac{1}{6}$；
- 赢 2 英镑的概率是 $\frac{2}{6}=\frac{1}{3}$；
- 赢 6 英镑的概率是 $\frac{1}{6}$。

接着，惠更斯指出，将每次输赢的金额（输以负数计）乘以相应的概率后相加，可以算出期望：

$$\left(-4\times\frac{1}{3}\right)+\left(-3\times\frac{1}{6}\right)+\left(2\times\frac{1}{3}\right)+\left(6\times\frac{1}{6}\right)$$

答案等于 $-\frac{1}{6}$。也就是说，平均每场输 $16\frac{2}{3}$ 便士[①]。

要知道为什么会这样，只需假设你掷了 600 万次骰子，每个数字都出现 100 万次——这是平均情况。你也可以只掷 6 次骰子，因为比例相同，于是每个数字只出现一次。通过 6 次掷骰子，你掷出 1 和 2 会输 4 英镑，掷出 3 会输 3 英镑，掷出 4 和 5 会赢 2 英镑，掷出 6 会赢 6 英镑。因此，你的总“奖金”是：

$$(-4)+(-4)+(-3)+2+2+6=-1$$

如果除以 6（玩的次数），并将相同输赢的项组合起来，你就能重新构造出惠更斯的表达式。期望是一种个体赢输的平均数，但每次结果都必须根据它的概率加权。

惠更斯还把他的数学应用到实际问题中。他和他的弟弟洛德韦克（Lodewijk）一起用概率分析寿命的期望值，他们工作的基础是约翰 · 格

---

① 1 英镑等于 100 便士，$\frac{1}{6}$ 英镑等于 $\frac{100}{6}$ 便士，即 $\frac{50}{3}=16\frac{2}{3}$。——译者注

朗特（John Graunt）于 1662 年出版的《基于死亡率报表的自然与政治观察》中的表格，这本书通常被认为是最早的关于人口统计学的重要工作，同时也是最早的流行病学研究之一。所谓人口统计学，主要研究人口数量，而流行病学则研究传染性疾病。概率和人类事务很早就开始相互交织了。

## 第 4 章

# 抛硬币

正面我赢，反面你输。

——常见于儿童游戏

相较于雅各布·伯努利（Jakob Bernoulli）在1684年和1689年间撰写的史诗级作品《猜想的艺术》，之前所有关于概率的著作都显得有些微不足道。该书是他去世后，由他的侄子尼古拉·伯努利（Nicolaus Bernoulli）于1713年出版的。此前，雅各布已经发表了大量关于概率的文章，他收集了当时已知的主要观点和成果，同时也加入了更多自己的观点。人们一般认为，这本书是概率论成为数学的一个分支的标志。它从排列和组合相结合的性质谈起，关于这些性质，我们会在后面用现代符号简略地再说一遍。然后，他重新研究了惠更斯关于期望的观点。

抛硬币是概率教科书里的重要素材。它熟悉、简单，并且还能很好地说明许多基本概念。"正面"或"反面"是概率游戏里最基本的选择。伯努利分析的内容如今被称为**伯努利试验**。这个模型不断重复一个只有两种结果的游戏，比如抛硬币猜正反面。硬币也许是有偏的：掷出正面的概率可能是$\frac{2}{3}$，而掷出反面的概率是$\frac{1}{3}$。两者的概率加起来一定是1，因为每次抛硬币的结果不是正面就是反面。他问的问题包括"抛硬币30次，至少得到20次正面的概率是多少"，然后他用排列组合的计数公式来回答这些问题。在与这些组合思想建立起联系后，他接着对其背后的数学进行了相当深入的研究。他把它们和二项式定理联系在了一起，即展开"二项式"（有2个项的表达式）$x+y$的幂次方得到的代数式，例如

$$(x+y)^4 = x^4 + 4x^3y + 6x^2y^2 + 4xy^3 + y^4$$

书的第三部分将之前的结果应用于那个时代常见的纸牌和骰子游戏上。第四部分和最后一部分则进一步讨论它们的应用，不过这回主要讨论的是社会学背景下的决策问题，其中包括法律和金融。伯努利的重要贡献在于

大数定律，它指出，通过大量的试验，任何特定事件（“正面”或“反面”）发生的次数通常非常接近于试验次数乘以该事件发生的概率。伯努利把它称为他的黄金定理，“这是一个我已经研究了 20 年的问题”。这个结果可以被认为是对概率的频率主义定义的一个证明：“给定事件发生次数的比例”。伯努利的观点不同：它为通过事件在实验中发生的比例来推断其概率提供了理论依据。这很接近现代概率论的公理化观点。

伯努利为所有后人设定了标准，但他也留下了几个重要问题。有一个是关于实践的。当试验的次数很大时，伯努利试验的计算也变得非常复杂。例如，抛 1000 次公平（均匀的）硬币后，得到 600 次以上正面的概率是多少？计算这个结果的公式包括把 600 个整数相乘后再除以另外 600 个整数。在没有电子计算机的年代里，手算充其量是乏味和费时，然而在最糟糕时，它会超出人类的极限。人类想要通过概率论理解不确定性，这个问题是必须马上解决的重要一步。

接下来，采用过去的术语描述概率论的数学会变得令人困惑，因为随着数学家们不断摸索怎样更好地理解概率论，符号、术语甚至概念都在不断地变化。所以，我想用更现代的术语来解释历史发展过程中产生过的那些主要观点。这会澄清一些将在本书剩余部分中用到的概念，并完成系统化梳理。

显然，从长远来看，一枚公平硬币得到正面和反面结果的次数是相同的。每一次单独抛硬币都是不可预测的，但一系列抛硬币的累积结果的平均数是可以预测的。因此，尽管不能确定任何特定的某次抛硬币的结果，但我们可以限制在长期情况下总量的不确定性。

我抛了 10 次硬币，得到了如下正、反面结果的序列：

反 正 反 反 反 正 反 正 正 反

其中有 4 次正面、6 次反面——尽管不完全相等，但几乎平分秋色。这种比例的可能性有多大呢？

我将慢慢推出它的结论。第一次抛硬币的结果要么是正面，要么是反面，概率都是 $\frac{1}{2}$。前 2 次抛硬币的结果可能是正正、正反、反正、反反中的任意一种。一共有 4 种可能的结果，并且概率相等，所以每种结果的概率都是 $\frac{1}{4}$。前 3 次抛硬币的结果可能是正正正、正正反、正反正、正反反、反正正、反正反、反反正，以及反反反中的任意一种。一共有 8 种可能的结果，它们的概率也相等，所以每种结果的概率都是 $\frac{1}{8}$。最后，让我们看看前 4 次抛硬币。一共有 16 种序列，每种序列的概率都是 $\frac{1}{16}$，下面，我将按照出现正面的次数把它们列出：

- 0 次正面，1 种序列（反反反反）；
- 1 次正面，4 种序列（正反反反、反正反反、反反正反、反反反正）；
- 2 次正面，6 种序列（正正反反、正反正反、正反反正、反正正反、反正反正、反反正正）；
- 3 次正面，4 种序列（正正正反、正正反正、正反正正、反正正正）；
- 4 次正面，1 种序列（正正正正）。

我抛的硬币是以“反正反反”起头的，只出现 1 次正面。在上面的 16

种可能性里，只出现 1 次正面的情况一共发生了 4 次，其概率为 $\frac{4}{16}=\frac{1}{4}$。相较而言，在 16 种可能性里，2 次正面和 2 次反面出现了 6 次，它的概率为 $\frac{6}{16}=\frac{3}{8}$。所以尽管得到正面和得到反面的概率是相等的，但得到相同次数的正面和反面的概率并不是 $\frac{1}{2}$，它的概率更小一点儿。另外，**接近** 2 次——在这里指的是 1 次、2 次和 3 次——正面的概率是 $\frac{4+6+4}{16}=\frac{14}{16}$，即 87.5%。

如果抛 10 次，那么有 $2^{10}=1024$ 种正面和反面序列。类似的计算（详细计算略）表明，给定正面次数的序列数如下：

- 0 次正面，1 种序列，概率为 0.001；
- 1 次正面，10 种序列，概率为 0.01；
- 2 次正面，45 种序列，概率为 0.04；
- 3 次正面，120 种序列，概率为 0.12；
- 4 次正面，210 种序列，概率为 0.21；
- 5 次正面，252 种序列，概率为 0.25；
- 6 次正面，210 种序列，概率为 0.21；
- 7 次正面，120 种序列，概率为 0.12；
- 8 次正面，45 种序列，概率为 0.04；
- 9 次正面，10 种序列，概率为 0.01；
- 10 次正面，1 种序列，概率为 0.001。

我的序列里有 4 次正面和 6 次反面，其概率为 0.21。最有可能的是有 5 次正面，其概率只有 0.25。选择特定次数的正面并不能提供非常有用的信息。还有一个更有趣的问题：当正、反面的数量在某个范围时，比如 4～6

次，其概率是多少？在这里，答案是 0.21+0.25+0.21=0.67。换句话说，如果把一枚硬币抛 10 次，我们可以期待 5∶5 或 6∶4 的结果是 3 次里会有 2 次。另外，我们可以预期正、反面的数量差距**更大**的概率是三分之一。因此，在理论平均数附近出现一定程度的波动不仅是可能的，而且是非常可能的。

如果我们要寻找一个更大的波动，比方说 5∶5、6∶4 或是 7∶3（不管正反），那么在这个波动范围内的概率就成了 0.12+0.21+0.25+0.21+0.12=0.91。至此，出现更严重失衡的概率变成了 0.1——也就是十分之一。这个值很小，但并非无稽之谈。令人惊讶的是，当你抛 10 次硬币时，出现正面或反面小于等于 2 次的概率是 $\frac{1}{10}$。平均而言，每 10 次试验里会发生 1 次。

如上面的例子所示，早期的概率研究主要集中在等概率情况下的计数方法。计数事物的数学分支被称为组合学，在最早的著作里，占主导地位的概念是排列和组合。

排列是一种按一定顺序排列多个符号或对象的方法。例如，符号 A、B、C 可以有 6 种顺序：

ABC　ACB　BAC　BCA　CAB　CBA

类似的列表可以说明，4 种符号有 24 种排列方法，5 种符号有 120 种排列方法，6 种符号有 720 种排列方法，以此类推。通用规则很简单。例如，假设我们想把 6 个字母 A、B、C、D、E、F 按一定顺序排列。我们可以用 6 种不同的方法选择第一个字母，它可以是 A、B、C、D、E、F 中的任意一个。于是，选择第二个字母有 5 种方法。它们都可以添到最初的选

择方法上，因此，前两个字母一共可以有

$$6\times5=30$$

种选择。下一个字母有 4 种选择，再下一个字母有 3 种选择，第五个字母有 2 种选择，第六个字母只能选唯一剩下的那个。所以总排列数是

$$6\times5\times4\times3\times2\times1=720$$

这个式子的标准符号是 6!，读作“6 的阶乘”。

同样，按顺序排列一副 52 张的扑克牌的方法总数是

$$52!=52\times51\times50\times\cdots\times3\times2\times1$$

值得我信赖的计算机会以闪电般的速度告诉我，它等于

80 658 175 170 943 878 571 660 636 856 403 766 975
289 505 440 883 277 824 000 000 000 000

这个答案是准确的，也是巨大的，你无法列出所有的可能性来得到它。

更一般的是，我们还可以计算出从 6 个字母 A、B、C、D、E、F 中任意选取 4 个字母，能构成多少种按顺序排列的方法。这种排列被称为“从 6 个字母里选取 4 个字母”的排列。计算过程类似，不过我们在选取 4 个字母后就停止了。所以排列 4 个字母的方法数量为：

$$6\times5\times4\times3=360$$

最简洁的数学表达方式是写成

$$(6\times5\times4\times3\times2\times1)\div(2\times1)=\frac{6!}{2!}=\frac{720}{2}=360$$

我们在这里除以 2!，是为了消去在 6! 后面不想要的 $\times2\times1$ 。同理，从 52 张牌里选有序的 13 张牌的方法数量为

$$\frac{52!}{39!}=3\ 954\ 242\ 643\ 911\ 239\ 680\ 000$$

组合与排列很相像，不过此时需要计数的不是排列方法的数量，而是在忽略顺序的情况下，有多少种不同的选择。例如，一手 13 张牌可以有多少种不同情况？计数的诀窍是，先数一数排列的数量，接着考虑在排除先后顺序后，有多少种排列是相同的。我们已经知道，每一手 13 张牌都可以有 13! 种排列。这就意味着，对每手 13 张牌的有序排列而言，在（假设的）所有 3 954 242 643 911 239 680 000 种排列方法里，每一种（无序的）13 张牌会出现 13! 次。因此，无序排列的种数为

$$3\ 954\ 242\ 643\ 911\ 239\ 680\ 000\div13!=635\ 013\ 559\ 600$$

它等于不同的手数。

在概率计算中，我们可能想知道一手牌是特定的 13 张的概率，比如所有黑桃——正好是 6350 亿手之一，因此，一手牌正好发成这样的概率是

$$\frac{1}{635\ 013\ 559\ 600}=0.000\ 000\ 000\ 001\ 574\cdots$$

约等于 1.5 万亿分之一。在整个地球上，平均每大约 6350 亿手中会发生一次。

这个结果有一种紧凑的写法。从 52 张牌里选 13 张牌的方法数量（52 取 13 的**组合**数量）是

$$\frac{52!}{13!39!}=\frac{52!}{13!(52-13)!}$$

在代数上，从 $n$ 个对象的集合里选择 $r$ 个对象的方法数量为

$$\frac{n!}{r!(n-r)!}$$

因此，我们可以用阶乘来计算这个数。它经常被非正式地读作“$n$ 取 $r$”；它还有一个更奇特的术语，叫**二项式系数**，其符号表示为

$$\binom{n}{r}$$

它因和代数里的二项式定理有关而得名。看一下我在前几页中提到的公式 $(x+y)^4$，它的系数分别是 1、4、6、4、1。当我们连续抛 4 次硬币，并计数出现给定正面次数的方法数量时，这些数也会出现。用任何其他整数替换 4 也是一样的。

经过前面的铺垫，让我们再来看看包含 1024 种正、反面序列的情况。我说过，正面出现 4 次的序列有 210 种。我们可以用组合来计算这个值，尽管如何计算并不直观，因为这与符号可以重复的有序序列有关，但这些序列看起来完全不同。计算的窍门是想一想四个正面会出现在哪些位置。嗯，它们可能出现在位置 1, 2, 3, 4——正正正正，然后跟着 6 个反。它们也可能出现在位置 1, 2, 3, 5——正正正反正，然后跟着 5 个反。或者……无论正面在哪里，出现四个正面的位置的所有情况都是从完整的集合 1, 2, 3, …, 10 里选取 4 个数。也就是说，它是从 10 个数里选 4 个的组合数。但我们知道该如何得到结果：只需计算

$$\frac{10!}{4!(10-4)!}=\frac{10!}{4!6!}=210$$

真奇妙！重复此类计算，我们可以得到完整的列表：

$$\frac{10!}{0!10!}=1 \qquad \frac{10!}{1!9!}=10 \qquad \frac{10!}{2!8!}=45$$

$$\frac{10!}{3!7!}=120 \qquad \frac{10!}{4!6!}=210 \qquad \frac{10!}{5!5!}=252$$

接下来的数值是上面各式的逆序重复。你可以通过符号发现，也可以证明，（比方说）6 个正面和 4 个反面是一样的，因此有 4 个反面的方法数量显然和有 4 个正面的方法数量是相等的（图 4-1）。

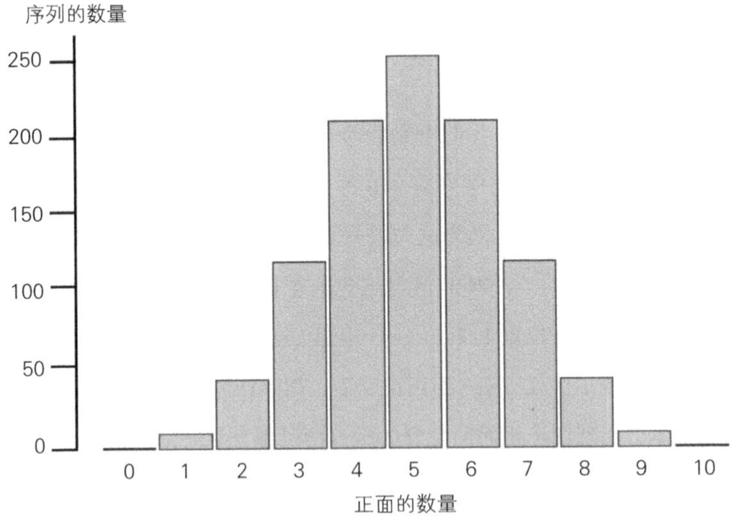


**图 4-1　10 次试验的二项分布，正、反面出现的概率相等。将纵坐标上的数除以 1024 即可得到概率**

这种数量的一般“形状”是：它们开始很小，在中间达到某个峰值，然后再次下降，整个列表呈中间对称。当我们根据正面数量用柱状图（也可以时髦地称它为直方图）绘制序列的数量时，就可以很清楚地看到这种规律。

从某些可能的事件范围内随机选择的度量被称为随机变量。将随机变量的每个值与其概率关联起来的数学规则被称为概率分布。在这里，随机变量是“正面的数量”，概率分布看起来和柱状图很像，只不过纵轴上的数必须除以 1024 后，才能表示概率。这种特殊的概率分布被称为二项分布，因为它与二项式系数有关。

当关注的问题不同时，分布的形状也会不同。例如，对一枚骰子而言，掷出的结果是 1、2、3、4、5 或 6，它们都是等概率的。这种分布被称为均匀分布。

如果我们掷两枚骰子，并把得到的结果相加，两枚骰子会以不同方法得到从 2 到 12 的结果（图 4-2）。

$2=1+1$　　1 种

$3=1+2=2+1$　　2 种

$4=1+3=2+2=3+1$　　3 种

$5=1+4=2+3=3+2=4+1$　　4 种

$6=1+5=2+4=3+3=4+2=5+1$　　5 种

$7=1+6=2+5=3+4=4+3=5+2=6+1$　　6 种

将上面的每一步都增加 1，但接下来由于逐步不允许掷出的数为 1、2、3、4、5，于是得到结果的方法数量开始减少。

| | |
|---|---|
| $8=2+6=3+5=4+4=5+3=6+2$ | 5 种 |
| $9=3+6=4+5=5+4=6+3$ | 4 种 |
| $10=4+6=5+5=6+4$ | 3 种 |
| $11=5+6=6+5$ | 2 种 |
| $12=6+6$ | 1 种 |

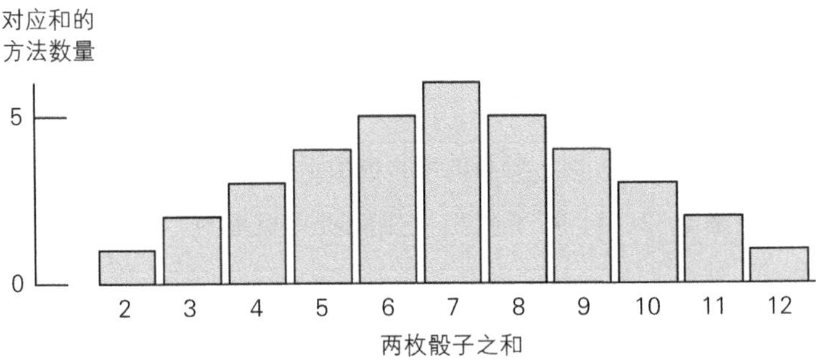


**图 4-2　两枚骰子之和的分布。将纵坐标上的数除以 36 后得到概率**

由此，这些骰子之和的概率分布像三角形。图中标出了对应和的方法数量，其概率便是这些数除以总数 36。

如果我们掷三枚骰子，然后把结果加起来，图表形状会变得更圆一些，看起来也更像二项分布，虽然它们不完全相同（图 4-3）。结果表明，掷的骰子越多，总概率就越接近于二项分布。在第 5 章，我们会通过中心极限定理解释为什么会这样。

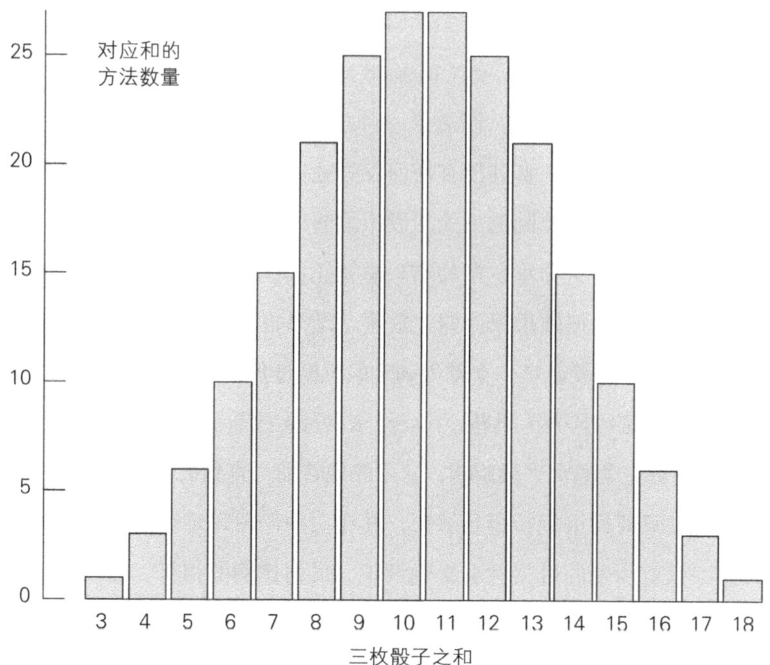


**图 4-3　三枚骰子之和的分布。将纵坐标上的数除以 216 后得到概率**

硬币和骰子常用来比喻随机。爱因斯坦关于上帝不和宇宙玩骰子的言论广为流传。但不太为人们所知的是，他并没有确切使用那些词语，但他所说的话表达了同样的观点：他反对自然规律包含随机性。因此，我们可以清醒地发现，他可能采用了错误的比喻。硬币和骰子有一个不为人知的秘密。它们并不像我们想象的那么随机。

2007 年，佩尔西・迪亚科尼斯（Persi Diaconis）、苏珊・霍姆斯（Susan Holmes）和理查德・蒙哥马利（Richard Montgomery）研究了抛硬币的动力学[13]。他们从物理学入手，制造了一台抛硬币机，它把硬币抛向空中，这样硬币就能自由旋转，直到没有任何反弹地落在一块平整的着陆面上。他们使机器以一种精确控制的方式让硬币翻转。通过这种控制，只要你把硬币的正面朝上放在机器里，抛的结果总是正面朝上——尽管它会在半空中翻转多次。同样，把硬币反面向上放置，结果也总是反面向上。这个实验很清楚地表明，抛硬币是一个预先确定的机械过程，它并不是随机的。①

应用数学家约瑟夫・凯勒（Joseph Keller）此前也曾分析过一种特殊情况：硬币绕着完美的水平轴旋转，它不停地转动，直到被人握住。他的数学模型表明，只要硬币旋转得足够快，并在空中停留得足够久，那么在初始条件中，只有少量的可变性会影响到正、反面比例的相等。也就是说，硬币正面或反面朝上的概率都非常接近期望值 $\frac{1}{2}$。而且，即使你总是以正面（或反面）朝上开局，这个结果仍然正确。因此，如果硬币按凯勒模型所假设的那种特殊方式旋转，那么真正猛力地抛硬币可以很好地使结果随机化。

另一种极端情况是，我们可以想象硬币在同样猛烈地转动着，但这次的旋转轴是垂直轴，就像播放黑胶唱片的转盘。硬币先被抛起再落下，但绝不会翻面，所以它向上的面始终和离手时一样。真实的抛硬币游戏介于上述两者之间，其旋转轴既不是水平的，也不是垂直的。如果你不作弊，那么它可能更接近于水平的。

① 详见《数学万花筒 3：夏尔摩斯探案集》（人民邮电出版社，2017 年）中的《抛公平硬币并不公平》一文。——译者注

假设我们总是正面朝上抛硬币。迪亚科尼斯的团队证明，除非**完全**符合凯勒的假设，即硬币绕着一个精确的水平轴翻转（这实际上是不可能的），否则硬币在落地时多半会正面朝上。在人们以常规方式抛硬币的实验里，结果是正面朝上的概率约为 51%，而反面朝上的概率约为 49%。

在过于担心"公平"硬币不公平之前，我们还必须考虑另外三个因素。人类不可能像机器一样精确地抛硬币。更重要的是，人们不会总是正面朝上抛硬币，以正面还是反面抛出是随机的。这就使落地时正面朝上和反面朝上的概率相等，所以结果会（非常接近于）五五开。概率相等不是**抛**硬币造就的，而是由抛硬币的人在抛掷前把它放在拇指上这一无意识的随机操作导致的。如果想得到一点儿优势，你可以练习如何精确地抛硬币，直到练成，并总是以你想让硬币落地时向上的那面开始抛。通过引入另一个随机因素，常规程序就能巧妙地避免这种情况：一个人抛硬币，另一个人在硬币还在空中时猜"正面"或"反面"。因为抛硬币的人事先并不知道另一个人会猜什么，所以他们无法通过选择开始时哪面向上来影响可能性。

掷骰子的过程更为复杂，可能的结果也更多。但研究同样的问题似乎很合理。当你掷骰子的时候，决定哪面朝上的最重要的因素是什么呢？

有很多种可能性。骰子在空中旋转的速度有多快？它反弹的次数又是多少？2012 年，马尔桑·卡皮塔尼雅克（Marcin Kapitaniak）和他的同事建立了一个滚动骰子的详细数学模型，其中包括空气阻力和摩擦等因素 [14]。他们把骰子模型化为一个有着尖角的完美的数学立方体。为了测试这个模型，他们拍摄了一些滚动骰子的高速影片。事实证明，有一个简单得多的因素比上述这些因素都重要，即骰子的初始位置。如果你拿着一枚骰子，让 1 向上，那么它掷出 1 的频率比其他任何结果的频率都高。根据对称性，其他数字向上时，结果也类似。

传统的“公平骰子”假设掷出每个面的概率都是 $\frac{1}{6} \approx 0.167$。而理论模型显示，在极端情况下，如果桌子是软的，而骰子又没反弹的话，开始向上的面最终也向上的概率约是 0.558——这个值比假设的大得多。如果假设更接近实际情况一些，骰子反弹 4～5 次，那么这个值就变成了 0.199——它仍然明显偏大。只有当骰子旋转得非常快或者反弹约 20 次时，预测的概率才会接近 0.167。一些使用特殊机械装置，并按非常精确的速度、方向和初始位置掷骰子的实验，也得到了类似的结果。

## 第 5 章

# 过量的信息

唯一确定的是合乎情理的可能性。

——埃德加·沃森·豪，《罪人布道》

卡尔达诺的《论赌博》窥视了潘多拉魔盒里有什么，而伯努利的《猜想的艺术》则揭开了它的封印。概率论改变了游戏规则——确切地说，是被用于赌博时——但它对评估偶发事件的似然性也产生了根本性的影响，人们花了很长时间理解这一点。统计学可以被大致认为是概率论的一个应用分支，它是最近才发展起来的。一些重要的“史前”事件发生在 1750 年左右，而第一次重大突破则是在 1805 年取得的。

统计学起源于天文学和社会学这两个截然不同的领域。它们的共同特点是从不完善或不完整的观测数据中提取有用的信息。天文学家想得到行星、彗星和类似天体的轨道。有了轨道，他们就能检验对天文现象的数学解释是否正确，不过统计学也有一些潜在的实际应用，尤其是在航海领域。稍后，由于 19 世纪 20 年代末阿道夫·凯特勒（Adolphe Quetelet）的工作成果，统计学在社会学方面的应用也开始起步。

这其中有一个联系，凯特勒是布鲁塞尔皇家天文台的天文学家和气象学家，同时也是比利时统计局的一名地区特派员，正是这一点使他在科学界声名鹊起。凯特勒值得单独写一章，我会在第 7 章介绍他的思想。现在，我要集中讨论统计学在天文学中的起源，它为这门学科打下了坚实的基础，以至于从中产生的某些方法至今仍在使用。

在 18 世纪和 19 世纪，天文学最主要关注的是月球和行星的运动，接着又把视野扩展到了彗星和小行星。由于牛顿的引力理论，天文学家可以得到非常精准的多种轨道运动的数学模型。主要的科学问题是将这些模型与观测结果进行比较。利用望远镜可以得到观测数据，仪器逐年变得更加精密，测量精度也越来越高。但是要完全精确地测量恒星和行星的位置是不可能的，因此所有观测都存在无法控制的误差。温度的变化会影响仪器，不断变化的地球大气层所折射出的光线，也会使行星的图像不稳定。用来调节各种尺度和量规的螺纹存在瑕疵，当你转动旋钮调节时，它们会滞涩一下后才动起来。如果用相同的仪器重复同样的观测，你得到的结果经常会略有不同。

随着仪器工程的改进，同样的问题依然存在，因为天文学家总在挑战知识的边界。更好的理论要求观测越来越精准。在工作中，有一个特点对天文学家而言应该算是有利的：他们能够对同一天体进行多次观测。不幸的是，当时并没有适配这种情况的数学技术，似乎**过多**的数据所造成的问题比解决的问题还多。事实上，尽管当时的数学家掌握的知识是正确的，但那些知识只是起到了误导的作用：他们解决的问题本身是错的。数学家和天文学家一样，寻找新方法来应对这种情况，不过花了一段时间以后，他们才理解了那些新思想。

误导数学家的两项主要技术是代数方程的求解和误差分析，这两项技术在当时都已成熟。在学校里，我们都学过怎样解“联立方程”，例如

$$2x-y=3 \qquad 3x+y=7$$

的答案是 $x=2$、$y=1$。确定 $x$ 和 $y$ 的值需要两个方程，因为一个方程只能把它们联系起来。对于三个未知数，需要三个方程才能得到唯一解。这种规律可以扩展到更多的未知数，我们需要的方程数量与未知数的数量相同（也有一些技术条件可以排除相互矛盾的方程组，而我讨论的是没有 $x^2$ 或 $xy$ 之类的“线性”方程，其他方程我们暂不深入讨论）。

代数有一个最糟糕的性质：当方程数量比未知数**多**时，通常会无解。用行话来说，未知数是“超定的”——关于未知数的已知信息过多了，并且这些信息互有矛盾。例如，如果上面的方程还需要满足 $x+y=4$，那么就会有麻烦，因为另外两个方程已经意味着 $x=2$、$y=1$，因此应该有 $x+y=3$。哎呀！额外的方程不会产生麻烦的唯一方式，就是它满足前两个方程的解。如果第三个方程实际上是 $x+y=3$ 或者类似的 $2x+2y=6$，那么就会相安无事，但并非所有方程都是可以的。当然，除非一开始就有这样的额外方程，但这种情况是不可能的。

误差分析侧重于单个方程，比方说 $3x+y$。如果我们知道 $x=2$、$y=1$，那么上面的表达式等于 7。但如果我们只知道 $x$ 介于 1.5 和 2.5 之间，而 $y$ 在 0.5 和 1.5 之间。我们能说 $3x+y$ 是什么呢？在这种情况下，当我们取 $x$ 和 $y$ 的最大值时，可以得到最大值

$$3\times 2.5+1.5=9$$

类似地，当我们取 $x$ 和 $y$ 的最小值时，就会得到最小值

$$3\times 1.5+0.5=5$$

因此，我们知道 $3x+y$ 的值介于 $7\pm 2$ 之间（在这里，符号 ± 表示“加或减”，结果范围是从 7−2 到 7+2）。事实上，我们可以结合最大值和最小值的**误差**，更简单地得到这个结果：

$$3\times 0.5+0.5=2 \qquad 3\times(-0.5)-0.5=-2$$

18 世纪的数学家们知道这一切，他们知道遇到乘除时更复杂的用来计算误差的公式，同时也知道负数会对估计值有什么影响。这些公式是用微

积分推导出来的，它是当时最强大的数学理论。他们从所有这些结果中得到的信息是，当你把几个有误差的数组合起来时，结果的误差会**更大**。在这个例子里，$x$ 和 $y$ 的误差为 ±0.5，它使得 $3x+y$ 的误差为 ±2。

假设你自己是那个时代的顶尖数学家，正在处理一个包含 8 个未知数、但有 75 个方程的方程组。关于这个问题，你会立刻“知道”些什么呢?

你一定会知道遇上了大麻烦。方程的数量比 8 个未知数还要多 67 个。你可以很快地检验出能否只求解其中的 8 个方程，而这些解正好又（奇迹般地）是其他 67 个方程的解。如果理论公式正确，精确的观测就可以让这些解保持一致，但是这些数值是观测值，它们的误差是不可避免的。事实上，在我设想的例子里，前 8 个方程的解和其他 67 个方程并不一致。它们可能很接近，但并不精确。总之，从 75 个方程里选 8 个方程的方法约有 170 亿种，你应该选择哪一种呢?

将方程组合起来以减少方程数量是一种可行的策略，但传统经验认为，组合方程会**增大**误差。

这种情况确实发生过。数学家莱昂哈德·欧拉（Leonhard Euler）是历史上最伟大的数学家之一。1748 年，法国科学院公布了获得年度数学奖的问题。两年前，埃德蒙·哈雷（Edmond Halley，这位天文学家因发现根据其名字命名的彗星而闻名于世）注意到，木星和土星在各自轨道上的加减速是交替出现的，而这种减速会让你猜想是不是漏算了某个天体。获奖的主题是运用万有引力定律来解释这种效应。欧拉经常参赛，他在一本 123 页的回忆录里记录过自己的成绩。其主要理论结果是一个将 8 个“轨道要素”联系在一起的方程，这些要素是与两个天体轨道有关的量。为了将理论与观测结果进行比较，欧拉必须求解那些轨道要素的值。观测结果并不少，他找到了 75 份在 1652 年和 1745 年间记录的天文档案。

于是，就出现了前面提到的问题：在 75 个方程里有 8 个未知数，大大超定了。欧拉是怎么处理的呢？

他着手处理方程，并解出了两个未知数的值，他对这两个未知数相当有信心。他注意到这些数据几乎每 59 年重复一次，从而完成求解。因此，1673 年和 1732 年（相隔 59 年）的方程看起来非常相似，当他将两者相减后，只留下了两个重要的未知数。1585 年和 1703 年的数据（它们相隔 118 年，是 59 年的两倍）也有相同的情况，涉及的还是那两个未知数。两个方程，两个未知数，不会有什么麻烦。通过解这两个方程，他得到了这两个未知数的解。

现在，同样的 75 个方程，只有 6 个未知数——但问题变得更糟，这些方程更加超定。欧拉试着对剩下的数据也采用同样的方法，但他找不到任何一种组合可以消去大部分未知数。他沮丧地写道：“我们从这些方程里什么也得不到。原因可能是，我试图精确地满足若干观测结果，但实际上它们只需要大致满足就行了，于是，**这个误差就自我放大了**（这一句是我加的）。”在这里，欧拉显然是在援引误差分析里一个众所周知的事实：组合方程会放大误差。

从那以后，欧拉陷入了困境，几乎没取得什么成果。统计学家和历史学家斯蒂芬·施蒂格勒[15]（Stephen Stigler）评论道：“欧拉……陷于求解方程的工作。”他还将欧拉的探索与天文学家约翰·托比亚斯·迈耶（Johann Tobias Mayer）在 1750 年的分析结果进行了对比。虽然我们通常说月球面向地球的总是同一面，但这其实是稍作了一些简化的。其大部分远端总是看不到，但实际上，各种现象会让我们看到的那一部分轻微摆动。这种摆动被称为**天平动**[①]，它正是迈耶感兴趣的地方。

在 1748 年至 1749 年的大约一年里，迈耶观测了一些月球主景的位置，尤其是曼尼里乌斯陨石坑。在 1750 年的一篇论文里，他写了一个包含 3 个未知数的公式，并用他的数据计算出了月球轨道的几个特征。他遇到了和欧拉一样的难题，因为他观测了 27 天，得到了 27 个包含 3 个未知数的方程。他的处理方式非常不同。他把这些数据分成 3 组，每组 9 个观测值，然后把每个组里的方程加起来，得到该组的组合方程。于是，他有 3 个包含 3 个未知数的方程，它们不是过定方程，只要用常规方法就能求解。

这个过程似乎有点儿武断，如何选择这 3 组方程呢？迈耶有一种系统化的处理方法，他把看起来非常相似的方程组合在一起。这是务实的，也是合乎情理的。它避免了在此类工作中遇到的一个大问题——数值的不稳定性。如果对很多彼此非常相似的方程求解，那么最终会有大数除以小数，导致潜在的误差变得非常大。他意识到了这一点，因为他说："（我分组的）优势在于……这 3 个总和之间的差异变得尽可能大。差异越大，就越能准确地确定未知数。迈耶的方法似乎非常合理，以至于我们可能并没有意识到它是那么具有革命性。此前并没有人这样处理过。

请再想一想，将 9 个方程组合在一起肯定会**放大**误差吧？如果每个方程的误差都一样，这个过程不就是把所有误差乘以 9 了吗？迈耶当然不这么认为。他指出："数值……源自 9 倍的观测结果……是正确答案的 9 倍。"

① 天平动是从卫星环绕的天体上所观察到的真实或视觉上非常缓慢的振荡。——译者注

也就是说，可能的误差需要**除以** 9，而不是乘以 9。

他犯错了吗？还是经典的误差分析是不对的？

答案是：两者兼而有之。这里的统计点是误差分析，就像当时所做的那样，主要考虑的是**最差情况下**的结果，当所有的个体误差结合在一起后，会得到可能的最大和。但它（正确地）解决了误差问题。天文学家需要的是**典型的**或者**最有可能的**总体误差，而这通常会涉及符号相反的两种误差，在某种程度上它们可以相互抵消。例如，如果有 10 个观测值，每个值都取 5±1，那么每个观测值不是 4 就是 6。它们的和介于 40 和 60 之间，误差为 10，而正确的和是 50。但实际上，大约一半的观测值是 4，另一半是 6。如果它们恰好各占一半，那么和又是 50——结果完全正确。如果是 6 个 4 和 4 个 6，那么和等于 48，结果也不赖。它的误差率只有 4%，而所有的个体误差率都高达 20%。

迈耶的想法是对的，但他在一个技术细节上出了错：他声称 9 倍的观测结果可以让误差除以 9。后来的统计学家们发现，应该是除以 3——**9 的平方根**（详见后文）。但他选择的道路是正确的。

迈耶处理超定方程的方法比欧拉的更系统化（欧拉的根本算不上是一种方法），而且它包含了一个关键的见解，即以正确的方式组合观测结果可以提高准确性，而不是使其变差。完整的方法是由阿德里安·马里·勒让德（Adrien Marie Legendre）提出的，他在 1805 年出版了著作《测定彗星轨道的新方法》。勒让德重新表述了这个问题：给定一组超定线性方程，未知数怎样取值才能使这些方程的**总体误差最小**？

这种方法彻底改变了游戏规则，因为如果允许误差足够大，那么总能找到方程的解。误差不能完全消除，但关键问题在于，你算出的结果离答案有多近？当时的数学家已经知道了这个问题的答案：你可以用微积分，甚至只用代数就能解决。但首先，你需要一个额外的条件，那就是定义什么是总体误差。勒让德的第一个想法是把单个误差加在一起，但这并不怎么管用。如果答案应该是 5，而你得到的分别是 4 和 6，那么单个误差是 −1 和 +1，它们的和是 0。正负误差相互抵消。为了避免这种情况，勒让德需要将所有误差转换成正数。

一种方法是用绝对值把负数变成正数来代替误差。不幸的是，这个规则没有清晰的答案，在代数上造成混乱（尽管如今我们可以用计算机来处理）。取而代之的是，他对所有误差先**平方**，然后再相加。正数或负数的平方总是正的，平方让代数变得容易处理。将误差的平方和最小化是一个简单的问题，并且存在简便的公式完成求解。勒让德将这种方法称为**最小二乘法**，他说这种方法“适用于描述最接近真实的系统状态”。

当我们只考虑两个变量时，还有一种在数学上同样常见的应用，那就是用一组与这些变量相关的数值数据去拟合一条直线。例如，汽油价格与石油价格有什么关系？也许今天的石油价格是每桶 52.36 美元，汽油价格是每升 1.21 英镑。由此，我们得到了一个坐标为 (52.36, 1.21) 的数据点。连着几天去若干个加油站，你会得到一些数据对，比方说有 20 组（在实际应用中，可能会是几百组，甚至几百万组）。假设你想从石油价格预测未来的汽油价格。在图中，用横轴表示石油价格，纵轴表示汽油价格，由此得到了一系列分散的点。即便在图 5–1 里，你也可以发现一个总体趋势：石油价格越高，汽油价格也越高，这并不出人意料。（然而，有时石油价格跌了，汽油价格却很坚挺，甚至上扬。并且根据我的经验，当石油价格上涨时，汽油价格永远不会下跌。石油价格上涨会立即传导给消费者，而降价的效果则需要更长的时间才会显现。）

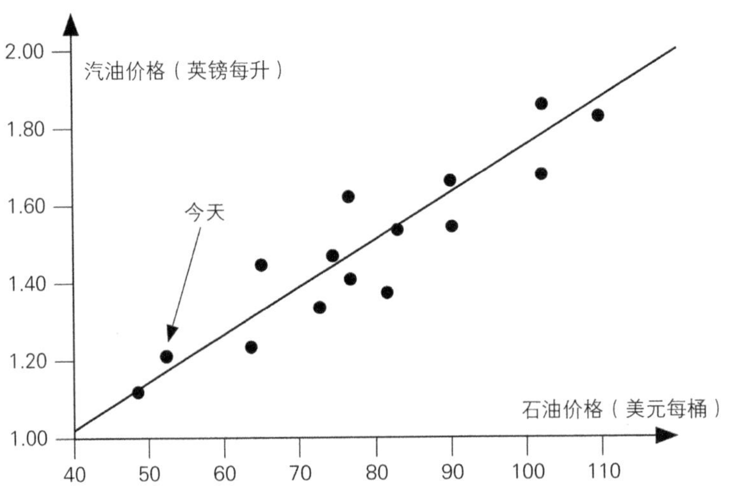


**图 5–1　汽油价格对应石油价格的假设数据。点表示数据，直线为拟合出的线性关系**

有了勒让德的数学工具，我们便能做得更好。我们可以找到一条穿过这组点的直线，离点越近，误差的平方和越小，这条线也就越好。它的方程式代表怎样利用石油价格预测汽油价格。例如，它可能告诉我们，汽油价格（英镑每升）最好是用石油价格（美元每桶）乘以 0.012，再加上 0.56 来近似。这个方程式并不完美，但它会让误差尽可能小。对于更多的变量，作图并不太有用，但同样的数学技术也能得到最佳答案。

**我们该如何处理不确定性？**这是本书讨论的一个重要问题，勒让德的思想给出了一个非常简单而有用的答案：让它尽可能小。

当然，事情并没有那么简单。勒让德的答案是用“最好的可能性”来衡量总体误差，但选择不同的直线也可能使误差最小化。此外，最小二乘法也有一些缺陷。将误差平方这一技巧很好地简化了代数运算，但它会给“异常值”过大的权重，所谓异常值是指那些与其他所有数据相去甚远的值。也许有些加油站的汽油价格为每升 2.50 英镑，而其他加油站为每升 1.20 英镑。把这个误差平方后，会使哄抬价格的加油站造成的影响远远大于没有这样做的加油站的影响，从而歪曲了整个方程式。一个务实的解决方案是抛弃那些异常值。但在科学或经济学领域，有时异常值很重要。如果你把它们“扔”了，就会抓不住重点。你可以证明世界上每个人都是亿万富翁，只要你把“每个人”之外的那些人的数据都“扔掉”。

同样，如果可以丢弃数据，你就可以删除任何与想要证明的结果矛盾的观测结果。现在，许多科学期刊都要求，**所有**由它们公开发表的论文中所涉的实验数据都能在网上找到，这样，所有人都能检查是否存在作弊行径。并不是说他们寄希望于此，但这会让人们觉得诚信才是上策。科学家偶尔也会作弊，所以这样做有助于防止不诚信。

勒让德的最小二乘法并不是对数据之间的关系做统计分析的最新方法，但它是一个很好的**开端**，是第一个真正的系统化方法，用它可以从超定方程中得到有意义的结果。后来，它被推广到更多变量，从而将数据拟合到多维“超平面”，而不是直线上。在下面这种情况中，我们也可以使用**较少**的变量。给定一组数据，哪个数值才是在最小二乘意义下的最佳拟合呢？例如，如果数据是 2、3 和 7，哪一个值会使数据的差值平方和尽可能小呢？根据一些微积分知识，我们知道这个值是所给数据的均值（平均数的另一种表达），即 $\frac{2+3+7}{3}=4$ [16]。类似的计算表明，在最小二乘意义上，任意数据集合的最佳拟合估计就是它们的均值。

现在让我们继续回顾历史，去发现新的线索。当数值变大后，二项式系数很难手工计算，所以早期的先驱者们去寻找那些更精确的近似方法。我们今天仍在使用的方法是由亚伯拉罕·棣·莫弗（Abraham de Moivre）发现的。1667 年，棣·莫弗在法国出生，为了躲避宗教迫害，他于 1688 年逃往英国。1711 年，他开始发表与概率论有关的论文，他的思想主要汇集在了 1718 年的《机会论》一书中。那时，他对将伯努利的发现应用于经济和政治等领域感到绝望，因为当试验次数很多时，二项分布很难计算。但不久之后，他开始用更容易处理的过程去逼近二项分布。他在 1730 年出版的著作《杂集分析》中发表了他的初步成果，三年后最终解决了这个问题。1738 年，他把那些新思想合并补充进了《机会论》。

棣·莫弗从近似最大的那个二项式系数，即在中间的那项入手，然后发现它大致等于 $\frac{2^{n+1}}{\sqrt{2\pi n}}$，其中 $n$ 是试验次数。接着，他试图由中间项向外推导出其他二项式系数的值。1733 年，他得到了一个近似公式，该公式将伯努利的二项分布与我们现在所说的正态分布联系到了一起。这个结果被证明是发展概率论和统计学的基础。

正态分布构成了一条优美的曲线，它中间有一个单峰，就像其所近似的二项分布一样。曲线以那个单峰为中心左右对称，并且向两侧迅速下降，这使得它的总面积是有限的——事实上整个面积等于 1。这种形状有点儿像钟，因此它还有另一种（现代）叫法——“钟形曲线”。它是一种连续分布，这意味着它可以在任意实数（无限小数）处求值。和所有连续分布一样，正态分布无法告诉我们**特定**测量值的概率。它等于零。不过，它让我们知道当测量值落在给定范围内时的概率。这时的概率等于在相关范围内曲线下的面积（图 5-2）。

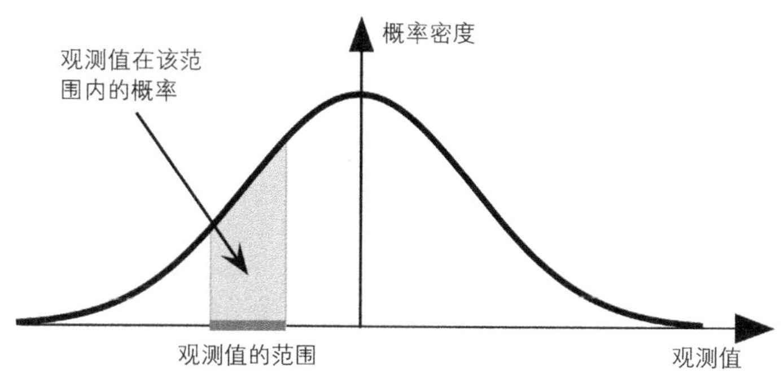


**图 5-2　在给定取值范围的正态分布曲线下的面积，等于观测值在该范围内的概率**

统计学家喜欢使用全族曲线，进而对它们的坐标轴进行“缩放”以改变均值和标准差。曲线族的公式是

$$\frac{1}{\sqrt{2\pi\sigma^2}}e^{-\frac{(x-\mu)^2}{2\sigma^2}}$$

它可以简写为 $N(\mu, \sigma^2)$。这里的 $\mu$ 是均值（“平均数”的别称），它给出了中心峰值所在的位置，$\sigma$ 为标准差，是衡量曲线“蔓延”程度的指标，即曲线

的中心区域有多宽。均值表示符合正态分布的数据的平均数，标准差表示均值的平均波动有多大（标准差的平方 $\sigma^2$ 称为**方差**，有时用它更简便）。包含了 π 的因子使得总面积等于 1。π 在概率问题中出现是非常奇特的，因为它通常和圆有关，而人们并不清楚圆和正态分布之间的关系。这里的 π 和圆的周长与直径之比是同一个数。

棣・莫弗的重大发现在于，当试验次数 $n$ 很大时，二项分布的柱状图和正态分布 $N(\mu, \sigma^2)$ 是一样的（其中，$\mu = \frac{n}{2}$，$\sigma^2 = \frac{n}{4}$）[17]。即使 $n$ 很小，它也是一个相当不错的近似。在图 5-3 中，左图为 10 次试验的柱状图和正态分布曲线，右图则是 50 次试验的柱状图和正态分布曲线。

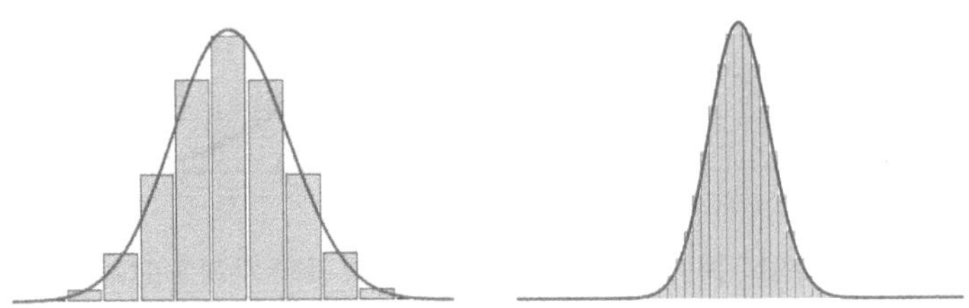

**图 5-3　左图：10 次试验的二项分布的正态近似，正面朝上和反面朝上的概率相等。右图：50 次试验的近似值更接近于正态分布**

皮埃尔-西蒙・德・拉普拉斯是另一位对天文学和概率论有浓厚兴趣的数学家。他在 1799 年到 1825 年出版了五卷本杰作《天体力学》，这部书花去了他大部分时间。1805 年，在第四卷问世后，他重新审视了一个旧有的思想，并完成了研究。1810 年，他向法国科学院提出了如今所谓的中心极限定理。这种对棣·莫弗成果的广泛一般化，巩固了正态分布在统计和概率中的特殊作用。拉普拉斯证明，许多试验的总成功次数不仅近似于正态分布（这一点已由棣·莫弗证明），而且在相同概率分布下的任意随机变量序列，**不管是什么样的概率分布**，其总成功次数也近似于正态分布。均值也是如此，即总成功次数除以试验次数，但此时横轴上的比例需做相应调整。

让我在此稍作解释。在天文学或其他领域，由于存在误差，因此观测值是一个在一定范围内变化的数。相关的"误差分布"会告诉我们，给定误差的可能性有多大。然而，我们通常并不知道它是什么分布。中心极限定理指出，只要我们多次重复观测并取平均数，它是什么分布实际上无关紧要。每一系列的观测结果都会得到一个这样的平均数。如果我们重复整个过程很多次，得到的平均数会有它自己的概率分布。拉普拉斯证明了这个分布总是近似正态的，如果我们整合足够多的观测结果，这个近似就会任意精确。未知误差分布会影响这些平均数的均值和标准差，但不影响它们的总体模式。实际上，均值保持不变，而标准差是将每个平均值除以观测数量的平方根。观测的数越大，平均观测值就越近似于均值。

这就解释了为什么迈耶提出的将 9 倍的观测值组合起来除以 9 的说法是错误的。9 应该被它的平方根 3 取代。

在差不多同一时期，伟大的德国数学家卡尔·弗里德里希·高斯（Carl Friedrich Gauss）也使用了相同的钟形函数研究最小二乘法，这些内容发表在他 1809 年的史诗级天文学著作《天体运动理论》里。通过寻找最符合数据的直线模型，他利用概率挖掘最小二乘法的潜力。为了计算出给定直线的可能程度，他需要误差曲线的公式，即观测误差的概率分布。为了得到这个结果，他假设许多观测的均值是真实值的最佳估计，并推导出误差曲线就是呈正态分布的。然后他证明了将可能性最大化后，可以得到标准的最小二乘法公式。

这是一种奇怪的做法。施蒂格勒指出，这种逻辑是循环的，而且还有一个缺陷。高斯认为，只有当误差呈正态分布时，均值（最小二乘的特殊情况）才是“最可能”的。均值通常被认为是一种很好的整合观测值的方法，这样会使误差呈正态分布，所以假设正态分布又能推出最小二乘。高斯在后来的出版物中反省了自己的方法。但他的结果立即引起了拉普拉斯的共鸣。

在那之前，拉普拉斯甚至没有想到他的中心极限定理与寻找最佳拟合直线有什么联系。现在，他意识到这个定理证明了高斯的方法是正确的。如果观测误差是由许多小误差组合而成的——这个假设很合理——那么中心极限定理意味着误差曲线必须是（近似）正态的。这进而意味着最小二乘估计在自然概率意义上是最好的。这就好比误差的模式由一系列随机抛出的硬币所决定，所以每个正面的结果会使观测值比实际情况增加相应的量，而每个反面的结果也会使观测值减少相同的量。整个故事完整地结合到了一起。

在第 4 章，我们研究了由一枚、两枚和三枚骰子掷出的总和。我将计算这些分布的均值和标准差。均值在中间。对于一枚骰子，均值介于 3 和 4 之间，它等于 3.5。两枚骰子的均值是 7。三枚骰子的均值介于 10 和 11 之间，它等于 10.5。我们可以把掷两枚骰子看作对骰子的两次观测。平均**观测值**等于总观测值除以 2。7 除以 2 等于 3.5，它就是一枚骰子的均值。三枚骰子也是一样的：10.5 除以 3 等于 3.5。这表明在一个给定的分布里，平均观测值会得到相同的均值。它们的标准差分别是 1.71、1.21 和 0.99，其比值为 $1:\frac{1}{\sqrt{2}}:\frac{1}{\sqrt{3}}$，也都符合中心极限定理。

正态分布是一个很好的概率过程模型，它让我们得以计算任何特定范围内的测量值的概率。尤其是，我们可以计算对应正态曲线下的面积，得到与均值相差特定数值的那些观测的概率（图 5-4）。由于曲线的宽度与标准差 $\sigma$ 很像，因此只要是适用于正态分布的表示形式，都能用来表示这些结果，无论其标准差是多少。求和后发现，约 68% 的概率位于均值 $\pm\sigma$ 的范围内，约 95% 的概率位于均值 $\pm 2\sigma$ 的范围内。这些数值表明，观测值与均值相差大于 $\sigma$ 的概率约为 32%，而相差大于 $2\sigma$ 的概率仅为 5%。随着差值越来越大，概率下降得越来越快。

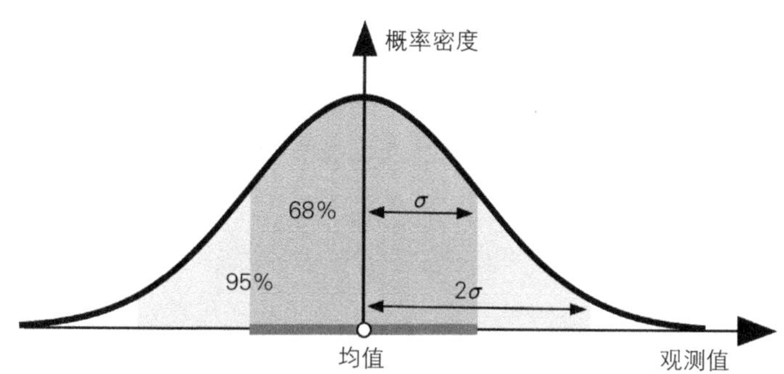


**图 5-4 正态曲线的均值（或平均数）位于中间，标准差 $\sigma$ 衡量的是观测值在均值附近的分布情况。在均值 $\pm\sigma$ 范围内的事件发生的概率约为 68%；在均值 $\pm 2\sigma$ 范围内的事件发生的概率约为 95%**

- 与均值相差 $\sigma$ 以上的概率为 31.7%；
- 与均值相差 $2\sigma$ 以上的概率为 4.5%；
- 与均值相差 $3\sigma$ 以上的概率为 2.6%；
- 与均值相差 $4\sigma$ 以上的概率为 0.006%；
- 与均值相差 $5\sigma$ 以上的概率为 0.000 06%；
- 与均值相差 $6\sigma$ 以上的概率为 0.000 000 2%。

在大多数生物学和医学研究中，人们认为 $2\sigma$ 水平是有趣的，而 $3\sigma$ 水平则具有决定性。特别是在金融市场，人们用“4 西格玛[①]事件”之类的术语来描述某一事件发生的可能性非常小，比如股价在几秒内下跌 10%。“4 西格玛事件”的意思是，根据正态分布，该事件发生的概率应只有 0.006%。我们将在第 13 章中看到，正态分布并不总适用于金融数据，这类数据的“厚尾”会使极端事件比正态分布所估算的更为常见。在粒子物理学中，一个新的基本粒子的存在依赖于从数百万次的粒子碰撞里梳理出的统计证据，如果某个重要的新发现的统计事件的概率不超过 $5\sigma$，那么就不会被考虑发表，甚至都不值得在媒体上公布。粗略地说，明显探测到粒子的概率是百万分之一。2012 年，直到数据达到了该置信水平后，对希格斯玻色子的探测才被宣布，尽管研究人员已经使用 $3\sigma$ 水平的初步结果缩小了需要检测的能量范围。

到底什么是概率？到目前为止，我对它的定义仍然相当模糊：从长远来

① 希腊字母 $\sigma$ 读作“西格玛”。——译者注

看，事件发生的概率是它发生的数量和试验次数之比。这种“频率主义者”的解释理由是伯努利大数定律。然而，在任意一系列特定的试验中，这个比例是波动的，它很少等于这个事件的理论概率。

在微积分的意义上，我们也可以把概率定义为当试验次数变大时，这个比例的极限。某个数列的极限（如果它存在）是一个唯一的数，在给定任意误差的情况下，无论这个误差有多小，如果顺着这个数列往下，序列中的数与极限的差都会小于该误差。问题是，很少有一系列的试验会得到下面这种每次都是正面的结果。

正 正 正 正 正 正 正 正 正 正 正 正 正 正 正 正 正 正 正 正 ……

它们有可能是散列的反面缀以更多的正面。是的，这样的序列不太可能出现，但也不是完全不可能的。那么，我们所说的“不可能”是什么意思呢？它是指非常小的概率。显然，我们需要通过定义“概率”来定义正确的极限类型，也需要定义正确的极限类型来定义“概率”。这是一个恶性循环。

最终，数学家们意识到，绕过这个障碍的方法是借用古希腊几何学家欧几里得的一个技巧。别去担心概率**是什么**，描述它能**干什么**就行。更准确地说，描述出你想让它干什么——从之前的所有工作中总结出它的一般原则。这些原则被称为公理，其他一切都是从这些公理中推导出来的。然后，如果想把概率论应用到现实中，你只需要假设概率正以某种特定的形式参与其中就行。你用公理理论来计算这个假设的结果，然后将结果与实验进行比较，看看假设是否正确。正如伯努利所理解的那样，他的大数定律证明了利用观测到的频率来估计概率是正确的。

当事件的数量有限时，例如硬币有 2 个面，而骰子有 6 个面，建立概

率的公理是相当容易的。如果用 $P(A)$ 表示事件 $A$ 的概率，我们需要的主要性质包括非负性

$$P(A) \geqslant 0$$

归一性

$$P(U)=1$$

其中 $U$ 是指"任意结果"的全体事件，以及可加性

$$P(A\text{ 或 }B)=P(A)+P(B)-P(A\text{ 与 }B)$$

在上式中，$A$ 和 $B$ 可以重叠。如果它们不重叠，就可以简化为

$$P(A\text{ 或 }B)=P(A)+P(B)$$

因为 $A$ 或非 $A$ 等于 $U$，我们很容易推导出减法规则

$$P(\text{非 }A)=1-P(A)$$

如果两个独立事件 $A$ 和 $B$ 相继发生，我们就**定义**它们同时发生的概率为

$$P(A\text{ 然后发生 }B)=P(A)P(B)$$

可以证明，这个概率满足上述规则。你可以将这些规则溯源到卡尔达诺，它们在伯努利的文章里也很明确。

这一切都很棒，但是随着连续概率分布的出现，公理开始变得复杂，这毫无疑问要归功于棣・莫弗精彩至极的突破。这是不可避免的，因为度量不再是整数，所以概率的应用也需要连续分布。例如，两颗星星之间的角度是一个连续变量，它可以是 0° 和 180° 之间的任意值。测量得越精确，

连续分布就变得越重要。

这里有一条有用的线索。在讨论正态分布时，我说过它用面积表示概率。所以我们应该将面积的性质公理化，引入曲线下的总面积为 1 的规则。连续分布还需要额外补充的主要规则是，加法公式必须适用于无穷多个事件：

$$P(A\text{ 或 }B\text{ 或 }C\text{ 或}\cdots\cdots)=P(A)+P(B)+P(C)+\cdots$$

在上式中，我们假设 $A$、$B$、$C$ 等没有重叠。省略号表示两侧可以是无限的；等式右边的和是有意义的（收敛的），因为它的每一项都是正的，并且总和永远不会超过 1。这个条件使得我们可以用微积分算出概率。

将“面积”推广为任意表现方式相同的量也是有用的。三维体积就是一个例子。这样的结果是，概率对应于“度量”，它将类似于面积的东西分配给事件空间里合适的子集（称为“可测度的”）。亨利 · 勒贝格（Henri Lebesgue）于 1901 年至 1902 年在积分理论中引入了测度，苏联数学家安德烈 · 柯尔莫哥洛夫（Andrei Kolmogorov）在 20 世纪 30 年代用它进行概率的公理化。一个**样本空间**包括一个集合、一个称为**事件**的子集和一个关于事件的测度 $P$。公理指出，$P$ 是一种测度，整个集合的测度是 1（也就是说，**事件**发生的概率是 1）。这就是我们所需要的全部，除了事件的集合必须具备一些集合论在技术上的性质，从而使它能够完成测度。同样的规定也适用于有限集，只不过不再需要考虑无穷大。柯尔莫哥洛夫的公理化定义消除了几个世纪以来的激烈争论，给数学家们提供了一个定义明确的概率概念。

样本空间还有一个更专业的术语，叫作**概率空间**。在统计学中应用概率论时，我们将可能发生的真实事件的样本空间建模为柯尔莫哥洛夫意义上的概率空间。例如，研究人口中男孩和女孩的比例时，真正的样本空间是人口里的所有儿童。相较而言，这里的概率空间包括四个事件，它们是空集$\varnothing$、$G$、$B$，以及全集$\{G, B\}$。如果男孩和女孩的可能性相同，那么这四个概率分别是$P(\varnothing)=0, P(G)=P(B)=\frac{1}{2}$、$P(\{G, B\})=1$。

为了简单起见，我将使用“样本空间”来表示实际事件和理论模型。重要的是确保我们选择一个合适的样本空间，就像下一章的谜题所展示的那样。

# 第 6 章
# 谬论与悖论

我见过一些渴望有一个儿子的人，但他们只有在即将成为父亲的那个月里，才为生个男孩而焦虑地学习。假设男孩与女孩的出生比例在每个月底是相同的，他们判断已经生过男孩的人接下来生女孩的可能性会更大。

——皮埃尔 - 西蒙 · 德 · 拉普拉斯，

《关于概率的哲学随笔》

人类对概率的直觉是无药可救的。

在被要求快速估计一些偶发事件的概率时，我们经常会把它们完全搞错。我们可以像数学家那样训练自己以提高水平，但这需要时间和努力。当要对某件事的可能性做出快速判断时，我们有一半的可能会搞错。

我曾在第 2 章说过，这是因为进化倾向于“迅速而粗糙”的方法，而更合理的反应可能是危险的。进化更喜欢假阳性而不是假阴性。当揣度隐约可见的棕色物体到底是豹纹还是岩石时，即便只有一次假阴性也可能是致命的。

经典的概率悖论（这里的悖论是指“给出一个令人惊讶的结果”，而不是自相矛盾的逻辑）例子很多。比如说生日悖论：房间里应该有多少人，才能使得其中有两个人出生在同一天的概率过半？假设一年有 365 天（不含 2 月 29 日），并且每天的出生概率是相等的（这并不完全正确，但先假设如此）。除非人们以前遇到过这个问题，否则他们会选择一个相当大的数，比方说 100，或者 180——因为这大约是 365 的一半。然而，正确答案是 23①。我把推导过程放在了书后的注释里，如果你想了解的话可以参考 [18]。倘若出生概率的分布不均匀，那么答案会比 23 还小，但不可能大于 23[19]。

还有一个经常让人们感到困惑的谜题：史密斯家有两个孩子，其中至少有一个是女孩。为了简单起见，假设男孩和女孩的可能性相同（在现实中，男孩的可能性会略高一些，但我们讨论的是谜题，不是关于人口统计的学术论文），而那个女孩是其中之一（不考虑性别和异常染色体之类的问题）。另外，我们假设孩子的性别是独立的随机变量（对大多数夫妇来说的确如此，但并非所有夫妇）。那么，史密斯家有两个女孩的概率是多少？答

① 更详细和一般化的讨论，请参见图灵新知《不可思议的数》（人民邮电出版社，2019 年）第 23 章。——译者注

案不是 $\frac{1}{2}$，而是 $\frac{1}{3}$。

现在，假设**年龄稍大**的孩子是个女孩，这一回，史密斯家有两个女孩的概率是多少呢？答案是 $\frac{1}{2}$。

最后，假设至少有一个女孩是周二出生的，在这种情况下，史密斯家有两个女孩的概率又是多少呢？（假设一周里的所有日子都有相同的可能性——现实并非如此，但差得不太多。）这个问题请读者先自己考虑一下。

本章的其余部分将继续讨论一些和概率有关的例子，它们都是一些似是而非的结论和错误的推理。其中，有些是喜闻乐见的经典，另一些则不太有名气。这些例子的主要目的是向人们传达这样一个信息：当涉及不确定性时，我们需要非常仔细地思考，而不是草率地做出判断。即使掌握了处理不确定性的有效方法，我们也必须意识到，如果使用不当，它们就会误导我们。条件概率是本章的关键概念，也是本书的主题之一。

当面临二选一时，人类有一个常常会犯的错误，即自然地做出一个默认假设——概率是均等的，也就是对半开。我们会很愉快地提到事件是“随机的”，但很少去研究它究竟意味着什么。我们常常把事情均等地分为可能发生和可能不发生，即对半开，就像抛一枚公平硬币。我在本章的第二段末尾处做过这样的假设，在那里，我写的是“有一半的可能”。事实上，可能发生的概率很少会和不可能发生的概率相同。如果你想一下这个短语中的单词的含义①，就会发现这是显然的。“不可能”意味着低概率，

① 指前文提到的“有一半的可能”（likely as not）。——译者注

“可能”意味着高概率。所以，即使是我们通用的短语也很混乱。

那些历史悠久的概率谜题表明，出错的可能性会大得多。在第 8 章中，我们还将看到，当真正重要的事情发生时，对概率的一知半解会让我们误入歧途，比方说在法庭上判定被告是否有罪的时候。

下面举一个显然应该用加法的例子。如果你面前的桌上有两张牌，其中一张是黑桃 A，另一张不是，那么很明显，你抽到黑桃 A 的概率是 $\frac{1}{2}$。在这种情况下，上述说法是正确的。但在另一种非常相似的情况下，默认对半开的想法，这一进化赋予我们的大脑的假设则是完全错误的。经典的例子是蒙蒂·霍尔（Monty Hall）问题，它深受概率论学者们的喜爱。如今，它已是陈词滥调，但某些方面还是经常被人们忽视。此外，它是带领我们参观关于**条件**概率的反直觉景致的一条完美路线，而那儿正是我们要进入的领域。所谓条件概率，是指某一事件已经发生后，另一事件发生的概率。公平地说，当涉及条件概率时，进化赋予我们大脑的那些默认假设是远远不够的。

蒙蒂·霍尔是美国电视游戏节目《让我们做个交易吧》的第一代主持人。1975 年，生物统计学家史蒂夫·塞尔温（Steve Selvin）发表了一篇关于该用什么策略应对该节目的论文。1990 年，玛丽莲·沃斯·萨万特（Marilyn vos Savant）在《大观》杂志的专栏里传播了论文的观点（当时争议很大，而且很大程度上争错了方向）。谜题是这样的：你面前有三扇紧闭的门，其中一扇门后面有一辆法拉利作为大奖，另外两扇门后面则各有一头山羊作为奖品；你先选一扇门，如果这时打开它，就会赢得这扇门背后的一切；然后，主持人（他知道法拉利在哪扇门后面）随即打开另外两扇门中他**知道**有山羊的那一扇，同时给你一次改变主意的机会。假设你更喜欢法拉利而不是山羊，那么你应该改变选择吗？

这个问题既是一道概率论习题，也是一次建模练习。这在很大程度上取决于主持人是否总会让人重新选择。让我们从最简单的情况说起：主持人总会让人重选，并且人人都知道这一点。倘若这样，你选换一扇门就会让赢得法拉利的概率翻倍。

这个说法马上就会和我们默认对半开的大脑产生冲突。你现在看到的是两扇门。一扇门后面藏了一头山羊，另一扇门后面则是一辆法拉利。胜算必然对半开。然而，并非如此，因为主持人的所作所为是由你选了哪扇门决定的。具体来说，他并没有打开**那扇门**。**假设你选的是某一扇门**，那么那扇门后有法拉利的概率是 $\frac{1}{3}$。这是因为你从三扇门中选择了一扇，而法拉利同样有可能在任意一扇门后，因为你有一次自由选择的机会。从长远来看，3 次里有 1 次，你能赢得法拉利，而不能赢得它的概率是 $\frac{2}{3}$。

由于另外一扇门被排除在外，**假设那扇门并不是你之前选的**，因此法拉利在某扇门后的条件概率变成了 $1-\frac{1}{3}=\frac{2}{3}$，因为只有一扇门后有车，而我们已经知道你选错门的概率是 $\frac{2}{3}$，所以，三次中有两次，换另一扇门就能赢得法拉利。史蒂夫的论文是这么写的，玛丽莲也是这么说的，而她的很多读者都不相信。但对主持人这样的行为而言，这个结果是正确的。

如果你对这种说法将信将疑，那么请继续往下看。

在心理学上，有一种怪癖很有意思，那些认为两扇门的概率必须是对半开（所以打开这两扇门赢得法拉利的可能性相同）的人，一般都**不**愿意改变主意，尽管对半开意味着换一扇门也不会造成什么损失。我怀疑这与如何对问题建模有关，这涉及怀疑（很可能是对的）主持人在耍你。当然，也有可能是贝叶斯大脑认为你正在被愚弄。

如果我们假设主持人并不总会给你改变主意的机会，计算就变得完全不同。在一种极端情况下，假设主持人只是在你选择了背后是法拉利的门时，才给你更改的机会。如果他提供这种选择，那么你选的那扇门可以赢得法拉利的概率是 1，选另一扇门的概率则是 0。在另一种极端情况下，如果主持人只在你选择没有法拉利的门的时候，才给你换门的机会，那么条件概率正好相反。如果主持人把这两种情况以适当的比例混在一起，那么你坚持原来的选择并获胜的机会可能是任意的，而失败的机会也是如此，这看起来很合理。计算表明，这个结论是正确的。

另一种推导对半开不可能正确的方法是将问题一般化，去考虑一个更极端的例子。舞台魔术师将一副牌面朝下的纸牌翻开（这是一副有 52 张不同牌面的普通纸牌，不是特制的），如果你能抽到黑桃 A，魔术师就会给你奖励。当你选择一张纸牌，并抽出它时，牌面**还是**向下的。魔术师拿起剩下的 51 张牌，把它们看个遍，并且不让你看到，然后把不是黑桃 A 的牌翻开放在桌上。魔术师持续这个操作，把一张牌牌面朝下放在你抽的牌边上，接着，他不断地把不是黑桃 A 的牌面翻开，直到整副牌都翻完。现在有 50 张牌面朝上的牌，但没有一张是黑桃 A，有两张牌牌面朝下：一张是你一开始选的，另一张是他放在旁边的。

假设他没有作弊——如果他是舞台魔术师，那么这个假设可能有点儿傻，但我向你保证，这次他没有作弊，那么哪张牌更有可能是黑桃 A 呢？它们是等概率的吗？基本上不可能。你的牌是从 52 张牌中随机抽取的，所以它是从 52 张牌里选出的一张黑桃 A。而另一张牌在 52 次里有 51 次是黑桃 A。如果是这样，那么魔术师的那张牌必然是黑桃 A。在极少的情况下，即 52 次里的某 1 次，你的牌会是黑桃 A，而魔术师的牌是他丢掉 50 张牌之后剩下的那张。所以，你的牌是黑桃 A 的概率是 $\frac{1}{52}$，而魔术师的牌是黑桃 A 的概率是 $\frac{51}{52}$。

不过，只要条件恰当，确实会出现对半开的情况。如果一个没有看到中间发生过什么的人被带上舞台，让他猜这两张牌中哪一张是黑桃 A，那么他猜对的机会是 $\frac{1}{2}$。不同之处在于，你在一开始选择了你的牌，而且魔术师的选择是有条件的。新来的人出现在这一切发生以后，所以魔术师不能做任何有条件的选择。

为了说明这一点，假设我们重复这个过程，但这次在魔术师开始弃牌之前，你将牌面**朝上**。如果你的牌不是黑桃 A，那么他的牌就一定是黑桃 A（再次假设魔术师没耍花招）。从长远来看，这种情况在 52 次里会发生 51 次。如果你的牌是黑桃 A，那么他的牌就不是黑桃 A，从长远来看，这种情况在 52 次里会发生 1 次。

**如果你打开选中的门**，同样的道理也适用于法拉利和山羊。你 3 次里有 1 次能看到法拉利。但另外 2 次你会看到山羊和另一扇关着的门。这时，**你觉得法拉利会在哪扇门后呢？**

让我们重新思考史密斯夫妇和他们的孩子，这是一个相对容易的谜题，但同样具有迷惑性。先回顾一下下面两种情况。

1. 史密斯家正好有两个孩子，你知道其中至少有一个女孩。假设男孩和女孩的概率相等，加上我提到的其他条件，他们有两个女孩的概率是多少？

2. 现在假设你知道年龄略大的孩子是女孩，那么他们有两个女孩的概率是多少？

对于第一个问题，我们默认会想到的是："其中有一个是女孩，而另一个可能是男孩也可能是女孩。于是得到了答案 $\frac{1}{2}$。这样考虑问题的不足之处在于，史密斯家可能有两个女孩（毕竟，该事件的概率我们也是要估算的），在这种情况下，所谓"**另一个**"并不是唯一确定的。将两个孩子按出生顺序排列（即使是双胞胎，也有一个孩子是先出生的），所有的可能性包括

女女、女男、男女、男男

我们假设第二个孩子的性别独立于第一个孩子的性别，所以这四种可能性是相同的。如果所有情况的可能性一样，那么它们的概率都是 $\frac{1}{4}$。然而，附加信息排除了"男男"，于是只剩下了三种情况，它们的可能性仍然是一样的。这时，只有一种情况是两个女孩，因此，它的概率等于 $\frac{1}{3}$。

这里的概率似乎发生了变化。最初，两个女孩的概率是 $\frac{1}{4}$，但突然变成了 $\frac{1}{3}$。这是怎么回事呢？

发生变化的是上下文。这类谜题都和选取恰当的**样本空间**有关。附加信息"不是两个男孩"将样本空间的可能性从 4 种减少到了 3 种。于是，现实世界的样本空间不再由所有有两个孩子的家庭构成，它变成了有两个孩子但不能都是男孩的家庭。对应的模型样本空间由女女、女男、男女组成，而它们都是等概率的，所以在样本空间中的概率都是 $\frac{1}{3}$，而不是 $\frac{1}{4}$。两个男孩的情况在这里是无关的，因为它不会发生。

附加信息会改变与之相关的概率，这一点并不矛盾。如果你赌的是

“飞驰的吉罗拉莫”获胜，而且你得知了最新情况，最受欢迎的“巡回赛手伯努利”得了某种神秘的疾病，导致它的速度变慢，那么你获胜的概率肯定是变大的。

这个谜题又是一个关于条件概率的例子。在数学上，计算条件概率的方法是留下只包含仍然可能发生的事件来减小样本空间。为了使小样本空间的总概率等于 1，之前的概率都必须乘以一个合适的常数。很快我们就会明白它是**哪个**常数。

在谜题的第三个版本里，我们知道至少有一个孩子是周二出生的女孩。和之前一样，谜题问的是，史密斯家有两个女孩的概率是多少？我把它称为目标事件。我们想要的概率是史密斯家“命中”目标的概率。就像我之前说的，为了计算简便，我们假设一周里的每一天都是等概率的。

乍一看，这些新信息似乎又是无关的。她在哪一天出生有什么关系？它们都是等概率的！但在得出结论之前，让我们先看看这种情况下的样本空间。图 6-1 展示了第一个孩子和第二个孩子的性别和出生日期的所有可能组合。它是全体样本空间，其中所有 196 个正方形（$14 \times 14$）都是等概率的，即 $\frac{1}{196}$。左上角的四分之一区域一共有 49 个正方形，除与深灰色正方形重叠的部分以外，其他都是中灰色的。它和“两个都是女孩”的事件相对应，和预期的一样，其自身的概率为 $\frac{49}{196}=\frac{1}{4}$。

新的信息“至少有一个周二出生的女孩”将样本空间缩小到只有两根深灰色条带。它一共包含 27 个正方形：14 个水平的加上 14 个垂直的，因为不能将同一事件计算两次，所以我们减去重叠的 1 个正方形。在缩减后的新样本空间里，这些事件仍然是等概率的，所以每个事件的条件概率是

$\frac{1}{27}$。在“两个女孩”的目标区域里，我们数一下有多少个深灰色正方形，可知一共有 13 个（7+7，再减去重叠的 1）。另外 14 个正方形位于“史密斯家至少有一个男孩”的区域，所以他们没有“命中”目标。所有的小正方形都是等概率的，因此史密斯家有两个女孩的条件概率是 $\frac{13}{27}$，前提是至少有一个孩子是周二出生的女孩。

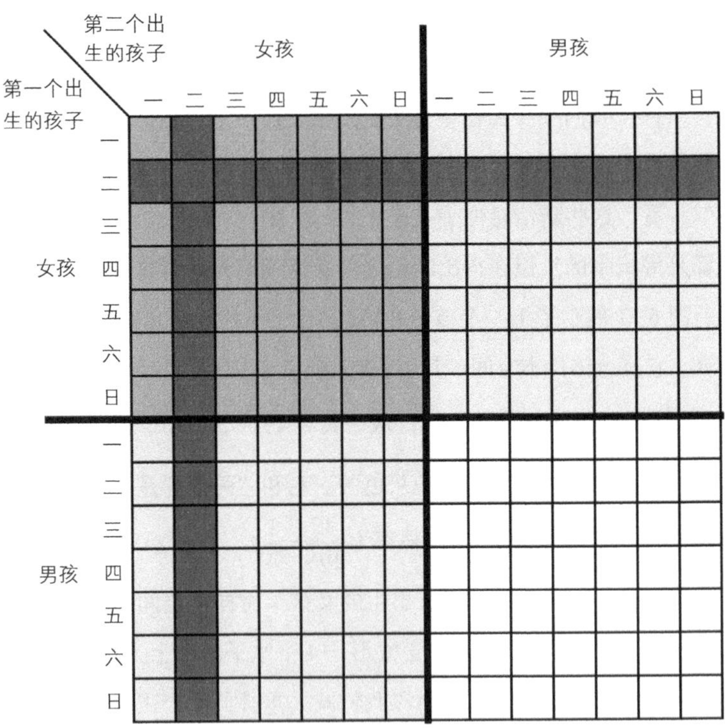


**图 6-1　周二出生的女孩的样本空间。灰色区域表示“至少有一个女孩”，中灰色表示“两个都是女孩”，深灰色表示“至少有一个周二出生的女孩”**

出生日期**很**重要！

我怀疑没什么人能猜到这个答案，除非这个人碰巧是擅长心算的统计学家。这个谜题离不开加减乘除。

然而，如果告诉我们“至少有一个周三或周五出生的女孩”，那么得到的条件概率将会一样，只不过在图上的条带位置不同。从这个意义上说，日子又**不**重要了。这到底是怎么回事呢？

有时候，某个违反直觉的数学知识会让人们得出这样的结论：数学是无用的，别管它那惊人的力量。这里也有发生这种情况的危险，因为有些人会本能地拒绝这个答案。对他们来说，女孩出生的日子会让概率发生变化是没有意义的。如果你有这样的感觉，那么单凭计算是没用的，你一定会强烈怀疑是不是算错了。所以我们需要一些直观的解释来巩固这个结论。

“她出生的日子不会改变任何事情”，这个推理的潜在错误很微妙，却是至关重要的。选择什么日子无关紧要，但选择哪一天确实很重要，因为可能并不存在一个特定的**她**。据我们所知——这的确也是谜题的关键——史密斯家可能有两个女孩。如果是这样，我们知道其中**一个**是周二出生的，但并不知道是哪一个。这两个简单的谜题表明，附加信息可以提高区分两个孩子的概率，就像哪个孩子先出生会改变两个女孩的条件概率。如果年长的是女孩，那么这个概率就是我们期望的 $\frac{1}{2}$（如果年幼的是女孩，情况也一样）。但如果我们不知道哪个孩子是女孩，那么条件概率就会下降到 $\frac{1}{3}$。

这两个简单的谜题说明了附加信息的重要性，但确切的效果并不十分直观。在这里，还不清楚附加信息是否可以区分这两个孩子：我们不知道**哪个**孩子是周二出生的。为了看看是怎么回事，让我们数一下图上的正方形数量。

整个网格有三块灰色区域对应了“至少有一个女孩”。中灰色区域对应“两个都是女孩”，浅灰色区域对应“年长的是女孩”或“年幼的是女孩”，而白色区域对应“两个都是男孩”。每块区域包含了 49 个小的正方形。

“至少有一个女孩”的信息排除了白色区域。如果这是我们知道的所有信息，那么目标事件“两个女孩”占 147 个正方形里的 49 个，其概率为 $\frac{49}{147}=\frac{1}{3}$。然而，如果我们有附加信息“年长的是女孩”，那么样本空间只包含前两块区域，一共有 98 个正方形。于是，目标事件概率就成了 $\frac{49}{98}=\frac{1}{2}$。这些就是我前面算出来的数。

在这种情况下，附加信息增加了“两个女孩”的条件概率。之所以会这样，不仅是因为它缩减了样本空间，而且因为附加信息和目标事件是一致的。这就是中灰色区域，它在两个缩减的样本空间里。所以当样本空间变小时，它所占的样本空间的比例就会增大。

这种比例也可以变小。如果附加信息是“年长的是男孩”，那么样本空间就变成了下面两块区域，整个目标事件都被排除在外，它的条件概率减小到 0。但是，只要附加信息与目标事件一致，那么用条件概率来衡量，就会使该事件更有可能发生。

附加信息越是**具体**，样本空间就会越小。不过，某些信息还可以减小目标事件的大小。这两种效应的相互作用最终决定结果：第一种效应增大目标的条件概率，而第二种效应减小目标的条件概率。一般的规则很简单：

在**给定**信息的情况下，

$$\text{命中目标的条件概率} = \frac{\text{命中目标}\textbf{并}\text{与附加信息一致的条件概率}}{\text{信息的概率}}$$

在这个谜题的复杂版中，新的信息是“至少有一个周二出生的女孩”。这与目标事件既不一致，也没有不一致。有些深灰色正方形位于左上角区域，有些则不在那里，所以我们要算一算。样本空间被缩减到 27 个正方形，其中 13 个命中目标，另外 14 个没有命中目标。总体效果便是条件概率为 $\frac{13}{27}$，比没有附加信息的 $\frac{1}{3}$ 大很多。

让我们检查一下这个结果是否符合刚才提到的规则。“附加信息”发生在 196 个正方形中的 27 个，它的概率等于 $\frac{27}{196}$。“命中目标并与附加信息一致”发生在 196 个正方形中的 13 个，它的概率等于 $\frac{13}{196}$。我的规则是，希望得到的条件概率等于

$$\frac{\frac{13}{196}}{\frac{27}{196}} = \frac{13}{27}$$

它等于我们数正方形得到的结果。将 196 约分后，该规则只是用在全样本空间上定义的概率来表示数正方形的过程。

请注意，$\frac{13}{27}$ 近似于 $\frac{1}{2}$，如果得知“年长的孩子是女孩”，我们得到的结果就是它。这便回到了讨论的重点和条件概率变化的原因。因为两个孩子都有可能是女孩，所以我们所知的信息是否可能区分她们，会产生很大的不同。这就是为什么“一个周二出生的女孩”会产生影响：当两个孩子的信息**都**正确时，这种模棱两可的说法就没那么重要了。这是为什么呢？

因为即使另一个孩子也是女孩，她大多也会出生在不同的日子。她只有 $\frac{1}{7}$ 的可能会在相同的日子出生。当区分这两个孩子的概率增大时，条件概率从 $\frac{1}{3}$（没有区别）变成了 $\frac{1}{2}$（明确知道说的是哪一个孩子）。

答案不是 $\frac{1}{2}$ 的原因是，目标区域里有两根深灰色条带，它们各有 7 个正方形，其中有一个重叠。在目标区域外的两根条带没有重叠。目标区域内有 13 个正方形，区域外有 14 个正方形。重叠越少，条件概率就越接近 $\frac{1}{2}$。

接下来是我为你准备的谜题终极版。所有情况都和前面一样，只是我们得知有一个孩子是出生在圣诞节的女孩，但不知道是周几。假设一年里所有日子都有相同的可能性，并且不考虑 2 月 29 日（现实世界绝非如此）。这时，两个孩子都是女孩的条件概率是多少？

你相信答案是 $\frac{729}{1459}$ 吗？相关计算请参见注释 [20]。

这种关于条件概率的细微差别重要吗？在这些谜题里，它们并不重要，除非你是一个谜题爱好者。在现实世界里，它实际上却是一个生死攸关的问题。其原因详见第 8 章和第 12 章。

在日常生活中，人们会经常谈论“平均律”。这个词可能是对伯努利大数定律的一种简化表述，但在日常使用中，它却相当于一个危险的谬论，这就是为什么你不会看到数学家或统计学家用它。让我们看看其中涉及了什么，以及为什么他们不喜欢平均律。

假设你反复抛一枚公平硬币，并数出正、反面出现的次数。随机波动的概率是明确的，在某个阶段，正、反面的总数可能有所不同——比方说正面比反面多 50 次。有一种对平均律的直觉是，如果继续抛下去，这种正面多的情况应该消失。如果解释恰当，这个说法是正确的，但即便如此，整个情况也非常微妙。其错误在于，认为正面出现得越多，反面出现的可能性也会变大。不过，认为正、反面必会如此也并非完全没有道理，否则最终的正、反面之比怎么会平分秋色呢？

这类信念是由一种表格助长起来的，它记录了某一特定数字在彩票中出现的频率。英国国家彩票的数据可以在网上找到。随着能抽取的数字范围扩大，它们变得复杂起来。从 1994 年 11 月到 2015 年 10 月，一共有 49 个数字，彩票机吐出过印有数字 12 的球总计 252 次，而数字 13 只出现过 215 次。事实上，它是出现次数最少的数字。最常见的是 23，出现过 282 次。这些结果可以有多种解释。是不是因为彩票机不公平，所以有些数字比其他数字更有可能出现？是不是因为我们都知道 13 不吉利，所以它出现的频率更低？还是说我们应该把赌注押在 13 上，因为它出现的次数少了，而根据平均律，它应该出现得更多呢？

最糟糕的数字是 13，这有点儿奇怪。巧合的是，20 也出现过 215 次，我不知道关于这个数字有什么迷信。根据伯努利最原始的原理，统计分析表明，当机器“吐出”每个数字的概率相同时，这种幅度的波动是可以预料的。因此，没有科学依据能得出机器是不公平的结论。此外，很难理解机器是怎么“知道”任意一个特定的球上写的是哪个数字的，因为这些数字并不会影响机械系统。等概率的 49 个数字的简单而明确的概率模型几乎肯定是适用的，未来出现 13 的概率不会受到历史记录的影响。它并不比其他数字更有可能出现，即使它曾出现的次数比较少。

硬币也是如此，原因是一样的：如果硬币是公平的，暂时的正面过多并不会使反面更有可能出现。正面或反面出现的概率仍是 $\frac{1}{2}$。在此基础上，我反过来问一个问题：正反面出现的次数如何才能平分秋色呢？答案是，还存在另一种可能。虽然过多的正面并不影响后续得到反面的概率，但大数定律表明，从长远来看，正面和反面的数量确实趋于相等。但这并不意味着它们必须相等，只是它们的比值更接近 1。

假设我们起初抛 1000 次硬币，有 525 次正面，475 次反面，正面比反面多 50 次，它们的比值为 $\frac{525}{475}\approx 1.105$。现在，假设我们再抛 200 万次硬币。平均来说，我们期望有 100 万次正面和 100 万次反面。假设这是正确的。现在正面共计 1 000 525 次，而反面有 1 000 475 次，正面**依旧**比反面多 50 次。然而，现在它们的比值是 $\frac{1\,000\,525}{1\,000\,475}$，约等于 1.000 05。这回更接近于 1 了。

在这一点上，我不得不承认概率论告诉了我们一些更强大的东西，它听起来就像人们以为的平均律。也就是说，无论最初的不平衡程度如何，如果抛掷的时间足够长，那么在某个阶段，反面迎头赶上并且和正面的次数完全一样的概率是 1。这在本质上是确定的，但既然我们讨论的是一个潜无穷[①]过程，那么最好还是说它是“几乎肯定的”。即使正面多了 100 万次，反面也几乎肯定能追上来。你只要让不停抛掷的时间足够长就行了——尽

① 如果在原则上，无穷会无限持续下去，比如在某个级数加上越来越多的数项，那么它就是潜无穷。（参见《不可思议的数》第 $\aleph_0$ 章）——译者注

管时间确实会很长。

数学家们经常把这个过程想象成随机漫步。假设有一个点沿着数轴（顺序排列的正负整数）从 0 开始移动。每次抛硬币时，结果为正面，就将该点向右移一格，反之就向左移一格。那么，在任意阶段，点所在的位置表明了正面比反面多的次数。例如，如果抛硬币的结果开始是正正，那么点在向右移动两格后停在 2；如果是正反，那么点向右、向左各移动一格，最后回到 0。如果我们对每一阶段点所在的数字与时间的关系作图，那么左－右就变成了下－上，从而得到一条看似随机的“之”字形曲线。例如，图 6–2 就是通过实际抛掷硬币得到的“反反反反正反正正正正正正反反反正反反反正”序列，它有 11 个反面和 9 个正面。

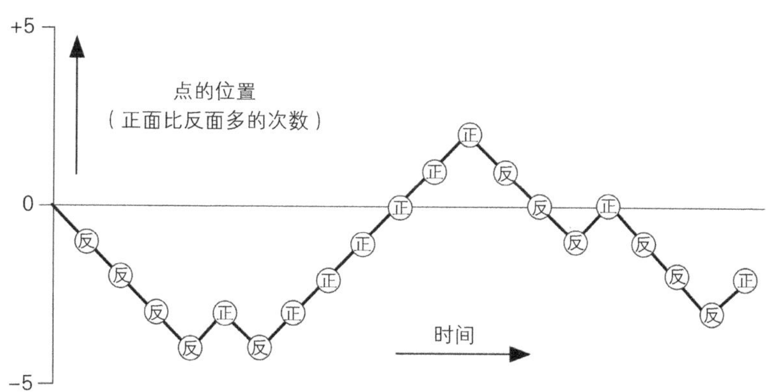


**图 6–2　典型的随机漫步的前 20 步**

随机漫步的数学告诉我们，点**永远**不回归零的概率是 0。因此，最终这些数再次相等的概率是 1——这几乎是肯定的。但这个理论也告诉我们一些更令人惊讶的东西。首先，这些陈述是正确的，即使正面或反面领先非常多。无论最初的不平衡程度如何，只要我们持续抛掷硬币，它几乎肯定会消失。不过，这一过程所需的平均时间是无限的。这似乎有些矛盾，但情况就是如此。我们等待点第一次回归 0，这会需要某个特定的时长。持续下去，它最终几乎肯定会再次回归。所需要的时间可能比第一次短，也可能比第一次长。即便如此频繁，它也会变长很多；事实上，如果你选择任意一个非常大的数，那么几乎可以肯定，回归将至少需要那么长的时间。如果你取无穷多个任意大的数的平均值，那么就会得到一个无穷大的平均值。

重复回归 0 的特性看似和我说的无记忆硬币是矛盾的，然而，它们并不矛盾。其原因在于，尽管我说了这么多，但从长远来看，抛硬币的结果并不均衡。我们已经知道，如果等待足够长的时间，累积的总和几乎肯定会像我们希望的那么大（无论正负）。同样，初始的不平衡最终也必然会被抵消。

总之，如果等待时间足够长，就有回到平衡的趋势。这不就证明了平均律吗？并非如此，因为随机漫步理论对出现正面或反面的概率没有任何提示。是的，它甚至不考虑“从长远来看”——我们不知道它每次会持续多久。如果我们在某个精确的时刻停下，就会让平均律看起来是正确的。然而，这是在要赖，它是在达到我们想要的结果时停下的。大多数时候，比例并不会平衡。如果我们事先规定抛掷次数，那么当达到这个抛掷次数时，正面和反面的出现次数是没有理由相等的。事实上，就平均而言，抛掷任意特定次数后，这个差异将与开始时完全相同。

# 第 7 章
# 社会物理学

社会物理学让我们把建立在观察和计算基础上的方法应用于政治和道德科学，这种方法已经很好地为自然科学提供了服务。

——皮埃尔－西蒙·德·拉普拉斯，《关于概率的哲学随笔》

在艾萨克·阿西莫夫的经典科幻小说《基地》（该作品于 20 世纪 40 年代发表在杂志上，并于 1951 年成书）里，数学家哈里·塞尔登用心理历史学预测了银河帝国的崩溃：他演算了人类对社会和经济事件的反应的模式。塞尔登一开始因叛国罪受审，因为他的预测**助长**了所谓的崩溃，他被允许在一颗与世隔绝的星球上成立一个研究小组，以将崩溃造成的破坏最小化，并且把随之而来的无政府状态从三万年缩短到只有一千年。

阿西莫夫和他的读者一样，都知道预测数千年的大规模政治事件并不可信，但这只是一种"怀疑暂停状态"[①]。我们在阅读小说时都会如此。没有一个简·奥斯汀的粉丝会因为得知伊丽莎白·班纳特和达西先生实际上并不存在而难过。但是，阿西莫夫很聪明，他知道这种预测无论多么准确，都很容易被没有预料到的大扰动所影响，甚至那些扰动还不是原则性的，用时下流行的话来说，这种预料之外的事件就是"黑天鹅事件"[②]。他也明白，那些乐于接受心理历史学的读者也会意识到这一点。因此，在《基地》的第二卷里，正是这类事件打乱了塞尔登的计划。不过，塞尔登也很聪明，尽管他的计划出了问题，但他还有一个不为人知的应急计划，第三卷讲的就是这个故事。该计划也不是它表面上看起来的那样，而是另一个层次的前瞻性规划。

《基地》系列以讲述关键群体的政治阴谋而闻名，没有连篇累牍地描绘在全副武装的庞大舰队之间展开的太空战。主角们会定期收到关于战斗的报告，但此类描写与你从好莱坞大片里得到的体验相去甚远。故事情节（正如阿西莫夫本人所说）的原型源于爱德华·吉本的《罗马帝国衰亡史》。

① suspension of disbelief，文艺理论中的一种状态，指读者在这种状态下不会倾向于怀疑和批判作品提供的信息，作品的叙事是可信的。——译者注

② 指非常难以预测且不寻常的事件，通常会引起连锁负面反应甚至颠覆。——译者注

这部书是对不确定性做规划的史诗级“进修班”。每一位高级内阁成员都有必要去阅读它。

心理历史学将一种假设的数学技巧运用到极致，以达到引人注目的效果，但我们每天都在用其中的基本概念来完成一些不那么雄心勃勃的任务。哈里·塞尔登在某种程度上受到了一位 19 世纪数学家的启发，他是第一个对将数学应用于人类行为产生浓厚兴趣的人。这个人的名字叫阿道夫·凯特勒，他于 1796 年出生在比利时的根特市。如今人们对“大数据”和人工智能的前景（或危险）的痴迷，正是凯特勒的智慧结晶的直接产物。

当然，他没有把它叫作心理历史学，而是称之为社会物理学。

统计的基本工具和技术诞生于自然科学，特别是天文学，作为一种系统化的方法，它从容易出现不可避免的误差的观测中，提取尽可能多的有用信息。但是，随着对概率论理解的不断加深，科学家们开始适应这种新的数据分析方法，有些先驱开始将它推广到原先的适用范围之外。从不可靠的数据中得出尽可能准确的推论，是所有人类活动领域都面临的问题。简言之，就是在一个不确定的世界里寻求最大的确定性。因此，它对任何需要在时下为将来制订计划的个人或组织而言都特别有吸引力。老实说，每个人几乎都会有这样的需求，而（国家和地方）政府、企业和军队尤其如此。

经过一段相对较短的时间，统计学摆脱了天文学和前沿数学的限制，它的蓬勃发展使其在科学（尤其是生命科学）、医学、政府、人文学科，甚至艺术领域都变得不可或缺。凯特勒从纯数学家转行成为天文学家，他为社会科学的魅力所吸引，并将统计推理应用到了人类的属性和行为上，这根导火索由他点燃再合适不过了。凯特勒留给后人的认识是：尽管自由意志和周遭环境变幻莫测，但人类行为的可预测性总体上远远超出我们的想象。从任何角度而言，它都不完美，也不完全可靠。但是，正如人们所说的，“对政府工作而言已经足够了”。

他还留下了两个更具体的概念——平均人和正态分布的普遍性[21]，它们都有着巨大的影响力。如果按字面意思理解或应用得太广泛，那么这两项遗产都有严重缺陷，但它们开辟了新的思维方式。尽管存在缺陷，但它们至今仍被使用。它们的主要价值在于“概念验证”，即可以从数学上得到一些关于人们的行为方式的重要信息。这种说法在今天仍具争议。（不是吗？）不过，当凯特勒首次尝试对人类的缺点进行统计调查时，争议性就更大了。

凯特勒获得了科学学位，是新成立的根特大学授予的第一个博士学位。他的论文是关于圆锥截面的，对这种截面的研究，可以追溯到古希腊的几何学家，他们用平面切割圆锥来构造一些重要曲线——椭圆、抛物线和双曲线。凯特勒曾经教过一段时间的数学，直到他入选布鲁塞尔皇家学院，成为比利时科学界的核心人物，并在学术领域工作了 50 年。1820 年左右，他参加了一个创建新天文台的运动。他不太懂天文学，但他是一个天生的企业家，知道该如何与政府周旋。于是，他的第一步是争取政府支持，并确保获得资金方面的承诺。

此时，他才开始采取措施，弥补自己对天文台所要解决的问题的无知。1823 年，他受到政府资助，前往巴黎，与顶尖的天文学家、气象学家和数学家一起从事研究。他从弗朗索瓦·阿拉戈（Francois Arago）和亚历克西斯・布瓦尔（Alexis Bouvard）那里学习了天文学和气象学，从约瑟夫・傅里叶（Joseph Fourier）那里学到了概率论，或许他从当时已经年迈的拉普拉斯那里也学了一些。这引发了他对将概率应用于统计数据的终生痴迷。1826 年，凯特勒已经成为低地国家（今天的比利时和荷兰）统计局的地区特派员。从现在起，我将用“比利时”代替“低地国家”。

刚开始，这一切都很单纯。

作为一个非常基本的数据，一个国家的人口对该国正在和将要发生的一切都有很强的影响力。如果不知道有多少人口，就很难规划好任何事。当然，你可以估计，也可以为某种程度的误差制订应急计划，但这都是经验之谈。你可能会在不必要的基础设施上浪费很多钱，也可能低估了需求而导致危机。这不仅是 19 世纪才有的问题。如今，所有国家也都在和这种情况做斗争。

要知道一个国家有多少人口，最自然的方法是数一数有多少人，也就是说，开展人口普查。但它并不像看起来那么容易，因为一些人会四处走动或故意躲藏。总之，在 1829 年，比利时政府计划进行一次新的人口普查。当时凯特勒研究人口的历史数据已有一段时间，他也参与了这次人口普查。他写道：“我们目前所掌握的数据只能作为暂时的，它需要被修正。”这些数据是在困难的政治条件下获得的旧数据，加上登记的出生人数，同时减去登记的死亡人数，可以完成数据的更新。这有点儿像用“航迹推算法”导航：随着时间的推移，误差会不断累积。同时，这种方法也全然没有考虑移民。

一次完整的人口普查代价非常高昂，所以通过计算来估计两次人口普查之间的人口是有意义的。不过，你也不能长期不进行人口普查，每十年进行一次人口普查很常见。因此，凯特勒倡议政府进行一次新的人口普查，为将来的估计提供一个准确的基线。然而，从巴黎回来后，他从拉普拉斯那里得到了一个有趣的思路。如果这种想法可行，就能省下一大笔钱。

拉普拉斯将两个数相乘，得到了法国的人口数量。第一个数是前一年的出生人数，它可以从出生登记记录里找到，并且相当准确。另一个数则是总人口与每年出生人数的比率，也就是出生率的倒数。显然，把这两个数相乘可以得到总人数，但似乎需要知道总人数才能求出第二个数。拉普拉斯的思路的巧妙之处在于，该数据可以通过抽样得到一个合理的估计。选择少量比较典型的地区，然后对它们进行全面的人口普查，再与其出生人数进行比较。拉普拉斯估计，大约只要 30 个这样的地区，就足以估计整个法国的人口数量，并且，他还做了一些计算，证明了其正确性。

不过，比利时政府最终没有抽样，而是进行了全面普查。似乎是政府顾问德·克费尔伯格男爵（Baron de Keverberg）看似明智、实则错得离谱的评论，导致凯特勒的态度发生了 180 度转变。这位男爵正确地观察到，不同地区的出生率取决于各种眼花缭乱的因素，它们很难掌控。他认为，不可能构造出一个有代表性的样本。误差累积会使结果变得没什么用。当然，在这个问题上，他犯了与欧拉相同的错误：假设的情况是最坏的，而非典型的。实际上，大多数抽样误差会通过随机变量相互抵消。不过，这是一个可以原谅的错误，因为拉普拉斯假设，最好的人口抽样方法是事先选择那些在某种意义上能**代表**整体的地区，它们有相似的富人和穷人、受过教育的人和没受过教育的人、男性和女性，等等。

如今，为了从小样本中得到好结果，民意调查常常按照这种原则进行。这个行当很神秘，曾经行之有效的方法似乎越来越没有用，我怀疑这是因为人人都厌倦了民意调查、市场问卷和其他干扰。正如统计学家最终发现的那样，只要随机样本足够大，它们就通常会具有**足够**的代表性。那么多大才算足够大呢？我们将在本章稍后揭晓。但这一切都是后来的事了，比利时正式开始尝试统计每一个人。

德·克费尔伯格男爵的批评确实产生了一个有益的效果：凯特勒被鼓励在非常精确的情况下收集大量数据，直到去世，他都在分析着这些数据。他很快从数人头扩展到**估量**人，并将估量结果与季节、气温、地理位置等其他因素相比较。八年里，他收集了出生率、死亡率、结婚率、受孕日期、身高、体重、力量、生长率以及酗酒、精神错乱、自杀和犯罪等相关数据。他调查人们的年龄、性别、职业、居住地、入狱时间、住院时间。他每次只比较两个因素，这让他能够画出图表来说明其中的关系。他收集了大量证据，定量分析了所有这些变量在典型人群中变化的性质。1835 年，他发表了自己的研究结论《人和社会的发展，以及物理社会的发展》，并于 1842 年以英文出版了专著《论人类及其能力的发展》。

值得注意的是，每当提到那本书时，他都会使用书的副标题——“社会物理学”。1869 年，在准备那本书的新版时，他调换了原来的标题和副标题。他知道自己创造的是对人类本质的数学分析。或者简言之，人类的特征是可量化的。书中有一个概念引发了公众的想象，至今依然如此，这个概念就是**平均人**。

正如我的一位生物学家朋友经常说的那样，每个“平均人”只有一个乳房和一个睾丸。在这个有性别意识的时代，我们必须非常小心地使用术语。事实上，凯特勒非常清楚地认识到，尽管他的概念是有意义的，但也必须在不同的人群里考虑平均妇女、平均儿童，以及所有诸多不同的情况。他很早就注意到，当人群被适当地限制在单一性别和年龄组时，某些属性数据，比如身高和体重等，往往集中在某个值附近。如果我们把数据画成柱状图或直方图，最高的柱形在中间，两边其他的柱形会向下倾斜。整个形状大致对称，所以中央的峰值既是最常见的值，也是平均值。

我要补充的是，这些说法并不准确，也不适用于所有数据，即使是人类的数据。例如，关于财富的分配有一个非常不同的形态：大多数人是穷人，而极少数超级富豪拥有地球上一半的财富。标准的数学模型是帕累托（幂律）分布（图 7-1）。然而，作为一种经验观察，许多类型的数据表现出了这种模式，正是凯特勒意识到了它在社会科学中的重要性。当然，他发现的常规形状是钟形曲线，即欧拉和高斯的正态分布或某种与其足够近似的东西，并让它成为一种合理的数学模型。

大部分表格和图形都很好，但是凯特勒想要的是一个短小精悍的总结，用一种生动、难忘的表达方式传达主要观点。因此，他没有说“20 岁以上男性身高的钟形曲线平均值是 1.74”，而是说“那类平均人的身高是 1.74 米”。然后，他便可以比较不同人群中的平均人。比利时步兵平均人与法国农民平均人相比如何？“他”是更矮、更高、更轻、更重，还是差不多呢？“他”和普通德国军官平均人相比又如何？布鲁塞尔的男平均人和伦敦的男平均人相比会怎样？女平均人和儿童平均人又会怎样？尽管凯特勒指的是人，但只要你愿意，也可以有平均猫、平均狗。考虑到这一切，哪个国家的男平均人更有可能是凶手或是受害者？他更有可能是致力于拯救生命的医生，还是打算结束自己生命的自杀者？

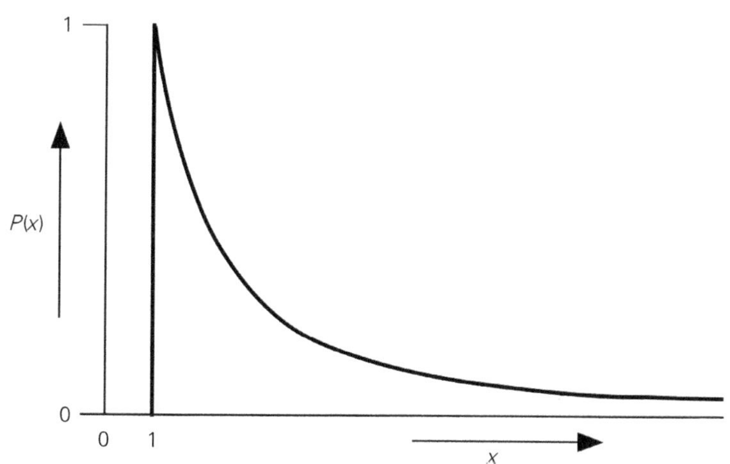


**图 7-1　在 $x$=1 处截止的帕累托分布，它是基于某个常数 $\alpha$ 的指数 $x^{\alpha}$**

这里有一点很重要，凯特勒并不认为随机选择的某个具有代表性的人在所有方面都能达到平均水平。事实上，这在某种意义上是不可能的。身高和体重在某种程度上近似相关，这意味着身高和体重不能同时成为平均值。在其他条件相同的情况下，重量和体积成比例，体积和高度的立方成比例。对三个高度分别是 1、2 和 3 的立方体而言，其平均高度是 2。它们的体积分别是 1、8、27，所以其平均体积是 12。因此，平均立方体的体积不是平均立方体的高的立方。简言之，平均立方体不是一个立方体。实际上，这种说法比它看起来要弱些，因为人类数据大多集中在平均值附近。

高度为 1.9、2 和 2.1 的立方体的平均高度是 2，平均体积是 8.04。而这个平均立方体显然是一个立方体。

凯特勒知道这一切。他为每个属性都设想了一个不同的"平均人"（包括女性和孩子）。对他来说，这只是为了简化复杂陈述而使用的一种便捷的语言形式。正如斯蒂芬·施蒂格勒指出的："平均人是一种工具，它用来消除社会中的随机变化，从而揭示其'社会物理学'定律中的规律。"[22]

慢慢地，社会科学家们开始有了类似于天文学家们的意识：有效的推论可以通过结合来自多个来源的数据得出，并不需要完全了解或控制不同情况下的各种程度的误差。有了一定的知识，更好的数据通常能提供更准确的结果，但是数据本身暗含了结果的品质。

1880 年以后，社会科学开始广泛使用统计概念，特别是钟形曲线，它经常被用来代替实验。弗朗西斯·高尔顿（Francis Galton）是其中的关键人物，也是用数据分析做天气预报的先驱，并且还发现过反气旋的存在。1875 年，高尔顿在《泰晤士报》上发表了自己绘制的第一幅气象图，他对真实世界的数值数据以及隐藏其中的数学模式非常着迷。当达尔文发表《物种起源》时，高尔顿开始了人类遗传的研究。孩子的身高与父母的身高有什么关系？体重和智力呢？他采用了凯特勒的钟形曲线，用它来区分不同的人群。如果某些数据出现两个峰值，而非像钟形曲线那样的单峰，高尔顿就认为对应的人口一定是由两个不同的亚群体组成的，每个亚群体都遵循自身的钟形曲线。[23]

高尔顿开始相信，优秀的人类特征是世代相传的，这是达尔文所否定的进化理论的推论。对高尔顿来说，凯特勒的平均人是社会中必须避免的角色。人类应该更具野心。在 1869 年的著作《遗传的天才》里，他利用统计学研究了天才和伟人的遗传情况，如今看来，这是一个古怪的标榜平等主义〔“每一个小伙子（应该）有机会展示他的能力，倘若有天赋，他就（应该）能得到一流的教育并从事专业工作”〕和鼓励“种族骄傲”的混合体。1883 年，他在《对人类能力及其发展的调查》中创造了“优生学”一词，主张用奖金鼓励那些地位高的家庭联姻，并特意培养所谓能力超群的人。优生学曾在 20 世纪二三十年代风行一时，但由于普遍存在滥用，它很快就沦落了。

无论我们如何看待高尔顿的品性，他对统计学的贡献都是巨大的。1877 年，他的研究使他发明了回归分析，这是对最小二乘法的概括，即比较两个数据集来找到最可能的关系。根据这种方法，“回归线”是模型化数据之间关系的最佳拟合直线[24]。这引出了统计学里的另一个核心概念——**相关性**，它量化了两组（或两组以上）数据之间的关系程度，例如，吸烟程度和肺癌发病率之间的关系。相关性的统计度量可以追溯到物理学家奥古斯特・布喇菲（Auguste Bravais），他以晶体研究而闻名。高尔顿讨论了一些例子，比如在 1888 年，人类前臂的长度和身高之间的关系。

假设你想量化人类身高和手臂长度之间的关系有多紧密，你得先从个体中取出一个样本，测量这些数据，绘制出对应的数据对。然后，用最小二乘法将这些点拟合到一条直线上，就像我拟合汽油价格和石油价格一样。不管数据点有多分散，用这种方法总会得到一条直线。相关性量化了直线与数据的匹配程度。如果数据点非常接近于直线，这两个变量就是高度相关的。如果数据点模模糊糊地分布在直线周围，相关性就较小。最后，如果直线的斜率是负的，那么一个变量就会随着另一个变量的增大而减小，在这种情况下，上面所说的同样适用，只不过相关性是负的。因此，我们要定义一个数，以反映数据之间联系的紧密程度，以及它们之间联系的正负方向。

英国数学家、生物统计学家卡尔·皮尔逊（Karl Pearson）用我们如今使用的形式，定义了一种适当的统计方法[25]。皮尔逊引入了相关系数。给定两个随机变量，先求它们的均值，然后将变量分别转化为与均值的差，再相乘，接着计算乘积的期望值。最后，将期望值除以这两个随机变量的标准差的乘积。其思想是，如果数据相同，那么计算结果等于 1；如果它们完全相反，一个是另一个的相反数，那么结果等于 -1；如果它们是相互独立的，结果将等于 0。更一般地说，任何**精确的**线性关系都可以得到 1 或 -1，它由斜率的符号决定。

如果两个变量有因果关系，即由一个可以得到另一个，那么它们应该高度相关。当数据显示吸烟和患肺癌之间存在很大的正相关关系时，医生们开始相信两者存在因果关系。然而，无论这两个变量中的哪一个被认为是潜在原因，都会产生相同的相关性。也许肺癌的易感人群会吸更多烟。你甚至可以编一个理由，例如，吸烟可能有助于抵御癌前细胞引起的肺部刺激。或者，还有可能是其他原因使得这两者产生相关性，比方说压力。每当医学研究人员发现某种产品和某种疾病之间存在巨大关联时，“相关性并不等于因果关系”这句话就会被一些公司利用，如果公众意识到这些公司的产品确实会导致疾病，它们的利益就会受损。的确，相关性并不总是意味着因果关系，但这种说法掩盖了一个难以忽视的事实：相关性是**潜在**因果关系的一个有用指标。此外，如果有关于某产品可能导致某疾病的独立证据，高度的相关性可以加强这项证据。当人们发现烟草的烟雾里含有致癌物（诱发癌症的物质）时，因果关系的科学依据就会变得更加充分。

要从众多潜在影响中找出哪些影响是显著的，可以采用归纳的方法，例如相关矩阵，它为许多不同的数据集生成一个相关系数数组。相关矩阵对于发现关联关系很有用，但是它们也会被误用。例如，假设你想知道饮食是如何影响一系列疾病的。你先列出了 100 种食物和 40 种疾病。接着，你选择一个人群的样本，并且知道了他们的食物和患病情况。对每一个食物和疾病的组合，你都要计算相应的相关系数，即在样本人群里的食物和疾病之间关系的紧密程度。然后，你得到的相关矩阵是一个矩形表格，其中 100 行对应食物，40 列对应疾病。行和列的对应项是该行食品与该列疾病之间的相关系数，一共有 4000 个数。现在搜索表格，试着找出接近 1 的数，它表示食物和疾病之间的潜在关系。比如说，“胡萝卜”所在的行和“头痛”所在的列的值是 0.92。这会让你暂时推测，吃胡萝卜可能会导致头痛。

你现在应该做的是开始一项全新的研究，用新的研究对象，收集新的数据来验证这个假设。然而，这是要花钱的，所以有时研究人员会从原始实验里提取数据。他们使用统计测试来评估这种特定相关性的显著程度，在这个过程中，他们忽略所有其他数据，只分析这一种关系，就好像其他数据未曾被测量过一样。然后，他们得出结论：吃胡萝卜有很大可能导致头痛。

这种做法被称为“循环分析”，从目前的情况看，这种做法是错误的。例如，假设你随机选择一名女性，测量她的身高，发现在符合正态分布的假设下，任何人拥有这个身高（或更高）的概率是 1%。那么你就有理由得出这样的结论：她那不同寻常的身高不是随机因素造成的。然而，如果事实上你是测量了数百名女性的身高后，再选出最高的一个才找到了她，那么这个结论就不合理了：纯粹出于偶然，你很可能在这么多的人口中找到这种人。用相关矩阵做“循环分析”与此类似，但更复杂。

1824 年，美国宾夕法尼亚的《哈里斯堡报》进行了一次非正式的“民意测验”，以了解在安德鲁·杰克逊（Andrew Jackson）和约翰·昆西·亚当斯（John Quincy Adams）中，谁可能当选美国总统。调查显示，支持杰克逊的有 335 票，而支持亚当斯的有 169 票。杰克逊获胜。从那以后，选举吸引了民意测验专家。出于实际原因，民意测验（或“调查”）只抽样调查一小部分选民。因此，这里会产生一个重要的问题：样本要多大才能得到准确的结果？同样的问题在许多其他领域也很重要，比如人口普查和对新药的医学试验。

在第 5 章中，我们看到拉普拉斯研究了抽样，但他对于得到准确结果的建议是确保抽样数据与总体数据的比例相似。要做到这一点很难，所以，（直到最近）民意测验都主要集中在随机样本上，被调查者是通过一些随机过程选取的。例如，假设我们想要在一个庞大的人口中，找出一个家庭的平均规模。我们随机选取一个样本，并计算它的均值，也就是样本的平均大小。假设样本越大，样本的均值就越接近实际均值。我们应该选择多大的样本，才能足够确定已经达到了给定的精度水平呢？

数学将随机变量与样本中的每个家庭关联起来。假设相同的概率分布适用于每个家庭，也就是整个人口的分布，我们希望估计它的均值。大数定律告诉我们，如果样本足够大，样本的均值“几乎肯定”会接近我们希望的真实均值。也就是说，当样本容量无限增大时，它们相等的概率趋于1。但这并没有告诉我们样本应该有多大。为了找到答案，我们需要一个更复杂的结果，那就是在第 5 章提到的中心极限定理，它将样本均值和实际均值的差与正态分布联系到了一起[26]。于是，我们用正态分布来计算对应的概率，并推导出应该可用的最小样本量。

在关于家庭规模的例子中，我们首先要做一个初步的样本来估计标准差。一个大概的数就足够了。我们需要确定对自己的结果有多大的信心（比如 99%），以及愿意接受它有多大误差（比如 $\frac{1}{10}$）。于是，样本量应该这样计算：假设一个均值为 0、标准差为 1 的标准正态分布，样本均值偏离真实均值不到 $\frac{1}{10}$ 的概率至少为 99%。利用正态分布的数学知识，我们发现样本量至少要等于 $660\sigma^2$，其中 $\sigma^2$ 为总体方差。由于方差是通过近似样本估计的，我们应该考虑更多误差，因此应该让样本量更大一些。请注意，这里的样本量并不依赖于总体大小，它取决于随机变量的方差，也就是其分散程度。

对于不同的抽样问题，根据其分布和估计量，分析方法类似。

民意调查在抽样理论中具有特殊地位。社交媒体的出现改变了需要调查的人数。精心设计的网络民意调查会仔细挑选个体，询问他们的意见。然而，许多民意调查只是让任何想投票的人去投票。这些民意调查设计得很差劲，因为有强烈观点的人更有可能参与投票，而很多人甚至都不知道有这么个调查，还有些人可能上不了互联网，所以样本并不具有代表性。电话民意调查也可能存在偏差，因为许多人不接陌生来电，或者当被民意调查人员问及观点时，有些人会拒绝回答，甚至可能不确定这是一次真正的民意调查。有的人可能还没有电话。有些人不告诉民意调查人员自己的真实想法——例如，他们可能并不愿意告诉一个陌生人，自己计划给某个极端主义政党投上一票。甚至一个问题的措辞也会影响人们的反馈。

民意调查机构使用各种方法来尽可能减少误差的源头。其中有许多是数学方法，但也会涉及心理学和其他领域。糟糕的案例已经有很多，在这些案例里，民意调查自负地得到了错误的结果，并且这种情况似乎越来越多。某些特殊因素有时会被用来“解释”其原因，比如观点突然转变，或者人们故意说谎，以使反对派认为自己领先并自满。这些借口的有效性很难评估。尽管如此，如果能够贯彻执行，民意调查总体上的效果还是相当好的，因此它为减小不确定性提供了一个有用的工具。当然，民意调查也存在影响结果的风险。例如，如果人们认为自己支持的人一定会赢，他们可能会决定不去投票。出口民调（人们在投票后不久会被问及他们的选择）通常非常准确，早在官方计票显示正确结果之前就给出了正确结果，同时还不会影响投票。

# 第 8 章 你有多确定？

荒谬（名词）：与自己的观点明显不一致的陈述或信念。

——安布罗斯 · 比耶尔斯，《魔鬼字典》

当牛顿公开发表有关微积分的成果时，乔治·伯克利（George Berkeley）主教为之心动，写了一本名为《分析者》的小册子作为回应，其副标题是“写给一位异教徒数学家的话”。在书里，他审视了现代分析的对象、原则和推论是否比宗教的神秘和信仰构思得更清晰，或是推演得更清楚。书的扉页上有一句《圣经》警句：“先去掉自己眼中的梁木，然后才能看得清，从而除掉你兄弟眼中的刺。——《马太福音》7：5。”

你并不需要非常敏锐就能推断出伯克利主教并不是一位微积分迷。当他的小册子在1734年出版时，科学正在取得巨大的进步，许多学者和哲学家开始争论，就理解大自然的方式而言，以证据为基础的科学是否优于信仰。基督教信仰以前因为上帝的权威而被认为是绝对的真理，它的地位正在被数学所取代，数学不仅是正确的，而且**必然**是正确的，它可以证明这一点。

当然，数学并非如此，但宗教也不是。不过，在当时，主教有充分的理由对信仰被挑战保持警惕，他指出了微积分中一些逻辑上的困境，并着手纠正这些问题。他那不加掩饰的意图，是要让全世界相信，数学家并不像他们声称的那样具有逻辑性，从而推翻他们宣称自己是绝对真理的唯一守护者的说法。他的观点是对的，但是直接攻击并不能让人们相信自己错了；当外人试图告诉数学家该如何研究数学时，他们会不乐意。最终，伯克利失败了，专家们都知道这一点，即使当时他们还无法建立起严格缜密的逻辑基础。

本书不是一本关于微积分的书，但我讲这个故事，是因为它直接提到了一位伟大的数学英雄，他生前在科学界没有什么声望，但在去世后，他

的声望却越来越高。这位数学家就是托马斯·贝叶斯（Thomas Bayes），他在统计学领域制造了一场革命，并且这场革命从未像今天这样重要过[①]。

贝叶斯出生于 1701 年，其出生地可能是英国赫特福德郡。贝叶斯的父亲约书亚是长老会的牧师，后来，贝叶斯子承父业。他在爱丁堡大学获得了逻辑学和神学学位，在短暂地辅助了父亲一段时间后，他成为唐桥井锡安山教堂的一名牧师。他写过两本截然不同的著作。第一本书是发表于 1731 年的《神的仁慈，试图证明神的旨意和政府的主要目的是让其子民幸福》。这对一个不墨守成规的教士而言，是可以想象的。另一本书则是发表于 1736 年的《对流数术的介绍，以及数学家对〈分析者〉作者异议的辩护》。这绝对不是我们能预想的。贝叶斯牧师为科学家牛顿辩护，以抵抗主教的攻击。其原因很简单：他不同意伯克利提出的数学。

贝叶斯去世后，他的朋友理查德·普莱斯（Richard Price）收到了一些他的论文，并从中摘取了两篇数学论文予以发表。一篇是关于渐近级数的，它是一种将大量更简单的项相加，从而逼近一个重要的量的公式，而所谓"逼近"是具有特定的技术含义的。另一篇则发表于 1763 年，文章的标题是《为解决机会论中的一个问题的随笔》，这是一篇关于条件概率的论文。

贝叶斯的主要观点出现在论文的一开始。命题 2 的开头是这样写的："如果某人的一个期望取决于某一事件的发生，那么该事件发生的概率除以这个事件不发生的概率，就等于事件不发生时的损失除以事件发生时的收益。"这句话有些拗口，但是贝叶斯对此做了更详细的解释。我要把他写的解释用现代术语重新表述一遍，不过这些都包含在了他的论文里。

---

① 关于贝叶斯统计的更多内容，参见《贝叶斯的博弈》（人民邮电出版社，2021 年）。
——编者注

如果 $E$ 和 $F$ 都是事件，假设 $F$ 已经发生，那么 $E$ 也发生的条件概率写作 $P(E|F)$，它读作“$E$ 事件发生的情况下，$F$ 事件也发生的概率”。假设 $E$ 和 $F$ 这两个事件相互独立，那么如今称为贝叶斯定理的公式记作

$$P(E|F)=\frac{P(F|E)P(E)}{P(F)}$$

从如今理解的条件概率定义很容易[27]得到这个公式：

$$P(E|F)=\frac{P(E\text{且}F)}{P(F)}$$

让我们回过头来看看“两个女孩谜题”中的第二个公式，在第一个例子里，我们被告知史密斯家至少有一个孩子是女孩。整个样本空间有四个事件：女女、女男、男女、男男，每个事件的概率都是 $\frac{1}{4}$。假设事件 $E$ 为“两个女孩”，即女女，设事件 $F$ 为“不是两个男孩”，即子集 { 女女，女男，男女 }，其概率为 $\frac{3}{4}$。事件“$E$ 且 $F$”是指女女，它和事件 $E$ 相同。根据公式，在至少有一个孩子是女孩的情况下，他们有两个女孩的概率为

$$P(E|F)=\frac{P(F|E)P(E)}{P(F)}=\frac{\frac{1}{4}}{\frac{3}{4}}=\frac{1}{3}$$

这就是我们之前得到的结果。

贝叶斯接着考虑了更复杂的条件组合及其相关的条件概率。这些结果和它更为广泛的现代推广，也被称作贝叶斯定理。

贝叶斯定理具有重要的实际意义，例如在制造业中进行质量控制。在那些领域里，它为一些问题提供了答案，比如："假设某辆玩具车的轮子掉了，那么它是由沃明汉工厂生产的可能性有多大？"然而，多年以来，它演变成了一个关于什么是概率，以及该如何处理它的一套完整哲学。

概率的经典定义（可能把它称作"解释"更恰当）是频率主义者给出的定义：概率是当一个实验重复多次时，某一事件发生的频率。正如我们所见，这种解释可以追溯到早期的先驱们。但它有几个缺点。我们还不清楚"多次"到底是什么意思。在一些（罕见的）系列试验中，频率并不需要收敛到任何明确定义的数。但更主要的一点是，它依赖于我们能够尽可能多地重复同样的实验。如果做不到这一点，我们便不清楚"概率"是否还有意义，如果有，我们也不知道该如何才能得到它。

例如，到公元 3000 年，我们发现智慧外星人的概率是多少？根据定义，这种实验只能进行一次。然而，大多数人从直觉上认为，这种概率应该是有意义的——即使我们无法对其价值所在达成一致。一些人坚持认为概率是 0，另一些人坚持认为概率是 0.999 99，而犹豫不决的旁观者则会选择 0.5（常规做法是对半开，这几乎可以肯定是错的）。少数人会"祭出"德雷克方程，不过这个方程的变量太不精确，以至于没什么用[28]。

替代频率主义的主要方法是贝叶斯方法。我们还不清楚，这位好好牧师是否会承认这是他的主意，但（在一些人看来）他肯定是有备而来的。这种方法实际上可以追溯到拉普拉斯，他讨论过诸如"明天太阳升起的可能性有多大？"这样的问题。但我们现在被其中的术语难住了，即使只是出于历史原因。

贝叶斯在他的论文里是这样定义概率的："任何事件的概率都是应该被

计算的已发生事件的期望值和期望事件发生的可能性之比。”这种说法有些模棱两可。我们的“期望”是什么？“应该”又是什么意思呢？一个合理的解释是，某个事件的概率可以被解释为我们对它会发生的**置信度**。我们把它作为一个假设有多么自信，多大的胜算才能说服我们把赌注押在它上面，以及我们有多么坚定地相信它。

这种解释自有其优点。特别是，它让我们为只可能发生一次的事件给出概率。针对前面关于外星人的问题，可以回答“到 3018 年时，有智慧外星人造访我们的概率是 0.316”。这句话并不是说，“如果我们把那段历史反复重演一千遍，其中有 316 次会出现外星人”。即使拥有一台时间机器，并且使用它不会改变历史，我们或许也会遭遇 0 次外星人入侵，当然也可能是 1000 次。这里并不是这个意思，0.316 意味着我们对发生这种情况的信心是适度的。

把概率解释为置信度也有明显的缺点。正如乔治·布尔（George Boole）于 1854 年在《思维规律研究》中所写的那样：“如果断言期望——它被当作某种心理情感——的强度能够由数值标准表示，那么它就是不符合哲学的。乐观的人会报以很高的期望，胆怯、绝望、优柔寡断的人则会迷失在怀疑里。”换句话说，如果你不同意我的评估，说外星人入侵的可能性只有 0.003，那也没办法确定谁是对的。对任何人都是如此。**即使外星人真的出现了**，也是如此。如果他们没来，那么你的估计比我的好；如果他们来了，那么我的估计比你的好。但我们两人都无法证明自己是正确的，而其他数值的表现可能比这两个估计都好——这取决于发生了什么。

对此，贝叶斯主义者有自己的答案。它重新引入了重复实验的可能性，尽管实验条件不完全相同。我们可以再等上一千年，看看是否会有另一群外星人出现。但在实验之前，我们要**修正**自己的置信度。

为了便于讨论，假设在 2735 年，出现了一支来自 Apellobetnees Ⅲ的探险队，那么我的 0.316 比你的 0.003 更好。因此，当讨论下一个千年时，我们都会修正自己的置信度。你的数值肯定要调大，而我的数值可能也要变大。也许我们会在 0.718 上达成一致。

我们就先讲到这里。确切的事件是不可重复的。对于要估计的东西，我们还是会有一个更好的估计结果。如果野心更大一些，我们可以把问题修改为“外星人在一千年内到达的概率”，然后再做一次实验。但这一次非常不巧，没有新的外星人来。所以我们得再次修正置信度，比方说，改成 0.584，然后再等上一千年。

如前所述，这一切听起来都有点儿武断。贝叶斯版本则更加系统化。其思想是从一个初始的置信度开始——**先验**概率。我们做实验（等待外星人），观测结果，并使用贝叶斯定理来计算**后验**概率，它是经过改进的、更全面的置信度。它不再只是某个猜测，而是基于有限的证据。即使就此打住，我们也能得到一些有益的成果。在合适的情况下，我们还可以将后验概率重新解释为新的先验概率。然后做第二次实验得到第二个后验概率，从某种意义上说，这样应该会更好。把后验概率作为一个新的先验概率，我们再次做实验，得到一个更好的后验……以此类推。

这听起来仍然很主观，确实如此。然而值得注意的是，它的效果往往好得惊人。它给出了频率论的模型里没有的结果和方法，这些结果和方法可以解决一些重要问题。所以，统计学领域现在已经分裂成了两个截然不同的派别——频率主义者和贝叶斯主义者，他们有着两种截然不同的意识形态：频率主义和贝叶斯主义。

一个务实的观点是，我们不必做出选择。三个臭皮匠，赛过诸葛亮，两种解释总好过一种，两种哲学也比一种好。如果一种不行，就试试另一种。这样的观点日益流行起来，但如今仍有很多人坚持认为只有一派是正确的。许多领域的科学家乐意同时采用这两种方法，而贝叶斯方法之所以得到广泛应用，是因为它的适应性更强。

法院似乎不太可能成为数学定理的试验场，但贝叶斯定理在刑事诉讼中有着重要的应用。不幸的是，法律界在很大程度上忽视了这一点，在审判中充斥着荒谬的统计推理。颇有讽刺意味（但又确实如此）的是，在这个人类活动的领域，减少不确定性至关重要，虽然可以用完善的数学工具实现，但控辩双方都倾向于采用陈旧和错误的推理。更糟的是，法律体系本身不鼓励使用数学。你可能会认为，概率论在法庭上的应用，应该不会比用算术确定某人开车超速多少更有争议。然而主要问题在于，统计推断容易造成误解，出现控辩律师都能利用的漏洞。

1998 年，里吉纳诉亚当斯案对在法律案件中应用贝叶斯定理做出了一个极具毁灭性的判决。在这起强奸案里，唯一的有罪证据就是用棉签在受害者身上提取的脱氧核糖核酸（DNA）。被告有不在场证明，与受害人描述的施暴者也不同，但他因为 DNA 匹配而被判有罪。在上诉过程中，辩方反驳了控方的论点——DNA 匹配的概率是两亿分之一。辩方的证词来自一名专家证人，他解释，任何统计论据都必须考虑辩方的证据，而且贝叶斯定理是正确的方法。上诉成功了，但法官谴责了**所有的**统计推理：“陪审团的任务是……评价证据并得出结论，不是通过公式、数学或其他方法，而是要将他们个人的常识和对世界的认知结合起来，来判断眼前的证据。”这些话都很好，但第 6 章就曾指出，在这种情况下，“常识”是那么无用。

2013 年，纳尔蒂和奥尔斯诉米尔顿・凯恩斯自治市议会案是一起民事案件，涉及在米尔顿・凯恩斯附近一家回收中心发生的火灾。法官的结论是，失火原因是一根被丢弃的香烟，因为另一种和电弧有关的解释的可能性更小。为据称丢弃了香烟的工程师提供保险的公司输了官司，并被要求赔偿 200 万英镑。上诉法院驳斥了法官的推理，并驳回了上诉。这个判决抛弃了贝叶斯统计的整个基础：“有时候，‘对可能性的权衡’的标准，在数学上的表示是‘50% 以上的概率’，但这可能会带来伪数学的危险……用百分比表示某个已经发生的事件的可能性是不现实的。”

诺玛・芬顿（Norma Fenton）和马丁・尼尔（Martin Neil）报告称[29]，有一位律师说：“看，这家伙要么做了，要么没做。如果他做了，那么他 100% 有罪，但如果他没有，那么他 0% 有罪。因此，将犯罪的可能性当作介于两者之间的概率是没有意义的，在法律上没这种说法。”你**知道**为已经发生（或不曾发生）的事件计算概率是不合理的。但是，在你并不知道事情是否发生过时，计算概率是完全合理的，而贝叶斯主义讨论的就是该怎样理性地处理这种事情。例如，假设有人扔了一枚硬币，别人看着，而你没有。对他们来说，结果是已知的，其概率是 1。但对你来说，正面和反面的概率都是 $\frac{1}{2}$，因为你并不是在评估发生了什么，而是在估测你猜对的可能性有多大。在**每一个**法庭案件中，被告要么有罪，要么无罪——但这些信息与法庭无关，法庭的职责是找到**结果**。如果你允许陪审团被律师的陈词滥调所愚弄，但又因为某种有用的工具也可能会产生迷惑就拒绝这种工具，那将是非常愚蠢的。

数学符号让很多人感到困惑，而我们对条件概率的直觉也很差。但这些都不是拒绝使用有价值的统计工具的好借口。法官和陪审团通常要处理一些高度复杂的情况。传统的保障措施包括聘请专家证人——尽管我们会发现，他们的建议并非绝对正确——以及法官对陪审团的谨慎指导。在我提到的这两个案件里，或许有理由确定，律师们没有提出一个足够令人信服的统计案例。但在许多评论人士看来，禁止在未来使用任何与此有关的工具太过分了，这会让定罪变得更加困难，从而减少了对无辜者的保护。于是，这项伟大而又基本的简单发现遭到冷落，因为法律界不是不理解它，就是滥用它，尽管它已被证明是非常有效的降低不确定性的工具。

不幸的是，人们很容易滥用概率推理，尤其是和条件概率有关的概率推理。我们在第 6 章中看到，直觉很容易被误导，而这时数学是清晰而精确的。想象你在法庭上被控谋杀。受害者衣服上的一小块血迹 DNA 指纹，并且和你的 DNA 非常吻合。控方认为，两者非常吻合，在随机选择的人里，发生这种情况的概率是百万分之一——假设这很可能是真的，那么得到的结论便是，你是无辜的概率也是百万分之一。这是检察官的谬论，它是谬论中最简单的一种形式。这完全是无稽之谈。

你的辩护律师立即采取行动。英国有六千万人口，即使只有百万分之一的概率，也会有 60 人同样有可能是有罪的。你有罪的概率便是 $\frac{1}{60}$，也就是 1.6%。这是辩护律师的谬论，同样也是在胡说八道。

这些例子都是虚构的，但在很多案件里，类似的"证据"都曾被提交到法院，比如里吉纳诉亚当斯一案，控方强调了一个无关紧要的 DNA 匹配概率。有一些案件明确表明，基于检察官的谬论，一些无辜的人被定罪，法院本身也承认，并在上诉时推翻了判决。统计专家认为，有许多类似的由错误的统计推理导致的误判并未得到纠正。尽管很难证明，但似乎有可能罪犯被判无罪是因为法庭听信了辩护律师的谬论。不过，很容易解释为什么这两种推理都是错的。

就眼下的目的而言，让我们先把是否应该允许在审判中进行概率计算放一放。毕竟，审判的目的是确定你是否有罪，而不是以你**可能**做了那件事为依据判你有罪。现在讨论的主题是，我们需要关注什么时候才允许使用统计数据。事实上，在英美法律中，没有什么能阻止概率作为证据出现。显然，在刚刚的 DNA 案例里，控辩双方不可能都是对的，因为他们的评估完全不同。问题到底出在哪里呢？

在柯南·道尔的短篇小说《银色马》中，夏洛克·福尔摩斯将人们的注意力集中在"在那天夜里，狗的反应是奇怪的"上。苏格兰场探员格雷戈里抗议说："狗**没有**什么异常反应。"而福尔摩斯则和往常一样，高深莫测地回答道："这正是奇怪的地方。"[①] 在上面的两个论据中，有一条狗什么都没做。这是怎么回事呢？没有提及任何其他可能表明有罪或无罪的证据。但是，额外的证据对你犯罪的**先验**概率影响很大，它会改变计算。

下面是另一种可能有助于弄清问题的场景。你接到一个电话，说你中了 1000 万英镑的国家彩票。这是真的，于是你取走了你的奖金支票。可是，当把支票拿到银行去兑现时，你感觉有一只手重重地压在了你的肩膀

① 参考了群众出版社的《福尔摩斯探案全集》（中册）。——译者注

上。原来那是一个警察，他以盗窃罪逮捕了你。在法庭上，控方认为你几乎肯定通过作弊，骗取了彩票公司的奖金。原因很简单：任何被随机选中的人中彩票的概率是两千万分之一。根据检察官的谬论，这个数据也是你无罪的概率。

这种情况显然是错的。每周有数以千万计的人买彩票，很可能有人会中奖。你并不是事先被随机选中的，你之所以被选中是因为你中奖了。

有一起涉及统计证据的特别令人不安的案件，是对英国律师萨利·克拉克（Sally Clark）的审判，她的两个孩子死于婴儿猝死综合征（SIDS）。控方的专家证人作证说，发生这两起意外悲剧的概率是七千三百万分之一。该专家还指出，实际观察到的婴儿猝死率要高得多，他解释存在这种差异的原因在于，许多成对婴儿的猝死并非偶然，而是由孟乔森综合征[①]引发的，这正是他的专业领域。尽管除了统计数据之外没有任何重要的铁证，克拉克还是因谋杀自己的孩子被判终身监禁，并遭到媒体的广泛谴责。

控方证据的严重缺陷从一开始就很明显，这震惊了英国皇家统计学会，该学会在克拉克被定罪后的一份新闻稿中指出了这一点。入狱三年多后，克拉克通过上诉被释放，但并不是由于那些缺陷，而是因为在婴儿死亡后对其进行检查的病理学家隐瞒了她可能无罪的证据。克拉克并未从这次误判的阴影中走出来。她患上了精神疾病，并在四年后死于酒精中毒。

① 孟乔森综合征可分为一般的孟乔森综合征和代理型孟乔森综合征，其症状的范围很广，是指一种通过描述、幻想疾病症状，假装有病乃至主动伤残自己或他人，以取得同情的心理疾病。——译者注

缺陷分好几类。有明确的证据表明，婴儿猝死综合征有遗传因素，因此，在某个家庭中，有一个婴儿猝死会使第二个婴儿更有可能死亡。你不能想当然地通过将一个死亡的概率乘以另一个死亡的概率来估计两个连续死亡的概率。这两个事件并**不是独立的**。大多数成对的死亡是由孟乔森综合征引起的，这一说法有待商榷。孟乔森综合征是一种自残行为，它**通过**伤害他人从而造成自我伤害（这一点是否合理还存在争议）。法院似乎没有意识到，他们的专家证人报告的较高的成对死亡率，实际上可能只是意外死亡的实际比率。不过，毫无疑问，少数罕见的儿童谋杀案也确实存在。

但这一切都无关紧要。无论成对婴儿意外猝死的概率是多少，都必须与可能的其他情况进行比较。此外，一切都还得以其他证据为条件：**已经发生的两起死亡事件**。所以存在三种解释：两起死亡都是意外、两起都是谋杀、其他（比如一是次谋杀，一次是自然死亡）。所有这三件事发生的可能性都非常小：如果有什么概率问题的话，那就是将每一个事件的不可能程度与其他事件做比较。即使这两起死亡都是谋杀，还存在一个问题，**这是谁干的**？不能不假思索地认为凶手就是那位母亲。

因此，法庭的关注点除了：

在一个随机选择的家庭里，发生成对婴儿猝死的概率。

还应该考虑：

假设发生了成对婴儿猝死，孩子的母亲做了两次凶手的概率。

而在实际中，这两者被混淆了，并且还使用了不正确的数据。

数学家雷·希尔（Ray Hill）利用真实数据对婴儿猝死进行了统计分析，他发现一个家庭中发生两起事故的可能性是发生两起谋杀的4.5～9倍。换句话说，仅从统计数据来看，克拉克有罪的可能性只有10%～20%。

这回，狗又没反应了。在这种情况下，除非有其他证据支持，否则只有统计证据是完全不可靠的。例如，如果能够独立地确定被告有虐待儿童的前科，这将会改善控方的境遇，但是并没有这样的证据。如果辩方辩称当时没有出现此类虐待的迹象，那么辩方的理由就会更充分。最终，证明她有罪的唯一“证据”就是有两个表面上看起来死于婴儿猝死综合征的孩子。

芬顿和尼尔还讨论了大量统计推理可能被误用的案例[30]。2003年，荷兰一名儿童护士露西娅·德·伯克被控四起谋杀和三起谋杀未遂。她在同一家医院的在岗期间，病人死亡数量异常之高，控方收集了大量间接证据，并宣称这种意外发生的概率是3.42亿分之一。这个计算结果是指在被告无罪的情况下，现有证据的可能性。但真正需要的是，根据证据计算犯罪的可能性。德·伯克被判有罪，并处以终身监禁。她上诉后，法院维持了原判，尽管有一名证人在此期间撤回了她有罪的证据，并承认：“这是我编造的。”（当时，这名证人正在刑事心理治疗中心接受治疗。）不出所料，媒体对这一判决提出了异议，并组织了一场公开请愿活动。2006年，荷兰最高法院将此案发回阿姆斯特丹法院，而阿姆斯特丹法院再次维持了这一判决。2008年，在大量负面材料被曝光之后，最高法院重新审理了此案。在2010年的一次重审中发现，所有的死亡都是自然原因造成的，该护士还曾挽救过数条生命。最终，法院撤销了原判。

很明显，由于医院里的死亡人数多，护士人数也多，某些死亡与某位特定护士之间可能会存在异常强烈的关联。罗纳德·梅斯特（Ronald

Meester）和他的同事们[31]认为，“3.42 亿分之一”是一个循环分析的例子（见第 7 章）。他们指出，利用某些统计方法还可以算出大约每 300 人中就会出现 1 个这样的人，甚至每 50 人中就会有 1 个。这些数值在统计上并不能成为有罪的证据。

2016 年，芬顿、尼尔和丹尼尔·伯杰发表了一篇关于贝叶斯推理在法律案件中的应用的综述。他们分析了为什么法律界对这些论证方法持怀疑态度，并对其潜力进行了评估。他们首先指出，在过去的 40 年里，法律程序中使用统计学的情况大幅增加，尽管贝叶斯方法避免了经典方法里的诸多陷阱，并且适用范围更广，但大多数此类应用只用到了经典统计理论。他们的主要结论是，贝叶斯方法的影响力不足，源于“法律界对贝叶斯定理的误解……以及不愿意采用现代计算方法”。他们提倡使用一种名叫贝叶斯网络的新技术，它可以自动化所需做的计算，能够“解决在法律案件中使用贝叶斯理论时遇到的大多数问题”。

由于经典统计学具有相当严格的假设和悠久的传统，因此它很容易被人误解。强调统计显著性检验可能导致检察官得出错误的结论，因为有罪证据的概率可能会被误解为给定证据情况下的有罪概率。而更加技术性的概念——比如定义我们能够自信地假设某个数的数值范围的置信区间，则“几乎总是被人们误解，因为它们的正确定义既复杂又违反直觉（实际上，甚至有许多训练有素的统计学家也没能正确理解）”。这些困难，加上经典统计学的糟糕效果，让律师们对所有形式的统计推理都感到不满意。

这可能是抵制贝叶斯方法的一个原因。芬顿和他的同事们还提出了另一个更有趣的观点：在法庭上提出的多数贝叶斯模型被过度简化了。使用这些模型，是因为假设所涉及的计算应该简单到可以手工完成，这样，法官和陪审团才能跟得上节奏。

在计算机时代，这种限制是没有必要的。关注难以理解的计算机算法是明智的。作为一个极端的例子，我们可以想象有那么一台人工智能的审判机，它会默默地权衡证据，在没有解释的情况下给出“有罪”或“无罪”的判定。但是，当算法完全能被理解，并且计算非常易懂时，防范更明显的潜在问题应该并不困难。

我讨论过的贝叶斯推理初级模型包含非常少的状态说明，我们所做的只是在给定某些陈述的情况下，考虑一个陈述的概率。但法律案件涉及各种证据，以及与之相关的报告，如“犯罪嫌疑人在犯罪现场”“犯罪嫌疑人的 DNA 与受害者身上的血迹相符”，以及“在附近看到一辆银色汽车”等。贝叶斯网络会描绘所有这些要素，以及它们之间是如何相互影响的。它就像一个有向图——一种由箭头连接的方框集合，每个要素都是一个方框，而每个箭头都表示一种影响。此外，每个箭头都对应一个数，即在给定箭尾的要素的情况下，其箭头所指要素的条件概率。贝叶斯定理的一般化，使得在已知任何其他要素，甚或是已知一切的情况下，计算任何特定要素发生的概率成为可能。

芬顿和他的同事们认为，贝叶斯网络如能被恰当地实现、开发和测试，就可能会成为一种重要的法律工具，它能“为正确的相关假设和证据的完整因果关系建立模型”。当然，关于什么样的证据怎样处理才合适，还存在很多问题，这些问题需要讨论并达成一致。尽管如此，妨碍这类讨论的主要困难，还是目前横亘在科学与法律之间的强大的文化隔阂。

# 第 9 章

# 有序与无序

热量不会从低温物体向高温物体传递，
若你愿意，可以一试，但最好还是免了。
——迈克尔 · 弗兰德斯和唐纳德 · 斯旺，
《热力学第一定律和第二定律》（歌词）

从有序的规律到无序的法则。从人类事务到物理学。

热力学第二定律是少数几个（接近于）家喻户晓的科学原理之一。小说家 C. P. 斯诺（C. P. Snow）于 1959 年在里德讲座上发表的颇有争议的《两种文化》，以及随后出版的著作中指出，一个人倘若不知道这条定律的内容，那么就不应该觉得自己有文化：

> 我出席过许多聚会，按照传统文化的标准，召集这些聚会的人被认为是受过高等教育的，他们一直兴致勃勃地质疑科学家们很无知。有一两次，我被激怒了，便问他们当中有多少人能说清楚热力学第二定律。那些人的反应很冷淡，当然他们也并不懂。然而，我问的这个问题在科学领域等同于“**你读过莎士比亚的作品吗**”。

他提出了一个很合理的观点：基础科学是人类文化的一部分，其重要性至少不亚于知道贺拉斯的拉丁语名言，或是会引用拜伦或柯尔律治的诗句。然而，他确实应该找一个更好的例子，因为许多**科学家**也不能对热力学第二定律信手拈来[32]。

平心而论，斯诺接着指出，在受过教育的人里也只有不到十分之一的人能解释质量或加速度等更简单的概念，这在科学领域相当于问“你会阅读吗”。文学评论家弗兰克·雷蒙德·利维斯（Frank Raymond Leavis）的回复是，世界上只有一种文化，那就是**他的**文化——这无意中将斯诺的观点为其所用。

作为一种更积极的响应，迈克尔·弗兰德斯和唐纳德·斯旺写了一首深受人们喜爱的诙谐歌曲，并在 1956 年到 1967 年的《即刻》和《再次即刻》巡回演出中表演，本章开始时引用的便是其中的一句歌词[33]。热力学第二定律的科学表述采用了一个相当模糊的概念，它也出现在弗兰德斯和斯旺歌词的结尾中："嘿，这就是熵，伙计。"

热力学是一门关于热以及它如何在物体或系统间传递的科学。例如烧开一壶水，或是用蜡烛升起气球。最熟悉的热力学变量是温度、压强和体积。理想气体定律描绘了它们之间的关系：压强乘以体积与绝对温度成正比。例如，如果我们给气球里的空气加热，温度就会上升，所以要么气球的体积增大（气球膨胀），要么里面的压强会增大（最终导致气球破裂），抑或两者兼而有之。在这里，有一种显然的情况我们没有考虑，那就是热量也可能使气球燃烧或熔化，它超出了理想气体定律的范畴。

另一个热力学变量是热，它与温度不同，并且在许多方面比温度还简单些。熵则比这两者都要微妙得多，它通常被非正式地描述为衡量热力学系统无序程度的指标。根据热力学第二定律，在任何不受外界因素影响的系统中，熵总在增大。在这种背景下，"无序"不是定义，而是一种比喻说法，它很容易被误解。

热力学第二定律对科学地理解我们周围的世界具有重要意义。有些意义是宇宙级的：在宇宙的热寂过程中，未来的一切都会变成一碗均匀的温汤。有些意义会产生误导，比如认为热力学第二定律让进化变得不可能发生，因为生物体越复杂就越有序。还有一些意义则非常令人困惑和矛盾，比如"时间之箭"，熵似乎为时间的流动指明了一个特定的前进方向，尽管无论时间朝哪个方向流动，热力学第二定律的推导公式都是相同的。

热力学第二定律的理论基础是 19 世纪 70 年代由奥地利物理学家路德维希·玻尔兹曼（Ludwig Boltzmann）提出的动力学理论。它是气体分子运动的一个简单的数学模型，这些分子被表示为微小的硬球体，它们碰撞时会相互反弹。与分子的大小相比，分子之间的平均距离被认为是非常大的——不像液态时那么小，更不像固态时那么紧密。当时，大多数顶尖的物理学家不相信分子的存在。事实上，他们也不相信物质由原子构成，原子结合起来形成分子，所以他们和玻尔兹曼过不去。他们对玻尔兹曼思想的质疑贯穿了他的整个职业生涯，1906 年，玻尔兹曼在度假时上吊自杀。很难说这是否是因为人们对其思想的抵制，但这种抵制毫无疑问是错的。

动力学理论的一个核心特点是，分子的实际运动看起来是随机的。这就是为什么热力学第二定律会在关于不确定性的书里成为一章。然而，弹跳球模型具有确定性，而运动则是混沌的。但是，数学家们花了一个多世纪才完成证明[34]。

热力学和动力学理论的历史很复杂，所以我将省略一些细节，把讨论范围限制在气体上，这样会简单些。物理学的这个领域经历了两个主要阶段。在第一阶段的经典热力学中，气体的重要特征是描述其整体状态的宏观变量，即前面提到的温度、压强、体积等。科学家们知道气体是由分子构成的（尽管关于这一点，直到 20 世纪初还有争议），但只要整体状态不受什么影响，就不用考虑分子的精确位置和速度。例如，热就是分子的总动能。如果碰撞使一些分子加速，另一些分子减速，而总能量保持不变，那么这些变化对宏观变量没有影响。相关的数学问题是描述宏观变量之间的相互关系，并利用得到的方程（“定律”）来推断气体的性质。它最初的主要实际应用是设计蒸汽机和类似的工业机械。事实上，对蒸汽机效率的理论极限分析催生了熵的概念。

研究的第二阶段则优先考虑如气体单个分子的位置和速度这类微观变量。第一个主要的理论问题是描述这些变量如何随着分子在容器内的弹跳而变化，第二个问题则是从这种更详细的微观图景中推导出经典热力学。后来，随着量子热力学的出现，人们开始考虑量子效应的影响，它包含了诸如“信息”之类的新概念，并为经典理论提供了更详尽的依据。

在经典方法里，系统的熵是间接定义的。首先，我们定义了当系统本身发生**变化**时该变量的变化情况，然后把这些微小的变化相加得到熵本身。如果系统经历一个小的状态变化，熵的变化量就是热量的变化除以温度（如果状态变化足够小，则可以认为温度在变化过程中是恒定的）。一个大的状态变化可以看作大量连续的小变化，对应的熵的变化就是每一次小变化的总和。更严格地说，在微积分意义上，它是这些变化的积分。

这个定义告诉了我们熵的变化，但熵本身是什么呢？从数学上讲，熵的变化并没有唯一定义熵，它定义的是除了附加常数之外的那部分。我们可以通过对某个理想状态下的熵做出特定的选择来修正这个常数。标准的选择基于绝对温度。大多数常见的温度测量单位，如欧洲常用的摄氏度和美国常用的华氏度，都是随意选择的。就摄氏度而言，0℃是冰的熔点，100℃是水的沸点，与之对应的华氏度分别是 32°F 和 212°F。最初，丹尼尔·华伦海特（Daniel Fahrenheit）将人的体温定为 100°F，将他能获取的最冷的温度定为 0°F。这种定义依赖于运气，而 32°F 和 212°F 就是这种巧合。原则上，你可以给这两种温度标以任何你喜欢的数值，它们甚至可以完全不相干，比如氮和铅的沸点。

当科学家们试图制造越来越低的温度时，他们发现物质能达到多冷是有某个确定的极限值的。这个温度大约是 −273℃，经典的热力学将其称为

“绝对零度”，在这个温度下，所有热运动都停止了。无论怎样尝试，你都无法得到比它更低的温度。开尔文温标是以爱尔兰裔苏格兰物理学家开尔文勋爵的名字命名的，它是一种热力学温标，以绝对零度为零点，这种温度的单位是开尔文（用符号 K 表示）。它的刻度和摄氏度一样，只是每一摄氏度都需要加上 273。冰在 273K 融化，水在 373K 沸腾，绝对零度是 0K。一个系统的熵现在通过选择任意附加常数来定义（根据选择的单位），这样，当绝对温度是 0 的时候，熵也是 0。

这就是熵的经典定义。现代统计力学的定义在某些方面更为简单。气体也是一样的，虽然不是很明显，所以在这两种情况下使用同一个词没有什么坏处。熵的现代定义是以微观状态（microscopic state）为基础的，这种状态也被简称为微观态（microstate）。定义的方法很简单，如果系统可以有 $N$ 种微观态，而这些微观态的可能性又是相同的，那么熵 $S$ 就等于

$$S = k_B \ln N$$

其中，常数 $k_B$ 被称为玻尔兹曼常数，它的值为 $1.380\ 65 \times 10^{-23}$ 焦耳 /K。公式中的 ln 是以 e=2.718 28…为底的自然对数。换句话说，系统的熵与它所具有的微观态数量的对数成正比。

为了便于说明，假设系统是一副纸牌，而微观态是可以将纸牌打乱的任何顺序。根据第 4 章，微观态的数量是 52!，这一个相当大的数，以 80 658 开头，共有 68 位数字。它的熵可以通过取对数并乘以玻尔兹曼常数来计算，得到

$$S = 2.158\ 79 \times 10^{-21}$$

如果我们现在取第二副牌，它也具有相同的熵 $S$。但是，如果我们把两副牌合并，洗成一副更多的牌，那么它的微观态就变成了 $N$=104!，这个数更

大，它以 10 299 开头，共有 167 位数字。现在，合并后的牌的熵是

$$T = 5.277\ 65 \times 10^{-21}$$

这两个子系统（两副牌）在合并之前的熵之和是

$$2S = 4.317\ 58 \times 10^{-21}$$

由于 $T$ 大于 $2S$，合并后的系统的熵大于两个子系统的熵之和。

打个比方，合并后的牌代表了两副独立的牌之间所有可能的交互。不仅可以单独洗牌，我们还可以把它们混在一起，做出一些额外的排列。所以当允许两个系统相互作用时，系统的熵大于它们不相互作用时的熵之和。概率学家马克·卡克（Mark Kac）曾用两只身上都有跳蚤的猫来描述这种效应。当两只猫分开时，跳蚤可以四处活动，但只能在“它们自己的”猫身上；如果两只猫相遇，那么猫身上的跳蚤就可以交换，可能的排列会变多。

因为积的对数是对应因数的对数之和，所以当组合系统的微观态数量大于单个系统的微观态数量之积时，熵就会更大。通常情况下确实如此，因为当两个子系统不能相混时，微观态数量的积就是组合系统的微观态数量。混合会出现更多的微观态。

现在假设在一个有隔板的盒子里，一半有很多氧分子，另一半是真空的（图 9-1）。这两个独立的子系统各有一个特定的熵。微观态可以被认为是每个分子位置排列方法的总数，假设我们把“较大的”空间分割成数量众多但又有限的非常小的“盒子”，并用它们表示分子的位置。当隔板被移除后，分子原先的所有微观态仍然是存在的。但是又产生了许多新的微观态，因为分子可以进入盒子的另一半。新方法的数量大大地超过了旧方法，而这些气体最终以均匀的密度充满整个盒子也是必然的。

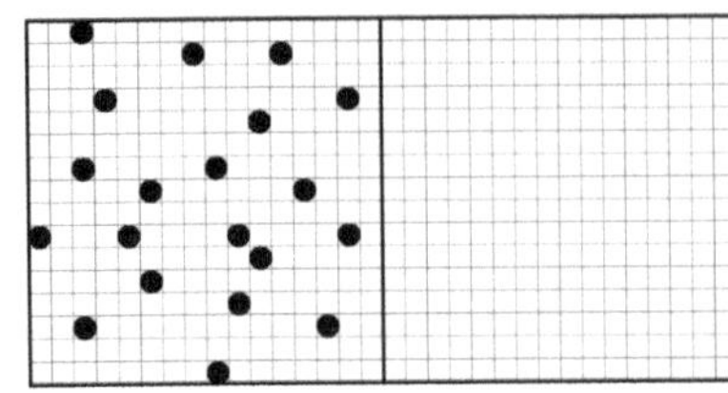
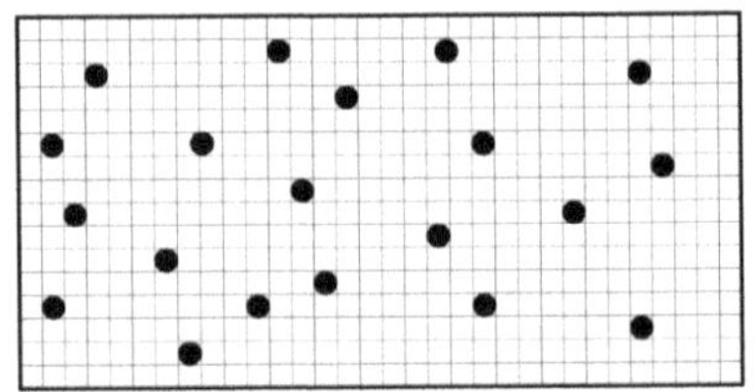

**图 9-1　左图：有隔板的情况。右图：隔板被移除后，产生了许多新的微观态。"盒子"是灰色的**

更简单地说：当隔板被移除时，有效的微观态数量会增加，因此熵——微观态数量的对数——也会增大。

物理学家们认为，当有隔板的时候，状态是有序的，从某种意义上说，在一部分空间里的氧分子与另一部分的真空是分离的。当我们移除隔板，这种分离就结束了，所以状态变得更加无序。这就是熵可以被解释为无序的量的意义。这不是一个非常有用的比喻。

现在，让我们来谈谈棘手的"时间之箭"问题。

让数量有限的、非常小而坚硬的球体在盒子里来回弹跳，是关于气体更精细的数学模型，其中每个球都代表一个分子。假设分子间是完全弹性碰撞，即在碰撞中能量没有增减。同时还假设，当一个球撞向墙壁时，反射就像是某颗理想化的台球撞击桌边：它以方向相反但角度相同的轨迹离开桌边（不带自旋），并且运动速度和撞击（完全弹性的）桌边时相同。同样，能量是守恒的。

这些小球的运动遵循牛顿运动定律。在这里，最重要的是牛顿第二运动定律，即作用在物体上的力等于其加速度乘以质量。（牛顿第一定律是指，除非受到外力作用，否则物体以匀速直线运动；牛顿第三定律则是指，每一个作用力都有一个相等且方向相反的反作用力。）在考虑机械系统时，我们通常知道力的情况，并希望算出质点是如何运动的。牛顿第二定律表明，在任何给定时刻，加速度等于作用力除以质量。它适用于每一个小球，所以，原则上我们可以知道所有小球的运动情况。

我们应用牛顿运动定律得到的方程是其微分形式：它告诉我们随着时间的推移，某些量的变化速度。通常我们想知道的是这些量本身，而不是它们变化得有多快，不过，我们可以利用积分从其变化率中算出那些量。加速度是速度的变化率，速度是位置的变化率。为了求出任意时刻球的位置，我们用牛顿定律求出所有加速度，然后先用一次积分算出它们的速度，再用一次积分求出它们的位置。

这里还需要用到两个要素。第一个要素是初始条件。这些初始条件确定所有小球在给定时刻（比如 $t=0$）的位置和速率（及方向）。这个信息确定了方程有唯一解，它告诉我们随着时间的推移，初始情况会发生怎样的变化。而碰撞的球都可以归结为几何学。每个球沿直线（初速度的方向）匀速运动，直到它与另一个球相撞。第二个要素则是一个规则：小球相互反弹，并获得新的速率和方向，然后继续沿直线运动，直到下一次碰撞，如此周而复始。这些规律决定了气体的动力学理论，并由此推导出气体的运动规律等相关结果。

对所有运动物体的系统，牛顿定律导出的方程在时间上是可逆的。如果取任意一个方程的解，然后倒转时间（把时间变量 $t$ 变换成 $-t$），我们也能得到这个方程的解。尽管有时这两个解可能会相同，但它们通常是**不一样**的。直观地说，如果你把某个解做成电影并倒放，得到的结果也是一个解。例如，假设你把一个球垂直抛向空中，它开始时速度非常快，但重力使它减速，并且在某一瞬间达到静止状态，然后开始下落，并且不断加速，直到你再次抓住它。我们可以用相同的话来描述这部倒放的“电影”。又或者，用球杆击打台球，使其撞到桌边并反弹；将这部“电影”倒放的话，你会再次看到一颗球击中桌边后反弹回来。正如这个例子所示，如果反弹的规则在倒转后以相同的模式运行，那么允许球体反弹并不会影响可逆性。

这些都合情合理，但我们都看过倒放的电影，里面会发生一些奇怪的事。蛋清和碗里的蛋黄突然升到空中后，被夹在了两个破碎的蛋壳中间，而碎开的蛋壳又合到一起，厨师手中留下了一枚完整的鸡蛋。地板上的玻璃碎片神秘地相互靠近，跳到空中合并成一个完整的瓶子。瀑布不是从悬崖泻下，而是**向上**流到悬崖。葡萄酒从酒杯里升起并流进瓶子里。倘若是香槟，气泡会不断变小，并随着酒水一起回到瓶里，瓶塞神秘地在远处出现，然后砰的一声射回瓶口，并把葡萄酒封在瓶中。倒放人们吃蛋糕的画面会令人恶心——你可以想象一下这个场景。

如果你将时间倒转，那么现实生活中的大多数过程会变得没什么意义。有些还有意义的过程是例外。时间似乎只朝一个方向流动，时间之箭从过去指向未来。

它本身并不是一个谜。倒放一部电影实际上并不是让**时间**倒流，它只是让我们有一个印象，倘若这样做会发生什么。但是热力学加强了时间之箭的不可逆性。热力学第二定律指出，熵随着时间的推移而增大。倒着运转，熵就会减小，它违反第二定律。这也是有道理的，你甚至可以把时间之箭定义为熵增大的方向。

当你考虑它与动力学理论的一致性时，事情就开始变得棘手。牛顿第二定律说系统是时间可逆的，而热力学第二定律说它不可逆。但是热力学定律是牛顿定律**推导出来**的。这显然有些古怪，正如莎士比亚所说，“时间是脱节的”①。

关于这个悖论的文献非常多，其中很多都非常有见地。玻尔兹曼最初想到动力学理论时，他就为此担心。部分原因是热力学定律是统计学意义的。它们并不适用于关于一百万个弹跳小球的牛顿方程的每一个解。原则上，盒子里所有的氧分子可以都运动到盒子的某一半空间里。这时候，可以赶紧把隔板插进去。但在大多数情况下，这种情况不会发生，概率大概是 0.000 000…，在出现第一个非零数字之前的 0 的数量，多得连整个地球都装不下。

然而，事情并没有结束。对于每一个随着时间推移而熵增大的解，都有一个对应的随时间推移而熵减小的时间反演解。反演解与原解相同的情况很少发生（假设初始条件是到达轨迹顶点的抛球，或者初始条件是撞在桌边的台球）。忽略这些例外，成对出现的解中，一个熵增大，另一个熵减小。坚持统计求和只选择一半是没有意义的。这就像是在说一枚均匀的硬币总是正面朝上。

另一种不完全的解决方案涉及打破对称性。我得很谨慎地说，在对牛顿定律的解反演时，你总能得到一个解，但不一定是相同的。定律的时间反演对称性并不意味着任意的解都具有时间反演对称性。这是事实，但没什么用，因为解仍是成对出现的，同样的问题也会出现。

那么为什么时间之箭只指向一个方向呢？我有一种感觉：答案就在一些容易被人们忽略的东西里。人们都关注**定律**的时间反演对称性，而我认为更应该考虑**初始条件**的时间反演不对称性。

① 见《哈姆莱特》第一幕第五场，原意为“时代是脱节的”（the time is out of joint）。——译者注

上面那句话本身就是一种警告。当时间反演时，初始条件便不再是初始了，它们是结果。如果指定0时刻发生了什么，并推导出正向时间的运动，我们就已经确定了箭头的方向。这听起来很傻，因为数学也允许我们推导出负向时间的情况，但请听我说完。让我们把掉在地上摔碎的瓶子和经过时间反演——碎片复原并重新聚合——的瓶子做个比较。

对“摔碎”的瓶子而言，初始条件很简单：一个完好的瓶子被举在空中。然后你放手。随着时间的流逝，瓶子掉下来摔碎，成千上万的小碎片散落一地。最终条件非常复杂，有序的瓶子在地板上成了一堆无序的碎片，它的熵增大，符合热力学第二定律。

对“复原”的瓶子来说则完全不同。初始条件很复杂：有许多微小的玻璃碎片。碎片看起来是静止的，但实际上它们都在缓慢运动（我们在此不考虑摩擦力）。随着时间的推移，碎片移动到一起，并聚合起来，形成一个完好的瓶子，最后跳回空中。最终条件很简单，地板上无序的碎玻璃变成了“有序”的瓶子，它的熵减小，违反热力学第二定律。

上述区别与牛顿定律无关，与它的可逆性也无关，也不受熵的控制。这两种情况都符合牛顿定律，区别在于对初始条件的选择。“摔碎”场景在实验中很容易产生，因为初始条件很容易实现，只需要拿一个瓶子，高举后松手。“复原”场景则不可能在实验中产生，因为初始条件过于复杂微妙，以至于无法实现。它在理论上是存在的，因为我们可以解出瓶子的方程，从它下落直至被打碎。然后我们把这个状态作为初始条件，但所有速度都是反的，数学的对称性意味着瓶子确实会“复原”——但只有当我们准确地了解了那些无法想象的复杂的“初始”条件后才行。

我们解负向时间的能力也源于瓶子的完好无损。它计算了瓶子是如何成为那个状态的。很可能是有人放在那里的。但是如果用牛顿定律将时间倒回过去，你并不能推断出那只神秘的手是什么。构成手的粒子并没有在你要求解的模型里。你拥有的是一个假设的过去，它在数学上与所选择的“初始”状态是一致的。事实上，因为把瓶子扔到空中是它自己的时间反演，所以反向的解也包括瓶子掉到地上，而且“由于对称性”，它也会摔碎。但在时间反演的情况下，瓶子的整个过程——不是它到底发生了什么，因为神的手在初始时刻并不是模型的一部分——由成千上万的玻璃碎片组成，它们开始靠拢聚合成瓶子，以完好的状态升到空中，并在零点时刻到达其轨迹的最高点，然后再下落、摔碎，分散成成千上万的碎片。最初的熵是减小的，然后再增加大

卡洛 · 罗韦利（Carlo Rovelli）在《时间的秩序》一书里也有类似表述[35]。系统的熵是不区分某些构型来定义的（我称之为粗粒化），所以熵依赖于我们能得到系统的哪些信息。在他看来，我们没有体验到时间之箭，是因为它是熵增大的方向。相反，我们认为熵增大，是因为对我们来说似乎过去的熵比现在的熵小。

我说过，实现打碎瓶子的初始条件很容易，但从某种意义上说，这并不正确。的确，如果我去超市买一瓶酒，喝完后可以用这个空瓶。但这个瓶子是从哪儿来的呢？如果我们追根溯源，构成它的分子可能经历了多次回收熔化的循环；它们取自许多不同的瓶子，而这些瓶子经常在回收过程中被打碎。但是，所有玻璃最终还会追溯到沙粒，玻璃就是由这些沙粒熔化制成的。实际上，几十年或几个世纪以前的“初始条件”，至少应该和我

宣称不可能“复原”的瓶子的初始条件一样复杂。

然而，神奇的是，瓶子被制造出来了。

这是否和热力学第二定律相悖呢？

一点儿也没有。气体动力学理论——实际上是整个热力学——包含了经过简化的假设。它为某些常见情况建模，模型在这些场景中应用时很不错。

其中有一个假设是系统是“封闭的”。这通常被表述为“不允许有外部能量输入”，但实际上我们需要的是“不允许不纳入模型的外部影响”。用沙子制造瓶子涉及大量影响，如果你只关注构成瓶子的分子，那么这些影响就没有被纳入。

传统热力学教科书都涉及这种简化。书里会讨论一个带有隔板的盒子，其中一半包含气体分子（或类似的替代物）。它可以解释如果**就此**把隔板移除，熵就会增大。但是它没有讨论气体是如何以那种**初始**状态灌进盒子里的。这种气体的熵比在地球大气层中的气体的熵要小。于是，这不再是一个封闭的系统。但这里真正重要的是系统的类型，或者更具体来说，是假设的初始条件。数学并没有告诉我们这些条件是如何实现的。倒转碎瓶模型不会得到沙子。所以这个模型只适用于正向的时间。上文有两个黑体词——**就此**和**初始**，在反演的时间里，这两个词就得变成**之前**和**最终**。在热力学中，时间有唯一方向的原因在于，尽管方程组是时间可逆的，但面临的情况都内置了一个时间之箭，那就是用到了**初始**条件。

这是一个古老的故事，它在人类历史中不断地重复。每个人都过于关注**内容**而忽视**上下文**。在这里，内容是可逆的，但是上下文不是。这就是热力学定律和牛顿定律并不矛盾的原因。但我还要补充一句：用“无序”这种含糊的词语来讨论像熵这样微妙的概念，很可能会令人困惑。

# 第 10 章 无法预知

我们要求严格定义那些吃不准和不确定的领域!

——道格拉斯 · 亚当斯,
《银河系搭车客指南》

在16世纪和17世纪，有两位伟大的科学家发现了自然界的一些数学模式。伽利略·伽利雷（Galileo Galilei）在地面上滚动的球体以及下落物体的运动中，观察到了这些数学模式。约翰内斯·开普勒（Johannes Kepler）在研究天上的火星轨道运动时发现了它们。1687年，在这二位的成果的基础之上，牛顿在《自然哲学的数学原理》中揭示了支配大自然不确定性的深层数学定律，从而改变了我们对大自然的看法。几乎在一夜之间，从潮汐到行星和彗星，许多现象变得可以预测。欧洲的数学家们很快利用微积分语言改写了牛顿的发现，并将类似的方法应用到对热、光、声、波、流体、电和磁的研究中。数学物理学就此诞生。

《自然哲学的数学原理》传达的最重要信息是，我们不应专注于大自然的状况，而应寻求支配这些现象的更深层的规律。了解了这些规律，我们就能推断出它们的状况，从而获得控制环境的能力，减少不确定性。其中许多这样的规律具有一种非常特殊的形式，它们都可以表示为微分方程，即用状态变化的速率来表示系统在任何给定时刻的状态。这些方程详细描述了定律，也就是“游戏”的规则。而方程的解则确定了运行状况，也就是“游戏”在所有瞬间（无论是过去、现在，还是将来）的进行情况。借助牛顿的方程组，天文学家可以非常准确地预测月球和行星的运动、日食发生的时间和小行星的轨道。

由心血来潮的神灵们操纵的古怪且不确定的天体运动，被一台巨大的上了发条的宇宙机器所取代，它的活动完全由其结构和运行方式决定。

人类已经学会了预测不可预测的事情。

1812年，拉普拉斯在他的《关于概率的哲学随笔》中断言，原则上宇宙是完全确定的。如果一个足够聪明的人知道宇宙中每一个粒子的当前状态，他就能根据精妙的细节推断出过去和未来的整个过程。“对于这样一位智者，”他写道，“没有什么是不确定的，未来就像过去一样呈现在他面前。”道格拉斯·亚当斯（Douglas Adams）在《银河系搭车客指南》中模仿了这个观点。该书中的超级计算机“深思”在陷入思考“关于生命、宇宙以及一切之终极问题的答案”这一问题 750 万年后，给出了答案“42”。

对拉普拉斯那个时代的天文学家们而言，他大体是正确的。“深思”本可以算出完美的答案，就像如今的超级计算机一样。但当天文学家们开始提出更难的问题时，显然，尽管拉普拉斯在理论上可能是对的，但他有一个漏洞。有时候，预测某个系统的未来，即便只是提前几天，也需要关于这个系统的极其精确的**当前**状态数据。这种效应被称为混沌，它彻底改变了我们对决定论和可预测性之间关系的看法。我们可以很好地了解确定性系统的规律，但仍旧无法预测。矛盾的是，这个问题并非由未来产生，而只是因为我们不能足够准确地知道当前。

有些微分方程很容易求解，答案是良态的。这些方程是线性的，其大致含义是结果与原因成正比。当变化很小时，这样的方程通常是适用于大自然的，早期的数学物理学家们为了发展接受了这个限制。解非线性方程很难——在快速的计算机出现之前，它们通常是无法求解的——但对大自然而言，它们通常是更好的模型。19 世纪末，法国数学家亨利·庞加莱（Henri Poincaré）提出了一种新方法来考虑非线性微分方程组，这种方法基于几何而不是数值。“微分方程定性理论”是其主要思想，它在我们处理非线性的能力方面引发了一场缓慢的变革。

为了理解庞加莱，我们来看一个简单的物理系统：单摆（图 10-1）。最简单的单摆模型是一根一端固定在中心点的杆子，其末端有一颗很重的摆头，它在垂直平面上摆动。我们假设一开始没有其他作用力，甚至连摩擦力也没有，重力把摆头向下拉。在一个摆钟里，比如一个古老的落地钟，我们都知道会发生什么：钟摆会有规律地来回摆动（滑轮上的弹簧或重物可以补偿因摩擦而损失的能量）。据传说，伽利略有一次在教堂看到一盏灯来回摆动着，他发现无论摆动的角度多大，其摆动的时长都相同，由此产生了制作摆钟的思路。只要摆幅很小，线性模型就可以证实这一点，但更精确的非线性模型表明，对大一些的摆幅而言，情况并非如此。

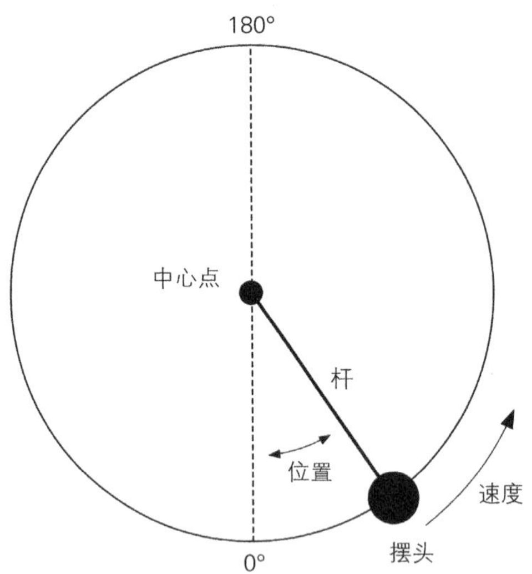


**图 10-1 一个单摆，以及确定其状态的两个变量：（按逆时针方向测量的）位置和（角）速度**

建立运动模型的传统方法是根据牛顿定律写出一个微分方程。摆头的加速度取决于重力在摆头运动方向上的作用，该方向与摆头位置所在的圆的切向是相同的。任何时刻的速度都可以通过加速度求得，并且还能计算出相应的位置。单摆的动力学状态由位置和速度这两个变量决定。例如，如果单摆以零速度垂直向下挂着，那么它就会保持不动；但是如果初速度不是零，它就会开始摆动。

求解由此产生的非线性模型很困难，要想精确地算结果，你必须得用上一种名叫“椭圆函数”的数学小工具。庞加莱的创新在于几何思维。位置和速度这两个变量是所谓的“状态空间”上的坐标，它表示这两个变量的所有可能组合，即所有可能的动力学状态。位置是一个角度，通常采用从底部按逆时针方向测量得到的角度。如图 10-1 所示，由于 360° 和 0° 相同，因此坐标将围成一个圆。速度实际上是角速度，它可以是任意实数，其中正数表示逆时针方向，负数表示顺时针方向。因此，状态空间（也被称为相空间，但我不明白为什么这么称呼）是一个长度无限、截面为圆形的圆柱体。沿着圆柱体的位置代表单摆的速度，而围成的角度代表单摆的位置。

如果我们让单摆以某个位置和速度的初始组合（也就是圆柱体上的某个点）开始摆动，在符合微分方程的情况下，这两个数随着时间的推移而变化。点在圆柱体的表面上移动，画出一条曲线（有时它不动，成为一个单一的点）。这条曲线是关于上述初始状态的轨迹，它告诉我们单摆是如何运动的。不同的初始状态会画出不同的曲线。如果我们从中选择，绘制一条具有代表性的曲线，就会得到一幅优雅的图形，它被称为相位图。在这个图里，为了使几何图形更清晰，我们在 270° 的地方将圆柱体垂直切开并展平。

大多数轨迹是光滑曲线。所有从右侧边界离开的曲线都会回到左侧边界，因为它们在圆柱体上是相连的，所以大部分曲线闭合成回路。这些光滑的轨迹都具有周期性，单摆周而复始地重复着相同的运动，直到永远。点 $A$ 周围的轨迹像老式的落地大摆钟，钟摆来回摆动，但从不会经过 180° 的垂直位置（图 10-2）。在粗线上下的其他轨迹则表示单摆像螺旋桨一样一圈圈地摆动，它们或呈逆时针（在黑线上面）或呈顺时针（在黑线下面）。

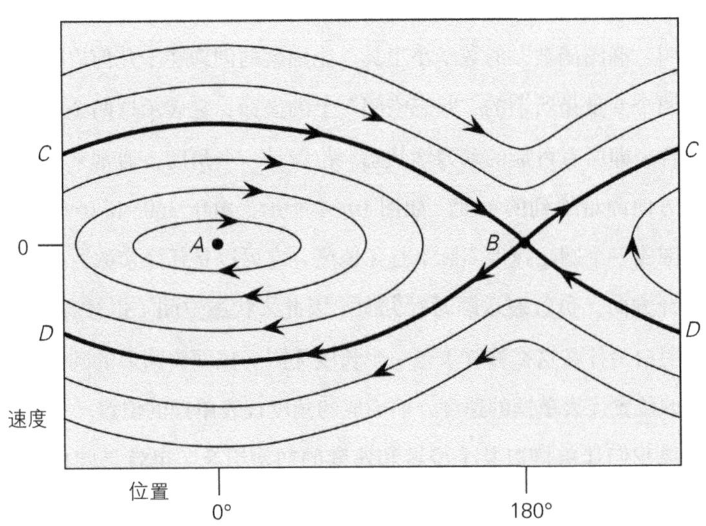


**图 10-2　单摆的相位图。矩形的左右两边是一致的，因为其位置是角度。*A*：中心点。*B*：鞍点。*C*：同宿轨迹。*D*：另一条同宿轨迹**

点 $A$ 是单摆静止的状态，它垂直向下。点 $B$ 则更有趣（它不会在落地钟上出现），摆是垂直向上静止的。理论上，它可以永远保持平衡，但在实际情况中，向上的状态是不稳定的。稍有扰动，单摆就会头朝下地往下掉。

点 $A$ 是稳定的，轻微的扰动只会把单摆推到附近一个很小的闭合曲线上，所以它只是微微摆动。

粗曲线 $C$ 和 $D$ 特别有趣。为了得到曲线 $C$，我们让单摆非常接近于垂直，然后给它一个很小的推力，让它逆时针旋转。然后，它又向上摆动，直到几乎垂直。如果我们给它适当的推力，它就会上升得越来越慢，随着时间趋向于无穷，它会趋于垂直位置。将时间倒转，它也会从另一边趋近于垂直。这条轨迹被称为同宿的，无论正向还是反向的无限时间，它都被限制在一样（**相同**）的均衡状态上。第二条同宿轨迹 $D$ 是顺时针旋转的。

我们已经描述了所有可能的轨迹。有两种轨迹属于均衡状态，其中点 $A$ 是稳定的，点 $B$ 不稳定。有两种轨迹属于周期状态，它们分别是落地钟式和螺旋桨式。还有两条同宿轨迹，它们分别是逆时针方向 $C$ 和顺时针方向 $D$。此外，$A$、$B$、$C$、$D$ 将所有这些轨迹组织到一个一致的包里。然而，其中很多信息是缺失的，尤其是没有时间信息。例如，图 10–2 中并没有告诉我们周期轨迹的周期有多长（箭头显示了一些关于时间的信息，即随着时间的推移，轨迹所经过的方向）。然而，它需要无限的时间来走完整个同宿轨迹，因为单摆在它越来越接近垂直位置的时候，运动得也越来越慢。所以任何一条在那条闭合轨迹附近的轨迹，周期都非常长，它越接近 $C$ 和 $D$，周期就越长。这就是为什么就较小摆幅而言，伽利略是正确的，而对稍大摆幅则不然。

像点 $A$ 这样的驻点（或平衡点）称为中心点，而点 $B$ 则称为鞍点，在它附近的粗曲线形成一个十字形。其中两条方向相反，都指向点 $B$，而另两条则由点 $B$ 指向外。我把这些称为点 $B$ 的内集和外集（它们在技术文献中被称为稳定流形和不稳定流形，我认为这种叫法会令人困惑。它的意思是，内集的点向点 $B$ 移动，因此是“稳定”的方向。外集的点往外移动，因此是“不稳定”的方向）。

点 $A$ 被闭合曲线包围，这是因为我们忽略了摩擦力，所以能量没有损失。每条曲线都对应一个特定的能量值，它是动能（与速度有关）和势能（源于引力，并由所处位置决定）之和。如果有少量摩擦力，那么它就是“阻尼”摆（图 10-3），图形也会随之改变。闭合轨迹会变成螺旋形，中心点 $A$ 成为一个汇点，这意味着所有附近的状态都向它运动。鞍点 $B$ 仍然是一个鞍点，但外集 $C$ 会分裂成两个螺旋形，并且都往点 $A$ 运动。它成了异宿轨迹，将点 $B$ 与另一个不同的均衡状态点 $A$ 相连。内集 $D$ 也分裂成两半，这两部分都缠绕着圆柱体，并且永远不会靠近点 $A$。

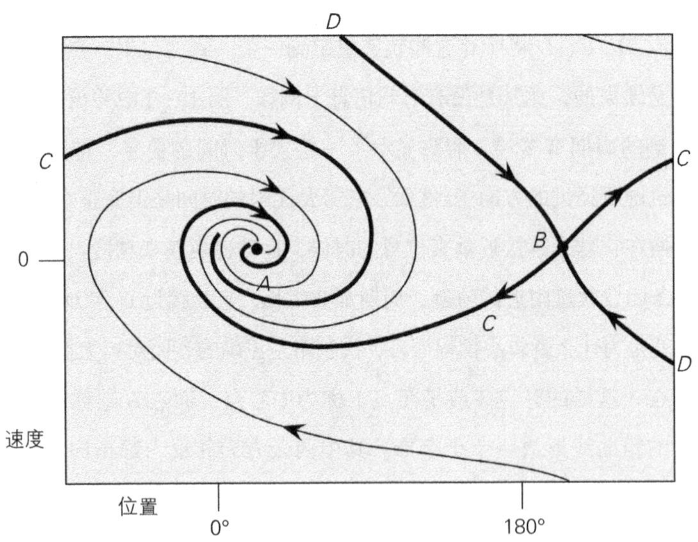


**图 10-3　阻尼摆的相位图。*A*：汇点。*B*：鞍点。*C*：鞍点外集的两个分支，与汇点形成异宿连接。*D*：鞍点内集的两个分支**

无摩擦摆和阻尼摆的这两个例子，说明了二维状态空间相位图的所有主要特征，即状态由两个变量决定。需要注意的是，汇点也可以是源点，从这个静止的点生成向外的轨迹。如果你把所有箭头倒过来，点 $A$ 就是源点。另一种观点认为，当能量不守恒时，闭合轨迹仍会存在，尽管在一个由摩擦力支配的力学模型中不会如此。当发生这种情况时，它们通常是孤立的，其附近没有其他闭合轨迹。例如，在一个标准的心跳模型中就会出现这种闭合轨迹，它代表正常跳动的心脏。螺旋形附近的所有初始点都在不断靠近闭合轨迹，所以心跳是稳定的。

庞加莱和伊瓦尔·本迪克森（Ivar Bendixson）证明了一个著名的定理，其大致意思是，任意典型的二维微分方程可以有不同数量的汇点、源点、鞍点和闭合环，它们可以被同宿轨迹或异宿轨迹分开，但除此之外，不存在其他情况。一切都相当简单，我们知道所有要素。当有三个及以上状态变量时，情况会发生很大变化，让我们接着往下看。

1961 年，气象学家爱德华·洛伦茨（Edward Lorenz）正在研究大气对流的简化模型。在用计算机求方程组的数值解的过程中，他不得不中止运算。因此，他只能再次手工输入那些数，重新开始运算，并重复计算部分内容以检验一切是否正常。在计算了一会儿后，他得到的结果和之前的结果并不一致，他想知道自己是不是重新输入时输错了数字。但经过检查，他确认数字是正确的。最后，他发现计算机内部保存的数位比打印出来的多。这个微小的差异不知为何“爆雷”了，并影响了打印出来的数字。洛伦茨写道：“一位气象学家评论道，如果这个理论是正确的，海鸥扇动一下翅膀就能永远地改变天气变化的过程。”①

这句话原本略带奚落之意，但洛伦茨说得没错。海鸥很快变成了更具诗意的蝴蝶，他的发现也被改称“蝴蝶效应”。为了研究这个问题，洛伦茨采用了庞加莱的几何方法。他的方程组里有三个变量，所以状态空间是三维的。图 10-4 展示了一条从右下角开始的典型轨迹。它很快就呈现出一个酷似面具的形状，它的左半部分朝书页外时向着我们，右半部分背离我们。轨迹在其中一半的内部盘旋一阵之后切换到另一半，如此往复。但在两半之间切换的时机是不规则的——它显然是随机的——而且轨迹也没有周期性。

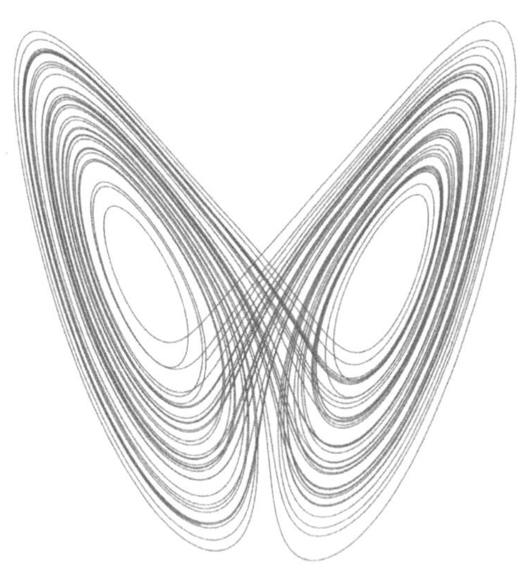

**图 10-4 洛伦茨方程组在三维空间里的典型轨迹，它收敛于混沌吸引子**

① 关于混沌系统的更多内容，参见《混沌：开创一门新科学》（人民邮电出版社，2021 年）。——编者注

如果从别的位置开始，你会得到一条不同的轨迹，但它最终会沿着相同的面具形状旋转。因此，这种形状被称为吸引子。它看起来每半边都像是一个平坦的表面，在顶部的中心处相交并合并。然而，微分方程的一个基本定理指出，轨迹是永远不会合并的。因此，这两个分离的表面必须有一个在另一个之上，并且非常接近。然而，这意味着底部合起来的表面实际上有两层。于是，合并的曲面也有两层，所以底部的单一表面实际上有四层，并且……

唯一的解释就是所有表面都有无限多层，它们以一种复杂的方式紧密地夹在一起。它也是一个分形的例子，分形这个名字是由伯努瓦·曼德尔布罗（Benoit Mandelbrot）创造的，它用来描述这样一类形状，即无论你把它放大多少倍，它都具有精细结构。

洛伦茨意识到，这个奇怪的形状解释了为什么他在计算机上的第二次计算会与第一次计算不同。想象两条轨迹，它们开始非常接近，都朝向吸引子的一半，比如左半部分，它们都在里面盘旋。但随着不断运动，它们开始分离——螺旋形路径仍然在吸引子上，但分叉了。当它们靠近中心处，也就是表面融合的地方时，其中一条轨迹可能会转向右半部分，而另一条轨迹可能还会绕着左半部分做更多的螺旋运动。当其中一条轨迹进入右半部分时，另一条轨迹已经运动了很久，以至于它几乎就是独立运动的。

这种分叉正是蝴蝶效应驱动的。在这类吸引子上，开始很接近的轨迹会分离，成为实质上独立的——即使它们都遵循相同的微分方程。这意味着你无法准确地预测未来的状态，因为任何微小的初始误差都会增长得越来越快，直至其大小可以和整个吸引子相媲美。这种类型的动力学称为混沌，它解释了为什么动力学的某些特征看起来是完全随机的。然而，这种系统又是完全确定的，在方程组里没有显式的随机特征[36]。

洛伦茨称这种状况是“不稳定的”，不过我们如今把它当作一种新的稳定类型，它与吸引子有关。非正式的说法是，吸引子是状态空间的某个区域，它使得从该区域附近开始的任意初始条件都收敛于位于该区域内的轨迹。与传统的经典数学吸引子（点吸引子和闭环吸引子）不同，混沌吸引子具有更复杂的拓扑结构——它们是分形的。

吸引子可以是一个点或一个闭环，它对应于一个稳态或一个周期态。但在三维或更高维度中，情况可能要复杂得多。吸引子本身是一个稳定的对象，其动力学属性是稳健的：当系统受到较小的扰动时，轨迹可能会发生巨大变化，然而，**它仍然位于相同的吸引子上**。事实上，几乎所有吸引子上的轨迹都会遍历整个吸引子，从某种意义上说，它最终无限接近于吸引子上的任意一点。在无限长的时间内，所有的轨迹几乎都会密集地填满吸引子。

这种稳定性意味着混沌行为在物理上是可行的，它不像常规意义的不稳定性，不稳定状态在现实中通常是找不到的——例如，让铅笔在它的笔尖上保持平衡。但在这个更普遍的稳定性概念中，细节是不可重复的，它只有整体的“纹理”。洛伦茨研究的技术名称反映了这种情况，这个名称不是“蝴蝶效应”，而是“对初始条件的敏感性”。

洛伦茨的论文让大多数气象学家感到困惑，他们担心这种奇怪的状况是他的模型过于简化造成的。

他们没有想到，如果一个简单的模型会导致这种奇怪的状况，那么复杂的模型可能会让状况变得更奇怪。“物理直觉”告诉他们，一个更真实的模型会有更好的表现。我们将在第 11 章看到这些人错了。数学家们在很长一段时间都没有注意到洛伦茨的论文，因为他们没人阅读气象学杂志。最终他们发现了这篇文章，但这只是因为美国人斯蒂芬·斯梅尔（Stephen Smale）一直在数学文献里追寻一个更古老的线索，它是庞加莱在 1887 年到 1890 年发现的。

庞加莱把他的几何方法应用到了棘手的三体问题上：一个由三个物体组成的系统——比如地球、月球和太阳——在牛顿引力的作用下是如何运行的？当他纠正了其中的重大错误后，最终的结论是：这种状况可能异常复杂。庞加莱写道："这个图形的复杂程度令人震惊，我甚至都不想把它画出来。"在 20 世纪 60 年代，斯梅尔、俄罗斯的弗拉基米尔·阿诺德（Vladimir Arnold），以及他们的同事们扩展了庞加莱的方法，发展出了一种强大的系统化非线性动力系统理论，这种理论基于拓扑学，庞加莱是开创这种灵活的几何类型的先驱者。拓扑学研究的是经过任意连续变形仍保持不变的几何性质，例如闭合曲线是如何形成结，又或者是某些形状是否可以分裂成不相连的各个部分。斯梅尔希望对定性动力学中所有可能的状况进行分类。最终，人们发现这个想法的野心太大，但在此过程中，斯梅尔在一些简单模型里也发现了混沌，并意识到它应该是非常普遍的。然后数学家们找到洛伦茨的论文，并发现他的吸引子是另一个关于混沌的例子，它相当迷人。

我们在单摆中遇到的一些基本几何知识可以应用于更一般的系统。在这种情况下，状态空间必须是多维的，每个动态变量都是一个维度（"多维"并不神秘，它只是意味着在代数上的一长串变量。你可以通过类比二维和三维来实现几何思维）。轨迹仍然是曲线，相位图则是高维空间里的曲线系统。它们有稳态，有代表周期状态的闭合轨迹，也有同宿连接和异宿连接。它们有一般的内集和外集，就像单摆模型里的那些鞍点。最大的不同在于，在三维或更高维中可能存在混沌吸引子。

快速且强大的计算机的出现推动了整个学科的发展，使通过数值模拟系统研究非线性动力学变得更加容易。这种方法在理论上一直是可行的，但手动执行数十亿或数万亿次计算却不具有操作性。现在，机器可以完成这项任务，不像人类计算员，它是不会犯算术错误的。

在拓扑学洞察、实际应用需求和纯计算能力这三种驱动力的协同作用下，在理解非线性系统、大自然，以及人类关注的领域方面，爆发了一场革命。特别是蝴蝶效应，它意味着混沌系统只能在某个“预测视界[①]”内的一段时间里被预测。在那之后，预测**不可避免**地会变得太不准确，以至于毫无用处。对天气而言，视界只有几天；对潮汐而言，视界有好几个月；而对于太阳系的行星来说，视界则是数千万年。不过，如果我们试图预测地球在 2 亿年后的位置，我们可以相当自信地认为它的轨道不会发生太大的变化，但是我们不知道它在轨道上的位置。

然而，从统计学的意义上讲，我们仍然可以对长期的状况做出很多说明。例如，对吸引子上的所有轨迹而言，沿着轨迹的变量的平均值都是相同的，这里不考虑一些罕见的情况，如可以在吸引子内共存的那些不稳定周期轨迹。这是因为几乎每条轨迹都遍历吸引子的所有区域，所以变量的平均值只依赖于吸引子。这种最重要的特征被称为不变测度，在第 11 章讨论天气和气候之间的关系时，我们需要了解它，我们还将在第 16 章用它推测量子不确定性。

我们已经知道什么是测度。和“面积”一样，它是一个一般化的概念，

① 一个事件刚好能被观察到的那个时空界面称为视界。——译者注

它赋予某个空间里合适的子集一个数值，就像概率分布那样。在这里，对应的空间是吸引子。描述相关测度的最简单的方法，是取吸引子上任意密集的轨迹——只要我们等的时间足够长，它就会像我们希望的那样接近任意点。给定吸引子的任意区域，我们长时间跟踪这条轨迹并计算它在该区域内消耗的时间比例，从而给它分配一个测度。当时间变得很长时，你就得到了那个区域的测度。因为轨迹是密集的，所以这实际上定义了吸引子上随机选择的点位于该区域的概率[37]。

有许多方法可以定义吸引子上的测度。我们希望得到的定义具有一个特性：它是动态不变的。如果我们取一个区域，其中所有的点沿着其自身轨迹在一段特定时间内运动，那么实际上整个区域都在运动。不变性意味着当区域在运动时，它的测度保持不变。一个吸引子的所有重要统计特征都可以从不变测度中推导出来。因此，尽管是混沌的，我们仍可以做出统计预测，给出我们对未来的最佳猜测，并估计其可靠性。

从现在起，动力系统、动力系统的拓扑特征，以及不变测度将被反复提及。所以，在讨论这个话题的时候，我们不妨再澄清一些观点。

微分方程有两种不同的类型。常微分方程规定了有限个变量如何随着时间的推移而变化。比方说，变量可能是太阳系行星的位置。偏微分方程适用于同时依赖于空间和时间的量。它把时间变化率和空间变化率联系在了一起。例如，海洋中的波浪具有时空结构，它们形成形状，以及形状的运动。偏微分方程将水在给定位置的移动速度与整体形状的变化相联系。数学物理学中的大多数方程是偏微分方程。

如今，所有常微分方程系统都被称为“动力系统”，而把这个术语拓展比喻成偏微分方程也很方便，偏微分方程可以被看作有无穷多个变量的微分方程。所以，从广义上讲，我将用术语“动力系统”来表示所有数学规则集合，这些规则根据系统的状态——即变量的值——决定其未来任何时刻的状况。

数学家将动力系统分为两种基本类型：离散型和连续型。在离散系统中，时间以整数计，就像时钟的秒针一样。这些规则告诉我们当前的状态在“嘀嗒”一下后，将会变成什么样子。再次应用这些规则，我们可以依样画葫芦地推断出“嘀嗒”两次后的状态。要想知道在一百万次“嘀嗒”后发生了什么，就应用这些规则一百万次。显然，这样的系统是确定的：给定初始状态，所有后续状态都由数学规则唯一确定。如果规则是可逆的，那么所有过去的状态也是确定的。

在连续系统中，时间是一个连续变量。这个规则成了微分方程，指定了变量在任意时刻的变化速度。根据在技术上几乎总是有效的条件，给定任意初始状态，原则上都可以推断出过去或未来任意其他时刻的系统状态。

蝴蝶效应非常有名，特里·普拉切特（Terry Pratchett）在他的《碟形世界》之《有趣的时代》和《黏土之脚》中都以量子天气蝴蝶的形象来讽刺它。在确定性动力学中还有许多其他不确定性来源，人们都不太知道这一点。假设有几个吸引子，那么有一个基本的问题：对于给定的初始条件，系统收敛于哪个吸引子？答案取决于“吸引域”的几何形状。吸引子的域是状态空间中轨迹收敛于吸引子的初始条件集。这只是重新描述了一下问题，但是域将状态空间划分为多个区域，每个吸引子有一个区域，并且我们可以算出这些区域的位置。这些区域通常有简单的边界，就像地图上国家 / 地区之间的边界一样。关于最终情况的主要不确定性，只会在初始状态非常接近这些边界时发生。然而，域的拓扑结构可能会非常复杂，它为各种初始条件带来了不确定性。

如果状态空间是一个平面，并且各区域的形状相当简单，那么其中两个区域可以共享一条公共边界线，但是三个或更多的区域则不行。这些区域最多只能共享一个公共边界点。然而，米山国藏（Kunizo Yoneyama）在 1917 年证明了三个足够复杂的区域可以共享一条公共边界线，并且这条边界线不是由孤立的点组成的。米山把这个想法归功于他的老师和田健雄（Takeo Wada），并将其构造的图形称为和田湖[①]（图 10-5）。

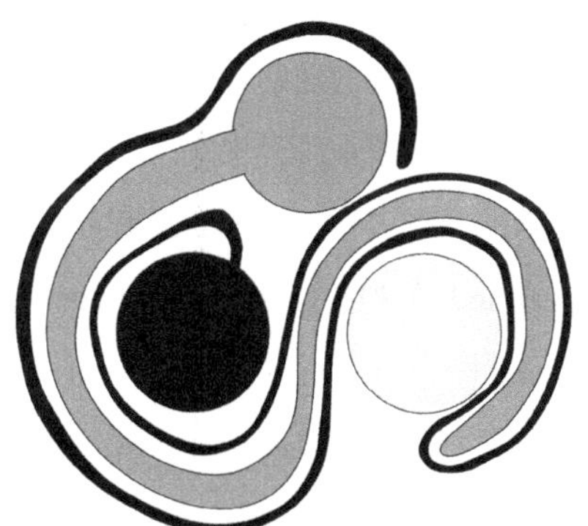

**图 10-5　构造和田湖的最初几步。每个圆盘都伸展出越来越细的凸起，并向其他圆盘间蜿蜒。这一过程将永远继续下去，以填补各区域之间的空隙**

① 见《数学万花筒 3：夏尔摩斯探案集》第 179 页，《和田湖》。——译者注

一个动力系统可以有像和田湖一样的吸引域。在数值分析中，牛顿-拉弗森法就可以作为一个很重要的例子。这是一种历史悠久的数值方法，它通过一系列连续逼近来求代数方程的解，这样的过程使之成为一个离散的动力系统，每次迭代就会让时间向前走一“嘀嗒”。和田吸引域也会在物理系统中出现，比如当光线在四个相同的两两相接的球体内反射时，这些域就对应于球体之间的四个缺口，光线最终会通过这些缺口射出。

筛形吸引域是和田吸引域的一个更为极端的例子，所谓筛形吸引域就像漏勺一样，充满了洞。我们如今很明确地知道，会出现哪些吸引子，但是它们的域是如此错综复杂地交织在一起，以至于我们不知道哪个吸引子会成为系统的归宿。在状态空间的任意区域，无论它多么小，都存在最终会出现在不同吸引子上的初始点。如果**无限精确地**知道初始条件，我们就可以预测最终的吸引子，但是，哪怕最小的误差也会使最终目标不可预测。我们最多也就是估计收敛到一个给定吸引子的**概率**。

筛形吸引域并不只是数学上的怪物，它还出现在许多常规且重要的物理系统中。例如，如果一个单摆被位于中心点的某一随着周期变化的力驱动，并且受少量摩擦力的影响，那么它就会具有各种周期态的吸引子。朱迪·肯尼迪（Judy Kennedy）和詹姆斯·约克（James Yorke）已经证明，它们的吸引域是筛形的[38]。

# 第 11 章 气象工厂

冬日里的晴天是风暴之母。

——乔治·赫伯特，《古怪的谚语》

没有什么东西比天气还要不确定。然而，我们已经能很好地理解基础物理学，同时也知道那些方程组。那么，为什么天气还是如此不可预测呢?

早期数值化的天气预报先驱们都很乐观，希望通过求解方程组来预测天气。潮汐通常能提前几个月预测。为什么天气不行呢？当人们清晰地了解到天气不一样的时候，希望破灭了。无论计算机多强大，物理特性使得长时期的天气无法预测。所有计算机模型都是近似的，除非很小心地处理，否则更真实化的方程组可能会得到更糟糕的预测结果。

改进观测可能也没有多大帮助。预测是一个关于初值的问题：给定当前的大气状态，通过解方程组来预测未来大气的状况。但是，如果相关的动力学是混沌的，即使在测量大气当前状态时只有最小的误差，这些误差也会呈指数级增长，最终使得预测变得毫无价值。洛伦茨在对一小段时间的天气建模时发现，混沌阻碍了对超出特定预测范围的天气做准确预测。即使气象学家们使用了最真实的模型，对于真正的天气而言，这个范围也只有若干天。

1922 年，刘易斯 · 弗莱 · 理查森对未来报以一个设想，并在《用数值方法进行天气预报》一书中公开了这个设想。他根据基本的物理原理推导出一套大气状态的数学方程，并提议用它们实现天气预报。你只需要输入今天的数据并解出方程，就能预测明天的天气。他设想了一个所谓的“气象工厂”：一座满是计算员（computer，当时这个词的意思是“从事计算工作的人”）的巨大建筑，人们在老板的指导下进行大量计算。这位令人敬畏的人物“就像管弦乐队的指挥，而这个乐队使用的乐器是计算尺和计算机器。但是，他没有挥舞指挥棒，而是把玫瑰色的光照到那些领先的区域，把蓝色的光照到落后的区域”。

时至今日，许多变种的理查森气象工厂依然存在，但它们的形式各有不同：这些工厂是配备了超级电子计算机的气象预报中心，而不是几百个使用机械计算器的人。当时最高的计算水平就是用计算器，通过人工慢慢费力地完成计算。1910 年 5 月 20 日，他利用当天早上 7 点的气象观测结果，尝试手工计算 6 小时后的天气，以实现数值“预测”。经过几天的计算，结果显示气压会大幅上升。然而实际上，它几乎没有变化。

开创性的工作总有些笨拙，后来人们发现理查森的策略比实际结果好得多。他的方程组和计算结果都是正确的，但他在策略上犯了致命错误，因为真实的大气方程在数值上是不稳定的。当把方程转换成数值形式时，并没有算出每一处的气压值，它只包含网格的格点的值。数值计算采用这些网格格点的值，并在非常短的时间内用接近于真实物理规则的办法来更新这些数据。像气压这种决定天气情况的变量的变化是缓慢而广泛的。但是大气也可以有纵波，这种情况下的气压变化虽小但速度很快，模型的方程也是如此。计算机模型中的纵波解会与网格发生共振，并将影响放大，最终把预测结果毁了。

气象学家彼得·林奇（Peter Lynch）发现，如果用现代的平滑法来降低纵波，那么理查森的预测将是正确的[39]。有时，我们可以通过让模型方程不那么真实来改进天气预报。

蝴蝶效应存在于数学模型中，但在现实世界中它是否也会发生呢？一

只蝴蝶当然不可能引起飓风。蝴蝶翅膀向大气输入的能量很少，而飓风的能量是巨大的。能量不应该是守恒的吗？能量当然应该守恒。从数学上讲，翅膀不会凭空产生飓风。影响是一连串的，它触发了气候模式重排，开始是小规模和定域性的，然而其传播速度很快，直至整个地球的气候被彻底改变。飓风的能量一直存在，但它被扇动的翅膀重新调配了。所以能量守恒并不是问题。

从历史上看，混沌是一个意外，因为它并没有在那些简单到可以用公式求解的方程里显露出来。然而，根据庞加莱的几何观点，混沌与稳态和周期循环等形式一样合理、普遍、常规。如果状态空间的某个区域被局部拉伸，但同时它又被限定在有限区域内的话，那么蝴蝶效应是不可避免的。混沌在二维情况下不可能出现，但在三维或更高维时很容易发生。混沌的运动表现看起来可能有些奇怪，但实际上在物理系统中很常见；尤其是，它是许多混合过程能够工作的原因。然而，要确定真实天气中是否会发生这种情况，就会显得较棘手。我们不能让整个地球在排除一次蝴蝶振翅，而其他保持不变的情况下让天气变化重演一遍，但在对稍微简单一些的流体系统的测试后，其结果显示，从原则上讲，真实天气对初始条件很敏感。洛伦茨的批评者错了：蝴蝶效应不仅仅是过度简化的模型的缺陷。

这一发现改变了天气预报的计算和描述方式。人们最初的想法是，方程组是确定的，因此提高观测精度、改善从当前数据映射到未来数据的数值方法，是得到良好的长期预报的方法。混沌改变了这一切。天气预报界从数值方法转向概率方法，这种方法提供一组预报，并估计其准确性。实际上，只有最有可能的天气预报才会出现在电视和网站上，但它往往伴随着对其可能性的评估，比如“有 25% 的可能会下雨”。

这里用到的基本技术被称为集合预报。物理学家此处所说的“集合”，就是数学家们谈论的那种（它似乎出现在热力学中）。你要做的是一个完整的预报集合，而不只是某个预报。你不可能像 19 世纪的天文学家进行天文观测那样，反复观测大气的当前状态来实现。相反，你只能获得一组观测数据，然后运行预报未来十天天气的软件。接着，对数据进行小小的随机改动，再次运行预报软件。不断重复这样的操作，比方说 50 次。于是，你便得到了 50 个样本，这些样本代表着如果随机改变观测值，会得到怎样的预报结果。实际上，你正在探索的是基于接近观测值的数据而获得的预报范围。然后你可以计算在某地会下雨的预报有多少个，于是就得到了概率。

1987 年 10 月，英国广播公司气象预报员迈克尔·菲什（Michael Fish）告诉观众，有人打电话给他们公司，警告飓风正在逼近英国。“如果你正在收看，”他说，“别担心，因为并不存在这种情况。”[40] 他补充道，可能会出现大风，但最严重的大风只会影响到西班牙和法国。那天晚上，“1987 大风暴”袭击了英格兰东南部，风速高达每小时 220 公里，一些地区的持续风速超过每小时 130 公里。1500 万棵树木被吹倒，道路被封锁，停电影响了数十万人，船只被吹上岸，其中包括一艘海联渡轮，还有一艘散货船倾覆。保险公司为此赔偿了 20 亿英镑的损失。

菲什的评论仅仅基于一个预报，那就是云图（图 11-1）中的第一行。这是他当时所能了解的全部信息。后来，欧洲中期天气预报中心采用相同的数据进行了一次回顾性集合预报，如后面五行云图所示。在集合预报中，有大约四分之一的预报会产生非常低的气压，这正是飓风的特征。

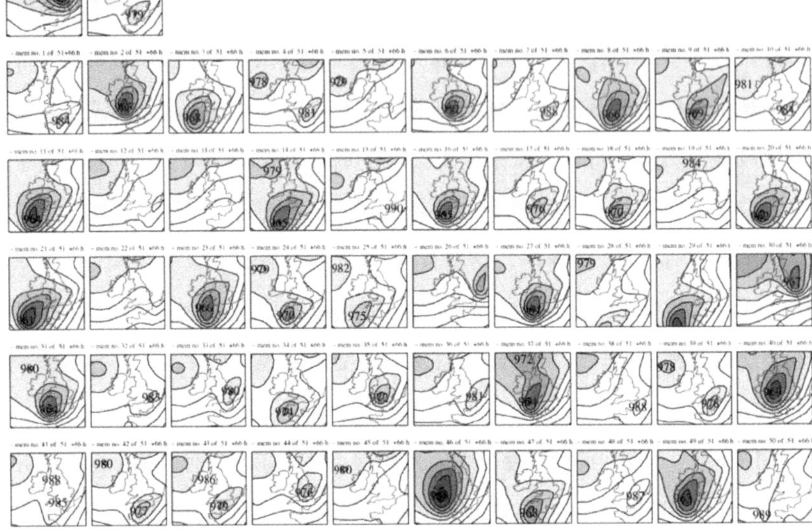


**图 11-1　1987 年 10 月 15 日至 16 日的 66 小时集合预报。第一行第二张云图：采用的预报。第一行第一张云图：另一种预报，在其南部边缘有一个伴随着破坏性大风的极低气压。剩下的 50 个图形显示了基于随机微小地改变初始条件值得到的其他可能结果，其中许多都出现了极低气压（深椭圆形）**

类似的方法还可以用于更具体的问题。其中的一个重要应用便是预测飓风形成后的走向。飓风是一种能量极大的天气系统，一旦登陆，就会造成巨大破坏，而它们的路径又特别不稳定。通过计算一组可能的路径，能大致估计出它会在何时何地登陆，以及其误差的范围可能有多大。因此，城市可以早做计划，至少能对危险做出一些可信的估计。

为了使集合预报更有效，其中会涉及许多数学细节问题。它们的准确性必须在事后被予以评估，从而改进其技术。数值模型需采用一组离散数值去近似连续的大气状态。人们用各种数学技巧尽可能地简化计算，同时还要保留重要效果。其中，有一项重要的进展，便是找到计算海洋情况的简便方法。当可以使用多种不同的模型时，一种名叫多模型预测的最新概率技术应运而生。它不只是采用一个模型去运行多次模拟，而是用多个模型实现多次模拟。这不单体现了对初始条件的敏感性，还包含对模型内置假设的敏感性。

早期的数值天气预报并没有使用电子计算机，提前 12 小时的预报需要人工计算好几天。这对概念验证是有用的，它有助于改进数值方法，但在实践上并没有意义。随着计算机的发展，气象学家得以在天气真正发生之前就把它算出来，但即使是大型的官方机构，也只能用当前最快的计算机每天完成一次天气预报。如今，在一两个小时内计算出 50 个以上的预测并不难。然而，你用的数据越多，预报就会越精确，而计算机的速度也要更快。多模型方法进一步提高了对计算机能力的要求。

真实天气还会受到其他因素影响，对初始条件的敏感并不总是不可预测性的最重要原因，尤其当蝴蝶不止一只的时候。在整个地球上，大气的微小变化每时每刻都在发生。1969 年，爱德华 · 爱泼斯坦（Edward Epstein）提出利用统计模型来预测大气状态的均值和方差是如何随时间变化的。塞西尔 · 利思（Cecil Leith）发现，这种方法只有在预测所使用的概率分布和大气状态分布能很好地匹配时才是有效的。比方说，你不能只用正态分布。然而，基于确定性的混沌模型的集合预报很快就淘汰了这些纯统计方法。

人们或许会想，就像天文观测中的微小误差一样，无数蝴蝶翅膀造成的影响也会基本上互相抵消。但即便如此，洛伦茨也发现这种观点似乎太过乐观。著名的“混沌”蝴蝶于 1972 年首次登场，当时洛伦茨做了一个很受欢迎的演讲，题目是《一只在巴西的蝴蝶扇动翅膀，会在得克萨斯州引发龙卷风吗?》。长期以来，人们一直认为这个标题指的是 1963 年的那篇论文，但蒂姆·帕尔默（Tim Palmer）、A. 德林（A. Döring）和 G. 塞雷金（G. Seregin）[41] 极具说服力地说明，洛伦茨指的是于 1969 年发表的另一篇论文。在那篇论文里，他提到天气系统是不可预测的，这个论断比天气对初始条件依赖的敏感性要强得多。[42]

洛伦茨想知道我们能预测多久以后的飓风。飓风的空间范围大约有 1000 公里。其中有一个中等规模的结构，大小约为 100 公里。在这些结构内部，则是只有一公里宽的云系。云系里的湍流旋涡只有几米宽。洛伦茨的问题是，在这些尺度中，哪个对预测飓风最重要。答案并非显而易见：小规模的湍流是否会“最终达到平衡”，并且几乎不造成什么影响？又或者随着时间的推移，它会被放大，由此带来巨大的影响？

他的回答强调了这个多尺度天气系统的三个特性。首先，大型结构的误差大约每三天翻一倍。如果这是唯一重要的影响，那么将大规模观测的误差减半，就可以让准确的预测多三天，从而为对未来数周做出良好预测提供广阔前景。然而，因为第二个特性，即精细结构中的误差，使得这种想法无法实现：比如单个云团位置的误差会增长得更快，它能在一个小时左右翻一倍。这本身并不是问题，因为没有人会想去预测精细结构，然而，由于第三个特性，它变成了一个问题，因为精细结构中的误差会传播到稍粗的结构里。事实上，将精细结构的观测误差减半，只能把预测范围扩大

1 小时，而不是几天。综上所述，这三个特性意味着要准确预测未来两周的天气是不可能的。

到目前为止，都是关于对初始条件的敏感性的描述。但洛伦茨以直接取自 1969 年的论文内容作为结束："在有限的时间范围内，微小的初始观测误差导致的系统状态差异会演化，它同两个随机选择初始状态的系统形成的差异相仿，这是无法通过减小初始误差的范围来改善的。"换句话说，预测范围是有绝对限制的，无论观测多准确，预测范围都无法扩大。这比蝴蝶效应更强劲。对蝴蝶效应而言，只要观测结果足够精确，你就能算出想要的预测。洛伦茨指出，不管观测多么精确，预测的极限是一周左右。

帕尔默和他的同事们后来证明，情况并不像洛伦茨认为的那么糟。导致有限的极限理论问题并不总是有效的。使用集合预报，有时可以做两周后的预测。但要做到这一点，需要对大气做更多间距更小的观测，同时还要提高超级计算机的能力和速度。

即使不对气象做预测，也可以对天气做出科学的预测。经常发生的阻塞性天气就是很好的例子，在这种天气模式下，大气在一个星期或更长时间内基本保持相同状态，然后又突然似乎随机地切换到另一种长期模式。北大西洋和北极之间的振荡就是一例，这两个地区的东西气流与南北气流会周期交替。关于这些状态，我们知道得很多，但是对于两者之间的转换——这或许是其最重要的特性，却又知之甚少。

1999 年，蒂姆 · 帕尔默提出利用非线性动力学改进对大气长期状况的预测 [43]。达恩 · 克罗姆林（Daan Crommelin）顺着这个思路，给出了令人信服的证据，他证明了阻塞性大气状态可能与包含在大规模大气动力学的非线性模型里的异宿环有关[44]。回顾第 10 章，异宿环是连接鞍点的序列，鞍点在某些方向是稳定的平衡态，但在其他方向则是不稳定的。异宿连接创建的流模式可以持续很长时间，然后被快速地从一种模式切换到另一种模式打断。这种明显违反直觉的状况在异宿环中很常见。

异宿环具有不可预测性，但它们的动力学是相对简单的，而且大部分显然是可预测的。它们的特点是偶尔会突然活跃起来，然后伴随着长时间的沉寂。沉寂的状态是可以预测的：它们发生在系统接近平衡的时候。不确定性的主要特点是，当这种沉寂状态行将结束时，就会转向一种新的天气模式。

为了在数据中检测这种循环，克罗姆林分析了大气中的“经验特征函数”，即常规的气流模式。在这种技术里，一组相互独立的基本模式所构成的最近似的组合来模拟实际的气流。因此，它把气象学里的复杂偏微分方程组变成了有限个变量的常微分方程系统，这些变量代表各分量模式对整个气流的贡献程度。

克罗姆林用 1948 年至 2000 年北半球的数据验证了这个理论。他发现了一个常规动态循环的证据，这个循环连接着大西洋地区的各种阻塞性气流。循环始于太平洋和北大西洋的南北向气流，它们融合后形成一个单一的东西向北极气流。气流进而延伸到欧亚大陆和北美西海岸，形成主导性的南北向气流。在循环的后半部分，气流模式以不同的顺序恢复到原始状态。整个周期持续大约 20 天。这些细节表明，北大西洋和北极的振荡是相互关联的——它们都可能是触发彼此振荡的原因之一。

真正的气象工厂是太阳，它把热能输送到大气、海洋和陆地。当地球自转让太阳朝升暮落时，整个地球每天都会经历一个加热和冷却的循环。它驱动着天气系统，并产生了许多相当有规律的大规模模式，但物理定律的强非线性使得具体效应具有非常大的可变性。如果某种影响——太阳输出量的变化、反射回太空的热量的变化、大气中保留热量的变化——影响了总热能，天气模式就会改变。如果系统性的变化持续时间过长，全球气候就可能发生变化。

至少从 1824 年起，科学家们就一直在研究地球热平衡变化带来的影响，傅里叶在那时指出，地球的大气层使地球保持温暖。1896 年，瑞典科学家斯万特·阿雷纽斯（Svante Arrhenius）分析了大气中二氧化碳对温度的影响。二氧化碳是一种“温室气体”，它有助于吸收太阳的热量。在考虑冰盖变化（它反映了太阳的光和热的情况）等因素后，阿雷纽斯计算出，倘若地球上的二氧化碳含量减半，就可能出现冰河期。

起初，对这个理论感兴趣的主要是古生物学家，他们想知道气候变化能否解释化石记录中的突变。但在 1938 年，英国工程师盖伊·卡伦德（Guy Callendar）收集的证据表明，二氧化碳浓度和气温在过去 50 年里一直都在上升，于是这个问题变得更加紧迫。大多数科学家对这个理论的态度不是无视，就是反对，但到 20 世纪 50 年代末，他们中的一些人开始怀疑二氧化碳浓度的变化正在让地球缓慢地变暖。1960 年，查尔斯·基林（Charles Keeling）证明了二氧化碳浓度确实在上升。一些科学家担心气溶胶可能会导致气候变冷，由此开始一个新的冰河期，但预测气候变暖的论文数量是这类论文的六倍。1972 年，约翰·索耶（John Sawyer）在《人造二氧化碳和“温室效应”》中预测，到 2000 年，预期的二氧化碳增加量（约 25%）将使地球升温 0.6℃。媒体继续强调即将到来的冰河期，但科学家们不再担心全球会变冷，开始更加认真地对待全球变暖问题。

1979 年，美国国家科学研究委员会警告，如果不控制二氧化碳的增加，全球气温可能会上升好几度。1988 年，世界气象组织成立了“政府间气候变化专门委员会”来研究这一问题，全世界终于开始关注这一迫在眉睫的灾难了。越来越精确的观测表明，气温和二氧化碳浓度都在上升。美国国家航空航天局在 2010 年的一项研究中证实了索耶的预测（图 11-2）。对大气中碳同位素（碳的另一种原子形式）比例的测量证实，产生额外的二氧化碳的主要原因就是人类活动，尤其是燃烧煤炭和石油。全球变暖成了一个充满争议的话题。数年前，科学家们在这场讨论中取得了胜利，但反对者们（这些人根据观点的不同，又分为“怀疑论者”和“否认论者”）仍在继续挑战科学。这些人的基本反驳论据有时具有天然的诱惑力，但气候学家们在几十年里已经将它们彻底驳倒了许多次。

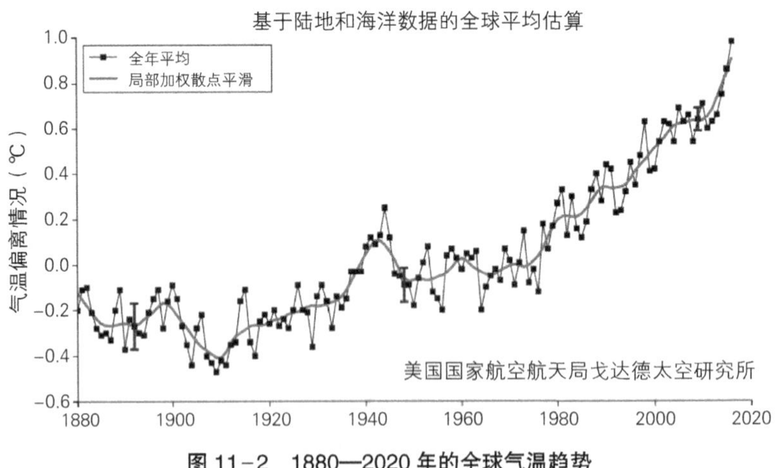


**图 11-2　1880—2020 年的全球气温趋势**

如今，所有国家的政府几乎都承认全球变暖是真实存在的，它很危险，而我们人类正是罪魁祸首。但有一个明显例外，美国政府似乎没有受到科学证据的影响，出于短期政治原因，退出了 2015 年的《巴黎协定》，该协定旨在限制温室气体的产生。50 年来，气候变化否认者们的拖延策略把局面搞得一团糟，世界上的其他国家在犹豫之后终于开始认真行动起来。尽管目前[①]白宫仍在不断聒噪，但美国有几个州已经加入了这一行列。

“来自东方的野兽”很不一样。英国冬季的典型风暴应该源于西部，那是由急流驱动的低压区，其中的气流是环绕北极的巨大冷空气旋涡。与此相反的是，2018 年北极异常温暖的气候将大量冷空气带到南方，接着将更多的冷空气从西伯利亚吹到中欧，再从那里吹向英国。风暴“艾玛”由此产生，造成了深达 57 厘米的降雪量，气温下降到 −11℃，并导致 16 人死亡。异常寒冷的天气持续了一个多星期，并且在一个月后又出现了类似天气。

美国的情况也差不多。2014 年，美国许多地区经历了一个非常寒冷的冬天：苏必利尔湖在 6 月之前一直被冰层覆盖，这在此前从未有过。同年 7 月，美国东部各州（除墨西哥湾沿岸地区）的气温都比平常低，最大温差达到了 15℃。与此同时，西部各州的天气则明显变热。同样的情况在 2017 年 7 月再次发生，印第安纳州和阿肯色州出现了有记录以来气温最低的 7 月，气温比往常的美国东部大部分地区的低。

---

① 2021 年 2 月 19 日，时下的美国政府已经重新加入《巴黎协定》。——译者注

倘若像气候学家自信满满地声称的那样，人类活动正使世界变暖，那么为什么这些前所未有的寒冷天气还在不断发生呢？

答案是：因为人类活动确实正在让世界变暖。

并非所有地方变暖的幅度都一样。在两极附近，气候变暖的情况最严重，在那里造成的危害也是最大的。北极温暖的空气将急流减弱，并推向南方，从而使它的位置改变得更频繁。2014 年，这种效应将冷空气从两极输送到美国东部。与此同时，由于急流形成了一个 S 形弯折，该国其他地区则被来自赤道地区的异常温暖的空气所影响。对西部的六个州（华盛顿州、俄勒冈州、爱达荷州、加利福尼亚州、内华达州和犹他州）而言，形成了有记录以来十个最炎热的 7 月之一。

任何一个真心诚意想了解变暖会带来异常寒潮这一看似矛盾的现象的人，都能在互联网上找到解释，并了解支持它们的证据。你需要的只是了解天气和气候之间的区别。

气候一直在变化。

这种反对气候变化的说法已是老生常谈。美国前总统唐纳德·特朗普（Donald Trump）在推特上讨论全球变暖和气候变化时重申了这个观点。与许多其他反对意见不同，它值得反复澄清。我们要说的是：不，气候并不总在变化。这句话可能会让你觉得有点儿傻，因为有时阳光明媚，有时倾盆大雨，有时厚厚的积雪覆盖万物。它当然是一直在变化的！的确，这里提到的东西一直在变。但变化的是天气，而不是气候。它们不一样。这或许指的不是日常用语，而是科学意义。

我们都知道什么是天气。天气是预报员在电视上告诉我们的那些预报结果：雨、雪、云、风、晴。它指的是明天或是几天后会发生的一些事。这与科学上对天气的定义是一致的：短时间（几个小时或几天）内发生的事。气候则不同。这个术语通常使用得比较宽泛，但它是长时间（几十年）天气的典型规律。气候的官方定义是 30 年的移动平均天气。我稍后会解释这个词，但首先，我们需要知道平均值很微妙。

假设过去 90 天的平均气温是 16℃。然后热浪出现，在接下来的 10 天里，气温飙升到 30℃。平均气温发生了什么变化呢？它看起来应该会大很多，但实际上只提高了 1.4℃ [45]。如果是短期波动，平均值变化并不大。反之，倘若热浪持续了 90 天，那么 180 天内的平均气温将上升到 23℃，这个数值介于 16℃和 30℃之间。长期波动对平均值的影响更大。

任何一天的 30 年移动平均气温都是把过去 30 年里每天的气温加起来，然后除以对应的天数得到的。这个数非常稳定，只有当温度在很长一段时间内与它不同时，才会发生变化——而且只有当数值趋于向相同方向移动时（一般而言更热或更冷）。冷热交替的时期在一定程度上会相互抵消，夏天通常比冬天热，而全年的平均气温介于两者之间。30 年的平均气温决定了一个具有代表性的温度，其他气温都围绕它上下波动。

这就是为什么气候不可能“一直”在变化。无论今天的天气变化有多剧烈，即使这种变化是永久性的，也需要数年才能对 30 年平均气温产生显著影响。

此外，我们一直在考虑的只是当地气候——比如你家乡的气候。“气候变化”并不是指你家乡的情况。气候学家告诉我们，全球气候正在变暖，它不仅需要很长的时间，还需要整个地球——包括撒哈拉沙漠、喜马拉雅山脉、冰雪覆盖的极地地区、西伯利亚冻原以及海洋——的平均气温。如果印第安纳州的气温比平时低，而乌兹别克斯坦的气温比平时高，这两种效应会相互抵消，全球平均气温也会保持基本不变。

关于这个术语还要说明一点。有一些中期的气候影响是“自然的”（不是由人类引起的）。最常见的是厄尔尼诺现象，即每隔若干年在东太平洋地区的自然变暖。在当前的许多文献中，“气候变化”是“人为气候变化”的简称，它是指人类活动引起的气候变化。像厄尔尼诺现象这样的影响是可以解释的。我们正在讨论的不是那种变化，因为这些变化只有在某些新的因素影响到气候时才会发生。

很多证据都证实这类因素确实存在，而且是我们造成的。人类活动使大气中的二氧化碳含量超过了400ppm①。在过去80万年的大部分时间里，它的浓度一直介于170ppm和290ppm之间（图11-3为最近40万年的情况）[46]。自工业革命以来，已经出现了一直超过300ppm的情况。根据基础物理学，增加的二氧化碳会收集更多热量。（通过对冰芯和海洋沉积物非常仔细的测量，人们推断出）全球气温在过去的150年里上升了近1℃，它正是根据物理学原理得到的二氧化碳增加后应该产生的后果。

**如果不能预测一周后的天气，你又怎么可能预测20年后的气候呢？**

如果天气和气候是一回事，这就会是一个无可争辩的论据，但事实并非如此。即使系统的某些特性无法预测，它还是存在可以预测的特性的。还记得第1章中提到的小行星阿波菲斯吗？万有引力定律告诉我们，它确实有可能在2029年或2036年撞上地球，但我们并不知道它是否真的会在那两个年份里发生。然而，我们可以绝对确定的是，倘若它会在这两个年

① ppm是重量的百分率（parts per million），意为“百万分之一”。——译者注

份里发生，那么碰撞的日期将是 4 月 13 日。我们预测事物的能力取决于事物本身，以及事先对它的了解程度。我们或许可以很有信心地对系统的某些特性做出预测，尽管它的其他方面是完全不可预测的。凯特勒发现个体的属性是不可预测的，但是当对总体取平均值时，通常可以预测得相当准确。

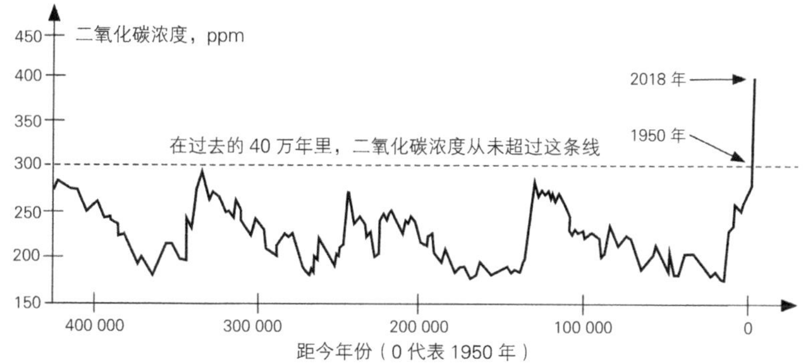


**图 11-3　二氧化碳的浓度在过去的 40 万年里的变化情况。直到 1950 年，二氧化碳浓度都未曾超过 300ppm。2018 年，它达到了 407ppm**

对气候而言，我们所要做的只是对缓慢而长期变化的 30 年移动平均值进行建模。而对气候**变化**，我们还必须对它们与环境之间的长期关系进行建模，例如人类活动增加的温室气体量。这并非易事，因为气候系统非常复杂，其反应也很微妙。温度升高可能会产生更多的云，这些云会反射更多来自太阳的热量。它们还会融化更多的冰，冰变成的“深色”水反射的来自太阳的热量可能会更少。当二氧化碳浓度更高时，植被的生长方式也会不同，这也许会处理掉更多的二氧化碳，因此气候变暖在某种程度上或许能自我修复（最新的研究结果表明，二氧化碳的增加一开始会导致生长出更多的植被，然而不幸的是，这种影响在十年左右后就会消失）。构建的模型必须尽可能包含这类重要影响。

（有很多）气候模型直接使用气候数据，而不采用更精细的天气数据。它们有的极其复杂，有的非常简单。复杂的模型更加“真实”，它包含了更多我们所掌握的大气流动物理知识和其他相关因素。简单的模型考虑的因素有限，它们的优点在于更容易理解和计算。过度地考虑现实情况（由此而变得复杂）并不一定得到更好的结果，不过它必定需要更大的计算量。对一个好的数学模型而言，其目标是保留所有重要的特征，同时去除不相关的复杂性。据称，爱因斯坦曾说过：“事情应该力求简单，但不能过于简单。”[47]

为了让读者大致了解这个问题，我将大致讨论一下其中一种气候模型。这样做的目的是说明全球平均气温是如何在过去和未来随时间变化的。原则上，这是一个算账的过程：一年的额外热量是热能“收入”（主要来自太阳，还可能包括火山释放的二氧化碳）和热能“支出”（辐射或反射到地球之外的热量）的差值。如果收入超过支出，地球就将变得更热，反之则会变得更冷。我们还需要考虑“储蓄”，它可以是暂时储存在某处的热量。它是某种形式的“支出”，但如果它成了“收入”，就可能反过来带给我们麻烦。

“收入”（相当）直接。它大部分来自太阳，我们知道太阳辐射了多少能量，并且可以算出它给地球的能量。主要的问题是如何计算“支出”。每个热的物体都会辐射热量，这个过程的物理规律是已知的。在这里，温室气体（主要是二氧化碳和甲烷，也包括一氧化二氮）出场了，因为它们通过“温室效应”捕获热量，因此辐射的热量较少。反射更难计算，因为反射热量的是冰（冰是白色的，所以会反射更多的光和热）和云之类的物体。云的形状非常复杂，很难建模。此外，热量可以被吸收：特别是，海洋是一个巨大的热汇[①]（“储蓄”）。这些热量在以后可能会重新被释放（从“账户”里取出一部分“储蓄”）。

数学模型考虑了所有这些因素，并用方程组描绘了太阳、行星、大气和海洋之间热量流动的情况。然后我们用计算机求解这些方程组。所有这些模型都是近似的：它们都假设哪些因素是重要的，哪些又是可以忽略的；这些特性都可能对它产生影响。当然，任何一个单一的模型都不完美。怀疑论者利用这些吹毛求疵大做文章，但核心思想都很简单：**所有**模型都预测，相较于没有人类活动的情况，人们燃烧化石燃料和储存的碳（如森林）产生了过量的二氧化碳，已经并且仍将使地球的气温上升。所有这些额外的能量将天气规律推向新的极端，综合起来就意味着气候变化。

目前我们还不清楚确切的升温速度，以及它将如何持续下去，但所有模型的结果都很一致：在未来几十年里，气温将上升若干摄氏度。观测表明，自 1880 年以来，气温已经升高了 0.85℃。事实上，自工业革命以来，制造业就开始大量消耗化石燃料，气温也一直在上升。升温还在持续加速，近年来的升温速度达到了早先的两倍。过去十年里的升温速度有所减缓，部分原因是许多国家终于开始采取措施减少化石燃料的使用，2008 年银行

① 指在大气系统中从周围获得热量，同时不断消耗热量的地区。——译者注

业崩溃导致的全球经济衰退也是原因之一。如今，升温速度又在加快了。

最大的威胁也许是海平面上升，它是由冰雪消融和海水变暖膨胀造成的。但是，还有许多其他威胁：海冰的消失，永冻层融化释放出甲烷（一种威力更强的温室气体），携带疾病的昆虫在地理分布上的变化，等等。关于气候变化产生的负面影响可以写上一整本书，并且已经有很多人写过，所以我不再赘述。人们无法精确预测几十年后的环境影响——怀疑论者就是这样无理要求的，然而各种各样的负面影响已经并正在发生。所有模型都预测会有大规模的灾难，尚未定论的问题是灾难的具体规模和破坏程度。

**1℃对 100 年而言，几乎算不上是坏消息，不是吗？**

在世界上的许多地方，如果气温上升 1℃，当地人会非常高兴。如果事情仅止于此，我们就不会如此忧虑。但我们动动脑筋，如果事情就是这么简单，气候科学家们如此聪明，也应该早已知晓，他们就不会担心，更不至于发出警告。所以，事情并没有那么简单，它就像生活中的大多数事情，以及非线性动力学中的所有事情一样。

1℃听起来并不算多，但在过去的一个世纪里，人类已经使**整个地球表面**的温度升高了这么多。我在这里略有简化：大气、海洋和陆地升高的温度各不相同。别的不说，为实现如此广泛的变化所需要的能量是巨大的。这里引出第一个麻烦：我们在构成地球气候的非线性动力系统中注入了大量的超额能量。

有人认为，想象人类有如此巨大的影响显得过于自负，但请不要相信那些人。一个人就能烧毁一片森林，这可是会产生大量二氧化碳的。人类可能很渺小，但是人的数量很多，我们还有很多机器，它们都在排放二氧化碳。测量结果（图 11-3）清楚地表明，我们已经具备这种影响力。我们在其他方面也有类似的广泛影响。我们还后知后觉地发现，向河流和大海扔垃圾已经使海洋充斥了大量的塑料垃圾。这是我们无法抵赖的错误，只有人类能制造塑料。既然仅凭倾倒垃圾就能破坏海洋食物链，那么说我们大量排放的温室气体正在破坏环境也就不那么自负了，这些气体大约是地球上所有火山（包括海底火山）释放气体总和的 120 倍[48]。

1℃听起来可能无害，但能量在全球范围内的大幅增加就不同了。当你给一个非线性动力系统注入额外能量时，它不会在所有地方以同样小的量改变它的运行状况。它改变了整个系统波动的剧烈程度，包括变化的速度、幅度，以及不规则程度。夏季的温度不会整齐划一地升高 1℃。它们在历史值之外波动，造成热浪和寒潮。任何一个这样的事件都可能与几十年一遇的事件相当，但是当极端事件变得越来越频繁时，你可以确定有些事情已经发生了变化。全球变暖已经到了一个**史无前例**的热浪阶段：2010 年、2011 年、2012 年和 2013 年的美国，2011 年的西南亚，2012 年～2013 年的澳大利亚，2015 年的欧洲，以及 2017 年的中国和伊朗。2016 年 7 月，科威特气温曾高达 54℃，而伊拉克的巴士拉气温也达到了 53.9℃。这是（到本书出版为止）除死亡谷①之外地球上的最高气温纪录。

2018 年上半年，世界上许多地区遭遇了严重的热浪。英国的久旱天气毁了生长中的农作物。瑞典遭受野火摧残。阿尔及利亚以 51.3℃创造了非洲有史以来气温的最高纪录。在日本，气温超过 40℃，有至少 30 人因热暴露

① 位于美国加利福尼亚州的沙漠谷地。——译者注

而死亡。澳大利亚的新南威尔士州遭遇了历史上最严重的干旱，缺水导致农作物歉收，牲畜食物短缺。美国加利福尼亚州被门多西诺复合大火蹂躏，有25万多英亩[①]土地被毁。随着时间的流逝，历史纪录正不断地被打破。洪水、风暴、暴风雪也是如此——不管是什么样的极端事件，都正变得越来越多。

天气系统中的额外能量也会改变空气流动的方式。例如，北极似乎比其他地方变暖得更快。这会改变极地涡旋的流动，极地涡旋是指高纬度地区的冷风绕着极地一圈又一圈地流动。气流减弱，所以冷空气四处游荡的时间变得更长，向南移动得也更远。它还可以推动整个循环冷空气流进一步南下，这就是2018年初发生的事情。全球变暖可能会导致比常年更冷的冬天，这听起来似乎有些矛盾，但实际上说得通。当你注入更多能量来干扰非线性系统时，就会发生这种情况。当欧洲因为比正常气温低5℃而陷入停滞时，北极的气温却比常规气温高出20℃。从本质上说，正是二氧化碳的过量排放导致北极把冷空气带给**我们**。

同样的事情也正在地球的另一端发生，而且可能更糟。南极洲的冰比北极多得多。过去人们认为南极的冰川融化速度比北极要慢。事实证明，南极冰川融化得更快，这些冰隐藏在沿海冰盖的底部，位于水下深处。这是一个非常不好的消息，因为冰盖可能会因此而不稳定，所有的冰都将流入海洋。巨大的冰架已经开始断裂。

极地冰盖融化是一个真正的全球性问题，因为当额外的水流入海洋时，

---

① 约1011.71平方千米。——译者注

海平面会上升。根据目前的估计，如果所有北极和南极的冰都融化，海平面将至少上升 80 米。这在很长一段时间内都不会发生，但无论我们如何补救，上升 2 米已是不可避免的。如果全球变暖的幅度被限制在 1℃以内，海平面就会上升得少些。但它不会只限制在 1℃。而且，就算**平均**升温 1℃，海平面也不会上升得少很多——自工业革命以来就是这样的。为什么不会呢？因为变暖不是均匀的。在两极，也就是我们希望变暖程度尽可能小的地区，气温上升的幅度比温带地区大得多。北极平均变暖了 5℃。过去人们认为南极面临的威胁较小，因为它变暖的幅度似乎较小，但那时科学家们还没研究水下的情况。

精确的冰盖消融数据，再加上地表新冰的堆积数据，对于理解南极对海平面上升的影响程度至关重要。安德鲁·谢泼德（Andrew Shepherd）和埃里克·艾文斯（Erik Ivins）领导的“冰盖质量平衡相互比对测试”是一个由极地科学家组成的国际团队，他们估算了冰盖融化导致的海平面上升。在 2018 年的报告[49]里，他们综合了 24 项独立研究的 49 个结果，指出在 1992 年与 2017 年间，南极冰盖减少了 27 200 ± 13 900 亿吨冰，这使得全球海平面平均上升了 7.6 ± 3.9 毫米（± 误差代表 1 个标准差）。在南极洲西部，冰的消失速度主要由大陆边缘的冰架融化速度决定，它在过去的 25 年里增加了两倍，从每年 530 ± 290 亿吨增加到了每年 1590 ± 260 亿吨。

斯蒂芬·林图尔（Stephen Rintoul）和他的同事们[50]研究了 2070 年南极洲的两种可能。如果继续控制目前的排放趋势——除非我们在全球范围内采取激烈行动，否则真的会这样——那么以 1900 年作为基准的话，全球陆地平均气温将升高 3.5℃，它将远高于《巴黎协定》所规定的 1.5℃～2℃上限。在不考虑其他因素的情况下，融化的南极冰将使海平面上升 27 厘米。南大洋[①]将会升温 1.9℃，在夏季，43% 的南极海冰会消失。外来物种入侵的数量会增加十倍，生态系统将从目前的物种（如企鹅和磷虾）变成螃蟹和浮游生物樽海鞘。

当冰融化时，它会导致正反馈循环，进而让问题变得更糟。新的冰是白色的，可以将太阳的部分热量反射回太空。当海冰融化时，白色的冰变成深色的水，它会吸收更多并反射更少热量，从而加快该地区变暖的速度。在格陵兰岛的冰川上，融化的冰使白色的冰川变脏，所以它们也会融化得更快。在西伯利亚和加拿大北部，那里的地面曾经是永久冻土，它们终年冻结，如今这些冻土也已不再是“永久”的。换句话说，永久冻土正在融化。冻土里留存了大量的甲烷，这些甲烷是由腐烂的植被产生的，而且你应该知道，甲烷是一种温室气体，并且比二氧化碳的威力大得多。

更糟糕的是甲烷水合物[②]，它是一种类似于冰的固体，其中的甲烷分子储存于水的晶体结构中。在全世界，大陆架较浅的区域沉积着大量甲烷水合物。据估计，其蕴藏量等价于 3 万亿吨二氧化碳，相当于当前人类 100 年产出的量。倘若这些沉积物开始融化……

你还认为一个世纪提高 1℃不是什么坏消息吗？再想想吧。

如果能齐心协力，我们面临的也不全是厄运和苦难。倘若排放量能保持在低水平，全球气温将升高 0.9℃，海平面将上升 6 厘米。南大洋温度将升高 0.7℃。夏季将有 12% 的南极海冰消失。那里的生态系统将保持现在的模样。随着 196 个成员批准《巴黎协定》，以及时下可再生能源的效率和

---

① 指围绕南极洲的海洋，它包括南纬 50°以南的印度洋、大西洋和南纬 55°～62°的太平洋的海域。——译者注

② 俗称可燃冰。——译者注

成本迅速降低，减少排放是完全可行的。不幸的是，美国决定退出该协议，以重振其煤炭开采行业，该决议于 2020 年生效。然而，无论美国政府抱有怎样的幻想，这种复苏都不太可能是出于经济原因。这一切都是可以争取的，但全世界已承受不起再玩上 50 年这类愚蠢的政治拖延术了。

非线性动力学可以为我们提供一个有用的视角，来审视天气、气候、以及两者之间的相互关系和变化情况。它们遵循偏微分方程组，所以用动力系统解释是恰当的。我用它来打比方，概括一种数学思考方式。

任意给定位置的大气的状态空间是由温度、压力、湿度等所有可能的组合组成的。空间中的每个点都代表一组可能的天气观测结果。随着时间推移，这个点不断运动，并生成一条轨迹。我们可以通过跟踪运动点并观察它经过的状态空间区域来了解天气。不同的短期天气数据序列会得到不同的轨迹，它们都在同一个（混沌）吸引子上。

天气和气候的区别在于，天气是穿过一个吸引子的单一路径，而气候则是**整个**吸引子。在不变的气候中，穿过同一个吸引子的路径可能有许多，但从长远来看，它们的统计数据是相似的。相同的事件以相同的总体频率发生。天气每时每刻都在变化，因为动力学让同一吸引子有许多不同的路径。但**气候**不一样，除非有某些非同寻常的事情正在发生。只有在吸引子发生变化时，气候才会变化。吸引子的变化越大，气候变化就可能越剧烈。

类似的概念也适用于整个全球天气系统。在这种情况下，状态空间变成了一个无限函数空间，因为变量取决于全球的位置，但和前面的差别是一样的：天气的规律是吸引子上的轨迹，而气候则是整个吸引子。这种说法是在打比方，因为我们并没有办法从整体上观察吸引子，这需要数以万亿计的全球天气规律的记录。但我们可以发现一些不那么详尽的东西：处于给定状态下的天气的概率。这与吸引子上的不变测度有关，因此，如果概率变了，那么吸引子一定已经发生了变化。这就是为什么气候是由 30 年的统计平均值定义的，为什么我们可以用它们来监测气候是否正在变化，以及为什么我们可以确认气候正在改变。

即使气候发生了变化，多数天气看起来仍然和发生变化前差不多。这是我们可能没有注意到气候已经改变的原因之一。我们就像俗语所说的“温水煮青蛙”，因为变暖的速度太慢，以至于我们都没有注意到它。然而，气候科学家们在 60 多年前就发现，他们已经意识到这一点，并进行了记录和检验，同时还尽力证明极端天气事件在世界各地正变得越来越普遍，但他们没成功。实际情况**确实如此**，正如全球变暖预测的那样。

这就是现在的科学家讨论气候变化而不是全球变暖的主要原因。这句话对**影响**的描述更准确。其原因和前面说的一样：由于人类制造了过多的温室气体，整个地球正在变暖。

气候吸引子的变化令人担忧，因为即使是很小的变化也可能产生巨大的负面影响。我想说的总体观点适用于所有极端天气事件，但为了方便起见，这里用洪水来举例。设计防洪工事的工程师们会用一种很有用的概念：十年一遇的洪水、五十年一遇的洪水、百年一遇的洪水，分别指平均每十年、每五十年、每一百年才会发生一次的洪水。严重的洪水很罕见，抵御的代价也很高昂。在某种程度上，花费会超过潜在的损失。我们假设洪水的规模是百年一遇。

只要洪水规模的统计数据保持不变，这一切都会相安无事。但如果统计数据变了，那么会发生什么呢？倘若洪水的平均规模变大，则出现更大规模洪水的可能性也会变大。同样，均值波动越大，标准差就越大。把两者结合起来，就是导致全球变暖的那些额外能量可能带来的后果，它们相互加强。图 11-4 说明了这些效果是怎么结合起来的，为了简单起见，我采用正态分布，但类似的推导也适用于那些更实际的分布。

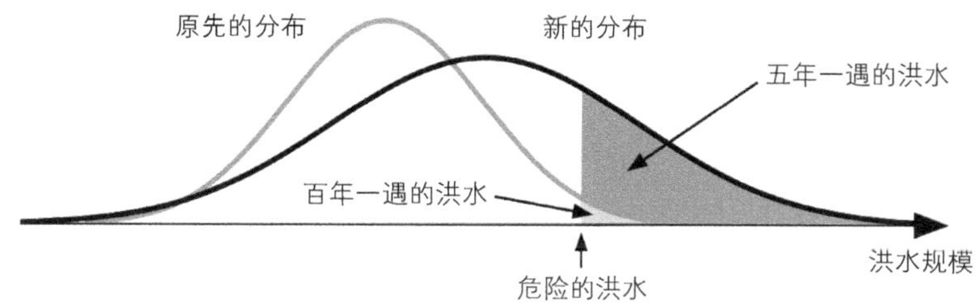


**图 11-4　当均值和标准差变大时，百年一遇的洪水演变成五年一遇的情况**

在原先的概率分布下，与危险的洪水对应的曲线下面积是浅灰色部分，它很小。但当分布发生变化时，与危险的洪水对应的曲线下的面积还包括深灰色部分，这块区域要大得多。也许这块新区域代表的是每五年发生一次的洪水的可能性。若是如此，过去百年一遇的洪水现在就变成了五年一遇。危险的洪水发生的频率可能是以前的 20 倍，而那些在经济上证明不应防范的临界规模的洪水的计算方法便不再有效。

在沿海地区，风暴潮和海平面上升加剧了持续暴雨带来的危险。全球变暖使得所有这些引发洪水的原因变得更加严重。现实的数学模型表明，除非全球二氧化碳排放量大幅减少，否则美国新泽西州的大西洋城将很快面临长期洪水[51]。在 30 年内，目前百年一遇的水位高度将变成一年两次。百年一遇的洪水将变成六个月一遇，将有价值 1080 亿美元的房屋面临风险。这还只是一个沿海城市的情况。目前，39% 的美国人口居住在毗邻海岸的郡县里。

# 第 12 章 补救措施

自然死亡是指在没有医生帮助的情况下独自死去。

——某位男生的考试小抄

1957 年，有一种新的神奇药物在德国问世，人们即使没有医生的处方也能买到它。起初，这种药是作为治疗焦虑的药物出售的，但后来它被推荐用来缓解孕妇的恶心。它的商品名叫作“反应停”，但化学名称叫沙利度胺（酞胺哌啶酮）。过了一段时间，医生们发现患有海豹肢畸形（形成的四肢不完全）的婴儿数量大幅增加，并意识到这种药物是罪魁祸首。受影响的儿童大约有 1 万名，其中 2000 人死亡。孕妇被建议不要使用这种药。1959 年，在人们发现长期使用该药会导致神经损伤后，它被迫退市。不过，它后来又被批准用于某些特定疾病，这些病包括某类麻风病和多发性骨髓瘤（血液中的浆细胞癌）。

“反应停”的悲剧提醒我们，医学治疗的本质是不确定的。这种药已经过广泛的试验。传统观点认为，“反应停”是无法穿过母子间的胎盘屏障的，因此对胎儿没有影响。然而，研究人员用小型实验动物进行了标准测试，以检测（胎儿的）致畸效应，这些试验都证明没有什么有害物质。后来的事实很明显地表明，人类在这方面是不一样的。在医疗行业，制造药物的药物公司、制造诸如髋关节组件的医疗设备制造商，或是试验某些疗程的不同做法（比如如何更好地为癌症病人放疗）的医生们已经开发出测试治疗是否有效、病人风险是否变小的检验方法。正如“反应停”的案例所显示的，这些方法并非万无一失，但它们提供了一种理性的方法来减小不确定性。其中的主要工具是统计学，通过了解它们在医学领域的应用，我们可以知道一些基本的统计学概念和技术。随着统计学家们不断提出新的思路，这些方法也在不断改进。

所有这类研究都带有伦理层面的含义，因为在某种程度上，新的药物、治疗方法和治疗方案都必须在人类受试者身上进行试验。过去，有时会对罪犯、不知情的军人、穷人或奴隶进行医学试验，而这些人往往并不知情或没有同意。今天的道德标准更加严格。不道德的试验仍然存在，但在世界上的大多数地方，这种情况非常罕见，若被发现，会导致刑事诉讼。

在医疗上，不确定性的类型主要有三种，它们涉及药物、设备和治疗方案。三者都是在实验室里研发出来的，也都在人体试验前进行过测试。这些测试有时会涉及动物，这也引发了伦理学讨论。除非没有其他方法来获取所需信息，并且只有在严格保护的情况下，才可以使用动物。还有一些人则希望完全禁止动物试验。

这些测试的后期阶段通常涉及临床试验，即在人体上进行试验，这些试验是医生将这些药物、设备或治疗方案用于患者的必要条件。政府监管机构会基于对风险和潜在利益的评估，批准此类试验。允许进行试验并不意味着认为它就是安全的，因此，关于风险的统计概念根植于整个试验过程。

不一样的情况会采用不同类型的试验——整个领域非常复杂——但通常始于对一小部分人进行试点试验，这些人可能是志愿者，也可能是现成的患者。从统计上看，基于小样本的结论不如涉及大量个体的结论可靠，但试点的试验为风险提供了有用的信息，进而改进对后续试验的设计。例如，如果治疗导致严重副作用，那么试验就会终止。如果没发生什么特别糟糕的事，试验便可以扩展到更大的人群，在这个阶段，统计方法能提供更可靠的评估，用它评定相关治疗的有效性。

如果某种治疗方法通过的测试足够多，医生就可以用它，不过很可能会限制那些所谓适合的患者类型。研究人员会继续收集关于治疗结果的数据，这些数据可以增强信心，也可以揭示在最初的试验中没有出现过的新问题。

除了实用性和伦理方面的问题，临床试验的方式是围绕着两个相关问题建立的。一个问题是对试验产生的数据进行统计分析，另一个问题是试验的设计，即如何构造试验，让数据尽可能有用，提供的信息尽可能丰富和可靠。为数据分析所选择的技术，会影响到应该收集哪些数据，以及如何收集它们。试验设计则会影响可收集数据的范围和数值的可靠性。

类似的注意事项适用于所有科学实验，所以临床医生可以从实验科学中借鉴相关技术，而且他们的工作也有益于通常所说的科学认识。

临床试验有两个主要目标，即治疗的有效性和安全性。实际上，这两个要素都不是绝对的。少量喝水几乎 100% 安全（其实也并不准确，喝水的时候可能会被呛到），但它不能治疗麻疹。儿童接种麻疹疫苗几乎 100% 有效，但并不绝对安全。在极少数情况下，有的儿童会对疫苗产生严重的反应。这些都是极端情况，许多治疗方法比喝水的危险程度高，比疫苗的有效程度低。因此，人们可能需要做出取舍。这就是风险所在。不良事件的风险等于其发生的概率乘以由此造成的损害。

即使在设计阶段，实验者也会考虑这些要素。如果有证据表明，人们在不同状况下服用某些药物进行治疗，并且没有产生严重的副作用，那么在一定程度上就解决了安全问题。如果不是这样，那么至少在早期结果出来之前，试验必须保持小规模。试验设计的一个重要特点是使用对照组——这个组里的人是**没有**接受药物或治疗的。比较这两组，会让我们比只检测接受试验的人获得更多信息。另一个重要特点是开展试验的条件。

它是否是结构化的，从而结果是可靠的？“反应停”试验低估了给胎儿带来的潜在风险；事后看来，对孕妇的试验本应得到更多重视。在实践中，临床试验的结构化正随着新的经验不断发展。

还有一个更微妙的问题，是关于实验者如何影响他们收集到的数据的。他们会悄悄带入无意识的偏见。事实上，有的人为了“证明”一些最受欢迎的假设，会挑选出与之相符的数据，偷偷夹带有意识的偏见。目前，大多数临床试验有三个重要特点。假设我们正在测试一种新药的确切效果，有一些受试者将接受药物治疗，而对照组则使用安慰剂，它是一种看起来与药物几乎没有区别，但没有显著效果的“药”。

第一个特点是随机化。哪些患者服用药物，哪些患者服用安慰剂，应该随机决定。

第二个特点是盲性。受试者不应该知道他们服用的是药物还是安慰剂。如果他们知道了，就可能会报告不同的症状。在双盲实验中，就连研究人员也不知道受试者服用了药物还是安慰剂。这可以在收集数据、解释数据或者舍去统计异常值等方面防止无意识的偏见。更进一步，双模拟的设计则是为每个受试者同时交替提供药物和安慰剂。

第三，使用安慰剂的对照组让研究人员解释了所谓的安慰剂效应，即病人仅仅因为医生给了他们一片药就感觉更好些，这在如今已是众所周知的事了。即便他们**知道**给的是安慰剂，这种效应也可能发挥作用。

以治愈或减轻疾病，以及了解受试者情况为目的的试验，可以排除某些方法。如果在未经病人同意的情况下，给他服用安慰剂而不是药物可能是不道德的；但在病人允许的情况下，试验又无法做到盲性。解决这一问题的一个办法是，当试验涉及一种新的治疗方法，并且其目的是将新疗法与已知相对有效的疗法进行比较时，采用“主动控制”试验，即让一些患者接受旧疗法，而让另一些患者接受新疗法。你甚至可以告诉他们实际情况，并让他们同意随机使用这两种疗法。在这种情况下，试验仍然可以保持盲性。在科学上，这样做也许并不那么令人满意，但这里主要考量的是伦理方面。

在临床试验中使用的传统统计方法，是 20 世纪 20 年代在农业研究中心洛桑实验站发展起来的。这似乎与医学相去甚远，但在那里同样出现了类似的实验设计和数据分析问题。其中，最有影响力的人物是罗纳德·费希尔（Ronald Fisher），他曾在洛桑工作。他在《实验设计原则》里提出了许多核心思想，其中有许多基本统计工具至今仍在广泛使用。这一时期的其他先驱者们也纷纷添砖加瓦，其中包括卡尔·皮尔逊和威廉·戈塞特（William Gosset，化名“学生”）。他们倾向于用代表自己的符号来命名统计检验和概率分布，于是有了如今的 $t$ 检验、卡方检验（$\chi^2$）和伽马分布（$\Gamma$）。

分析统计数据的方法主要有两种。一种方法是参数统计，用包含数值参数（如均值和方差）的特定概率分布族（如二项分布、正态分布等）对数据进行建模。其目的在于找到最合适的参数值，使模型最匹配数据，同时估计误差的可能范围以及拟合的显著程度。另一种方法是非参数统计，它只依赖数据，避免显式的模型。一个简单的例子是直方图，它只呈现数据而不做进一步解释。如果拟合得很好，那么参数统计更优。非参数统计更灵活，并且不会做没有根据的假设。这两种方法都被大量使用。

在所有这些技术中，使用得最广泛的也许是费希尔的方法，它用于检验支持（或不支持）科学假设的数据的显著性。它是一种参数化方法，通常基于正态分布。18 世纪 70 年代，拉普拉斯分析了近 50 万名新生儿的性别分布。数据显示男孩偏多，于是他想搞清楚男孩偏多的显著性水平。他构造了一个基于二项分布、并且男女在概率上相等的模型。然后他想知道，如果应用这个模型，那么当前观测数据的可能性有多大。因为算出的概率非常小，所以他得出结论，如果男孩和女孩的概率实际上是五五开，那么就极不可能出现那个观测结果。

这种概率现在被称为 $p$ 值，费希尔完成了这个过程的形式化。他的方法比较了两个相反的假设。第一种叫零假设，认为观测结果纯粹是偶然的。另一种叫备择假设，认为观测结果并非偶然，这才是我们真正感兴趣的。假定是零假设，我们根据给定数据（或者适当范围内的数据，因为得到的特定数值的概率为零）计算概率。这个概率通常用 $p$ 表示，从而引出了术语 $p$ 值。

例如，假设我们以 1000 个刚出生的婴儿作为样本，计算男孩和女孩的数量后，得知有 526 个男孩和 474 个女孩。我们想知道男孩过多是否是显著的。于是，我们建立一个零假设，认为这些数值是偶然的。备择假设则是数值并非偶然的。我们并不关心这些值碰巧发生的概率，我们感兴趣的是男孩比女孩多的数据有多极端。如果男孩的数量是 527 或 528 等任意更大的数，我们也会有证据，表明男孩偏多是异常的。所以，随机得到不少于 526 个男孩的概率很重要。恰当的零假设是：**男孩数量不少于**这个数值的情况是偶然的。

现在我们计算零假设发生的概率。我在这里显然忽略了零假设的一个至关重要的要素：假设它在理论上的概率分布。看起来，这里采用拉普拉斯的观点，选择男生和女生的概率各为 50% 的二项分布比较合理，但无论我们选择哪种概率分布，都默认它是零假设。因为处理的出生量很大，所以我们可以用一个合适的正态分布来近似拉普拉斯所选择的二项分布。结果是 $p=0.05$，所以，随机产生这种极端情况的概率只有 5%。因此，用费希尔的话来说，我们拒绝了 95% 的零假设。这意味着我们有 95% 的把握相信零假设是错的，应该接受备择假设。

这是否意味着我们有 95% 的置信度认为观察到的数据具有统计学上的显著性，即它们不是偶然出现的呢？答案是否定的。这里面的含义有些含糊其词：在对半开的二项分布（或用相应的正态分布近似）下，我们有 95% 的把握相信观测到的数据并非偶然出现。换句话说，我们有 95% 的把握相信，要么观测到的数据不是偶然出现的，要么假设的概率分布是错误的。

费希尔这一令人费解的术语导致的后果之一，便是后面这句话很容易被忽视。倘若如此，我们检验的假设和备择假设就不太一样。它带来了额外的麻烦，即我们有可能一开始就选择了错误的统计模型。在这个例子中，我们不必过于担心，因为二项分布和正态分布都很合理，但人们倾向于默认假设分布是正态的，尽管有时并不合适。当学生们接触到这种方法时，他们通常会被提示需要注意这一点，但这个警示会被慢慢地淡忘。甚至已经发表的论文也会犯这样的错误。

近年来，关于 $p$ 值的第二个问题日益突出。这就是显著性在统计学意义和临床意义上的区别。例如，对罹患癌症风险的基因测试在统计上可能达到 99% 的显著水平，这听起来相当不错。但在实际操作中，每 10 万人中可能只检测出一例额外的癌症病例，而同样的每 10 万人中可能会有 1000 次“假阳性”（假阳性是指看似检测到癌症，但实际结果并非如此）。尽管它具有很高的统计学意义，但在临床上毫无价值。

利用贝叶斯定理可以解决医学上的一些概率问题。在这里举一个典型的例子[52]。一种检测女性潜在乳腺癌的标准方法是对乳房进行 X 射线检查，即拍摄一种低强度的乳房 X 射线图像。女性到 40 岁时的乳腺癌发病率约为 1%（在女性一生中，这个比例更接近于 10%，并且还在逐年上升）。假设这个年龄段的女性使用该方法进行筛查，其中，大约 80% 的乳腺癌患者的检测结果会呈阳性，10% 的非乳腺癌患者检测结果也会呈阳性（“假阳性”）。假设某位女性的检测结果呈阳性，那么她患乳腺癌的可能性有多大呢？

1995 年，格尔德 · 吉仁泽（Gerd Gigerenzer）和乌尔里希 · 霍夫拉格（Ulrich Hoffrage）发现，当医生们被问及这个问题时，只有 15% 的人的答案是正确的[53]。他们中的大部分会回答 70%～80%。

我们可以用贝叶斯定理来算一下它的概率，也可以像下文那样，用第 8 章的方法进行推理。为了明确起见，我们以 1000 位这个年龄段的女性为样本。样本大小其实无关紧要，因为我们考虑的只是比例。假设相关的数值是由概率确定的——虽然真实的样本并非如此，但我们是用一个假想的样本来计算概率，所以这个假设是合理的。在这 1000 位女性中，有 10 位患有癌症，其中的 8 位将通过检测查出来。在剩下的 990 位女性中，会有 99 人的检测结果呈阳性。因此，阳性的总人数是 107。其中有 8 人患癌症的概率是 $\frac{8}{107}$，约等于 7.5%。

这个数值是大多数医生在对照研究中估计的概率的十分之一。当与真正的病人打交道时，他们可能会比即兴估计时更小心一些。我们希望如此，或者更好的办法是，为他们配备合适的软件来省去这种麻烦。推测的主要错误在于忽略假阳性，从而使估计值变成了 80%，或是假设假阳性影响不大，将这个值减小到 70% 左右。在这里，这样的想法是没有用的，因为没有患癌症的女性比患有癌症的女性多得多。尽管假阳性的可能性比真阳性小，但没有患癌症的女性的绝对数量远超患癌女性。

这又是一个错误地推理条件概率的例子。医生们应该考虑的是：

**乳房 X 射线检查结果呈阳性的女性患乳腺癌的可能性**

但他们实际想的是：

**患乳腺癌的女性的乳房 X 射线检查结果呈阳性的可能性**

有趣的是，格尔德·吉仁泽和乌尔里希·霍夫拉格的研究表明，如果口头告诉医生们这些数值，那么他们对这个概率的估计会更准确。倘若“1% 的概率”被代以“1% 的女性”之类的描述，他们会在脑海中想象出更类似于我们刚刚讨论的计算过程。心理学研究表明，如果把一个数学问题或逻辑问题以故事的形式呈现，尤其是在一个熟悉的语境下，它往往更容易被解决。从历史上看，早在数学家开始研究概率之前，赌徒们就凭直觉发现了它的许多基本特征。

接下来，让我们来看一个现代医学试验，它使用了更复杂的统计学方法。为此，我将从方法本身开始讨论。由传统发展而来的两类统计学方法分别是最小二乘法和费希尔的假设检验方法，不过它们并不那么老套。第三类则更现代一些。

有时，唯一有效的数据是二元的“是”或“否”，比如驾照考试结果是“及格”或者“不及格”。你想知道某些东西是否会影响结果，例如，某人参加驾驶课的数量是否会影响他们通过考试的概率。你可以根据课时数画出考试结果（例如 0 表示不及格，1 表示及格，图 12-1）。如果结果更接近于某个连续的范围，就要用回归分析来拟合最佳直线，并计算相关系数，并检验其显著性。然而，当只有两个数值时，直线模型就没什么意义了。

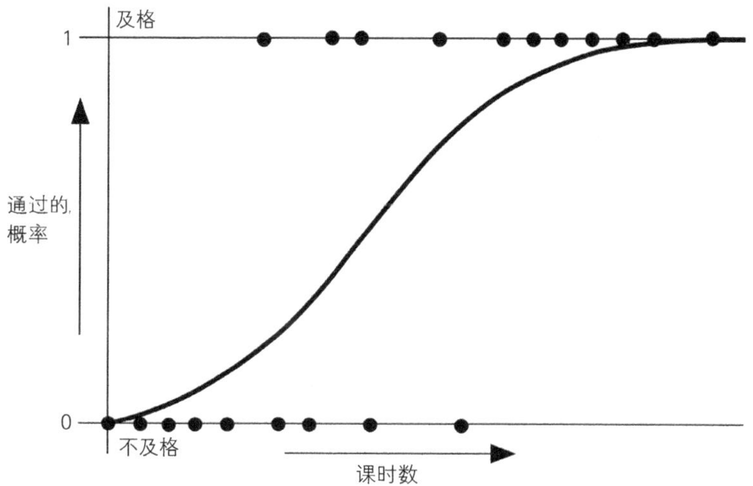


**图 12-1　假设驾驶测试数据（图中的圆点）和拟合的逻辑回归曲线**

1958 年，戴维·考克斯（David Cox）提出了逻辑回归。逻辑回归曲线是一条平滑的曲线，它从 0 开始先缓慢增长，然后增速变快，当接近 1 时再次增速放缓。中间部分上升的陡度及位置是绘制这类曲线族的两个参数。你可以把这条曲线看作考官对司机表现优劣的猜测，或者如果给考试打分的话，对他或她得分的猜测。逻辑回归试图只用“是”或“否”的数据来匹配这类用于意见或分数的假设性分布。它根据我们所希望的“拟合程度”的定义，通过估计和数据拟合程度最好的曲线的参数实现。我们试图拟合的不是最佳直线，而是最好的逻辑回归曲线。主要参数通常表示为相应的优势比，它给出了两种可能结果的相对概率。

1972 年，考克斯又开发了第二种方法，它被称为考克斯回归。这是一种“比例风险”模型，能够处理随时间变化的事件[54]。例如，服用某种药物能否降低中风发生的可能性？如果可以，那么会降低多少？风险率是一个数值，它告诉我们在一段时间内发生中风的可能性有多大；风险率加倍会使平均中风时间缩短一半。基础统计模型假设风险函数有一种特定形式，即风险对时间的依赖程度。它还包括一些数值参数，这些参数模型化了风险函数对医疗等其他因素的依赖程度。该方法的目标是估计这些参数值，并用它们来确定那些因素影响中风（或其他正在研究的结果）可能性的显著程度。

第三种方法用于估计基于样本计算的统计量（例如样本均值）的可靠性。这个问题可以追溯到拉普拉斯，在天文学中，它可以通过多次测量相同的东西，并应用中心极限定理来解决。在医学试验和许多其他科学领域，这个方法可能并不合适。1979 年，布拉德利·埃弗龙（Bradley Efron）在一篇名为《自助法：切刀法再评估》（“Bootstrap methods : another look at the jackknife”）的论文中提出了一种无须收集更多数据的方法[55]。Bootstrap 源于俗语“pull yourself up by your bootstraps”①，而切刀法则是类似方法的早期尝试。自助法基于“重采样”相同的数据。也就是说，从现有的数据里抽取一系列随机样本，计算它们的均值（或任何感兴趣的统计量），得到结果值的分布。如果重采样的分布的方差很小，那么原始均值很可能接近于原始总体的真实均值。

例如，假设我们有一个 20 人样本的身高数据，想以此推断出全球人口的平均身高。这个样本很小，因此样本均值的可靠性很值得怀疑。自助法的最简单做法是在这 20 个人里随机选取，然后计算新样本的均值（在重复采样时，同一个人可以被多次选取；统计学家称之为“有放回抽样”。这样，你就不会每次都得到相同的均值）。你可以重采样数据非常多次，比方说 10 000 次，然后计算统计量，比如这 10 000 个重采样数据的方差。当然，你也可以画一幅柱状图。这对计算机来说很容易，但在早先是不切实际的，所以没人会建议这么做。奇怪的是，相较于传统的正态分布假设或计算原始样本的方差，自助法能得到更好的结果。

现在，让我们来看一个经过精心设计的现代医学试验。我从医学文献里选了一篇 2018 年由亚历山大·维克托林（Alexander Viktorin）和他的同事撰写的研究论文[56]。他们研究的是当前广泛使用的一些药物的非预期效应。具体来说，其目的是研究在母亲受孕期间，父亲使用抗抑郁药物会发生什么。有证据表明这对孩子会有什么伤害性影响吗？他们研究了四种情

① 直译为“用鞋带把自己提起来”。——译者注

况：早产、畸形、孤独症和智力障碍。

这项研究做了一个非常大的抽样调查，涉及 170 508 名儿童，他们都是 2005 年 7 月 29 日至 2007 年 12 月 31 日在瑞典出生的，数据源于瑞典医学出生登记表，覆盖了 99% 的新生儿。这个数据库包含的信息可以将怀孕日期的计算精确到一周以内。父亲的信息是由瑞典统计局的多代登记表提供的，该登记表可以区分生父母和养父母，这项调查只选取了生父信息。如果所需的数据无效，该儿童就会被排除在外。斯德哥尔摩当地的道德委员会批准了这项研究，这就意味着在瑞典法律中，不再需要征得个人同意。为了保密起见，研究人员还做了一项额外的预防措施，使得数据都是匿名的，不会和特定的人名相关联。这些数据一直收集到 2014 年，那时孩子们才八九岁。

数据显示，在受孕期间，父亲服用抗抑郁药物的有 3983 例。对照组由 164 492 名儿童组成，他们的父亲从未服用过这类药物。第三个“阴性对照组”由 2033 名儿童组成，他们的父亲在受孕时没有服用抗抑郁药物，但在母亲怀孕后开始服用（倘若药物有害，那么应该在第一组中显现出来，第二组不受影响。此外，我们也不希望这种情况出现在第三组，因为药物或其影响可能从父亲传给孩子的主要方式是在受孕期间发生的。检验这个期望是一种有用的核验）。

研究的结论是，这四种情况都不是由父亲在受孕期间服用抗抑郁药物引起的。让我们看看这个团队是如何得出这些结论的。

为了使数据客观，研究人员采用标准的临床分类来检测和量化这四种不良情况。他们的统计分析使用了多种技术，每一种技术都适用于对应的情况和数据。对于假设检验，研究人员选择了 95% 的显著性水平。对早产和畸形这两种情况，可用的数据是二元的：孩子要么有这种情况，要么没有。逻辑回归很适合这种情况，它提供了早产和畸形的估计优势比，并用 95% 的置信区间量化。这些数据规定了一个数值范围，使我们有 95% 的信心认为统计量在此范围之内[57]。

另两种情况（孤独症谱系障碍和智力障碍）则是精神疾病。随着年龄的增长，在儿童中会越来越常见，因此数据依赖于时间。用考克斯回归模型对这些影响进行修正后，可以得到风险比的估计。由于出生自同一父母的兄弟姐妹的数据可能会在数据中引入虚假的相关性，研究团队还用自助法进行敏感性分析，以评估统计结果的可靠性。

他们的结论提供了统计证据，量化了抗抑郁药物与这四种疾病之间的可能联系。这三组都没有证据表明它们有任何关联。第二组是与第一组（父亲在受孕期间服用药物）和第三组（父亲在受孕期间没有服用药物，但在母亲怀孕期间服用）做比较的。前三种情况都没有显著差异。第四种情况（智力障碍）有轻微的差异。如果这表明第一组有更高的智力障碍风险，那就可能意味着该药在受孕时——这是唯一可能影响最终胎儿的时点——产生了某些影响。但事实上，第一组的智力障碍风险比第三组**略低**。

这是一项令人印象深刻的研究。它展示了细致的实验设计和正确的伦理程序，同时还应用了一系列统计技术，远远超出了费希尔假设检验的风格。研究中使用了一些传统的概念，如置信区间，来表示对结果的置信程度，但也根据使用的方法和数据类型对其进行了调整。

# 第 13 章

# 金融预言

投机者在只是作为稳定的企业洪流中的泡沫时，可能没什么害处。但当企业自身成为投机漩涡中的泡沫时，情况就严重了。当一个国家的资本发展为赌博活动的副产品时，这项工作可能就做得不好了。

——约翰·梅纳德·凯恩斯，

《就业、利息和货币通论》

2008 年 9 月 15 日，重要的投资银行雷曼兄弟倒闭了。意想不到的事成了现实，长期的经济繁荣戛然而止。针对美国抵押贷款市场中某一专业领域酝酿已久的焦虑，最终演变成一场全面的灾难，影响了金融业的方方面面。2008 年的金融危机威胁着整个世界银行体系，美国政府大把大把地将纳税人的钱注入引发这场危机的银行，从而避免了灾难。它的后遗症被称为大衰退，也就是全球性的所有经济活动衰退。十年后，它的负面影响仍随处可见。

我不想纠缠于造成金融危机的原因，它复杂多样，而且颇有争议。普遍的观点是，傲慢和贪婪导致人们对复杂金融工具（金融“衍生品”）的价值和风险做出了过于乐观的评估，没有人真正理解这些工具。不管是什么原因，金融危机生动地证明，金融事务包含着极大的不确定性。以前，大多数人认为金融世界是稳健且稳定的，掌管着我们的资金的人都是训练有素的专家，丰富的经验会让他们对风险采取谨慎和保守的态度。后来发生的事情让我们了解了更多。事实上，之前曾有很多危机，警告我们以往的观点过于乐观，但都没被注意到，即使人们发现了一些，也会把它们当作永远不会再次出现的错误而不予理会。

金融机构的种类有很多。有一种是你日常要去的银行，你在那里可以用支票付款，或者越来越多地，用外面的自动取款机、登录银行应用程序、在线转账或检查付款是否已经到账。为项目、新业务和投机投资提供贷款的投资银行则完全不同。前者应该是无风险的，而后者则无法避免一定会有风险。在英国，这两种类型的银行过去是相互隔离的。以前，抵押贷款是由建房互助会（非营利组织）以“互助”的形式提供的。保险公司只能销售保险，超市也只能销售肉类和蔬菜。20 世纪 80 年代，金融放松管制改变了这一切。银行纷纷进入抵押贷款领域，建房互助会抛弃了其社会角色，转而成为银行，而超市也开始贩卖保险。当时的政府通过废除烦冗的监管，拆掉了不同类型金融机构之间的防火墙。因此，当几家大银行陷入“次级”抵押贷款的麻烦时[58]，人们发现原来所有人都在犯同样的错误，危机就像野火一样蔓延开来。

金融问题很难预测。股市组织严密，作为一个有用的商业融资源头，它为创造就业做出了贡献，但也充满了风险。在外汇市场上，交易员将美元兑换成欧元、日元、卢布或英镑，主要是为了在某笔非常大的交易中赚取比例很小的利润。专业的交易商和交易员运用他们的经验，尽量保持低风险和高利润。但股市比赛马更复杂，现在的交易员依赖复杂的算法，这些算法是在计算机上运行的数学模型。很多交易都已经自动化：算法会在瞬间做出决定，在没有任何人工干预的情况下进行交易。

所有这些发展的动机都是希望让金融问题更容易预测，减少不确定性，从而降低风险。金融危机的发生正是因为太多的银行家认为他们已经这么做了。事实证明，他们可能还不如看看水晶球。

这并不是一个新问题。

1397 年至 1494 年，在文艺复兴时期的意大利，权势滔天的美第奇家族经营着一家银行，它是整个欧洲规模最大、最受尊敬的银行。它一度使美第奇家族成为欧洲最富有的家族。1397 年，乔瓦尼·迪比奇·德·美第奇（Giovanni di Bicci de’ Medici）从侄子的银行里分拆出他自己的那部分，并把它搬到了佛罗伦萨。银行不断扩张，在罗马、威尼斯和那不勒斯都设有分支机构，然后又将触角伸到了日内瓦、布鲁日、伦敦、比萨、阿维尼翁、米兰和里昂。在科西莫·德·美第奇（Cosimo de' Medici）的治下，一切似乎都很顺利，直到他 1464 年去世，他的儿子皮耶罗接管了一切。然而，美第奇家族在幕后则挥霍无度：从 1434 年到 1471 年，他们每年要花掉大约 17 000 枚金弗罗林。这相当于今天的 2000 万～3000 万美元。

傲慢招致报应，不可避免的崩溃始于里昂分行，这家分行有一位不诚实的经理。接着，伦敦分行向当时的统治者提供了大笔贷款，这是一个冒险的决定，因为国王和王后都有些无常，而且还有欠债不还的恶名。1478 年，伦敦分行倒闭，一共损失了 51 533 枚金弗罗林。布鲁日分行也犯了同样的错误。根据尼科洛·马基雅维利（Niccolo Machiavelli）的说法，皮耶罗试图通过举债来支撑财政，这又使得几家当地企业破产，并惹恼了许多有影响力的人物。分行接连倒闭，当美第奇家族在 1494 年失宠并丧失政治影响力时，末日已在眼前。然而，即便在那个时期，美第奇银行仍是欧洲最大的银行，但一群暴徒将佛罗伦萨的中央银行夷为平地，里昂分行也遭到了恶意收购。里昂的经理批准了太多不良贷款，于是向其他银行大量借款来掩盖这一灾难。

这一切听起来非常耳熟。

20 世纪 90 年代的互联网泡沫期间，投资者们抛售他们包含巨额盈利的实体产业，拿它们和三五成群的孩子在阁楼上用计算机和调制解调器鼓捣出来的东西对赌，时任美联储主席艾伦·格林斯潘（Alan Greenspan）曾在 1996 年发表演讲，谴责这种市场属于“非理性繁荣”。但在 2000 年互联网股票暴跌前，并没有人在乎这些。到 2002 年时，市值总共损失了 5 万亿美元。

这种情况以前也发生过很多次。

17 世纪的荷兰繁荣而自信，它从与远东的贸易中攫取了巨额利润。来自土耳其的稀有花卉郁金香成了一种身份的象征，其价格也不断飙升，由此爆发了"郁金香狂热"，催生出一个专业的郁金香交易所。投机客们买进存货并将其捏在手里，人为制造稀缺以推高价格。用于交易未来某天郁金香买卖的合同期货市场应运而生。到 1623 年，一株稀有的郁金香的价格超过了一幢阿姆斯特丹商人的房子。泡沫破裂后，荷兰经济倒退了 40 年。

1711 年，英国企业家们成立了一家公司，来"管理并协调大不列颠商人，在南太平洋和美洲其他地区进行贸易，同时也鼓励渔业"。英国国王授予它垄断南美贸易的权力。投机客们把它的价格推高了 10 倍，人们被冲昏了头脑，于是成立了一系列奇奇怪怪的衍生公司。其中有一份非常著名的招股说明书写道："从事一项具有巨大优势的事业，但没人知道具体是什么。"这又是瞎胡闹。当人们恢复理智时，市场崩溃了：普通投资者失去了毕生积蓄，而大股东和董事们早已逃离市场。最后，首位英国财政部长罗伯特·沃波尔（Robert Walpole），在最高点抛售了所有股票，将债务分拆给政府和东印度公司，才使秩序得以恢复。董事们被迫对投资者进行赔偿，但还有许多最恶劣的违法者仍逍遥法外。

当金融泡沫破裂时，当时的铸币厂厂长牛顿希望借此了解高级金融，他评论道："我能计算恒星的运动，但算不出人类的疯狂。"过了好久，有数学头脑的学者们才开始研究市场机制，与此同时，他们甚至还开始关注起了如何做出理性的决策，或者至少是对哪些行为是理性的做出最好的估算。

经济学在 19 世纪开始被打上数学科学的烙印。这个想法早已被酝酿了一段时间，德国人戈特弗里德·阿亨瓦尔（Gottfried Achenwall）和英国人威廉·佩蒂爵士（Sir William Petty）等人都对此做出过贡献。阿亨瓦尔经常被认为是“统计”一词的发明者，而佩蒂则主要在 17 世纪中叶研究税收。佩蒂建议，税收应该平等、合规地按比例征收，同时它还应该基于准确的统计数据。到 1826 年，约翰·冯·屠能（Johann von Thünen）建立了各种经济系统（如农业用地）的数学模型，并开发了分析这些模型的技术。

起初，这些方法都是以代数和算术为基础的，随后新一代受过数学物理学训练的学者参与其中。威廉·杰文斯（William Jevons）在《政治经济学原理》一书中指出，经济学“必须数学化，因为它处理的是数量”。只要收集足够多商品销售价格和数量的数据，就肯定能发现支撑经济交易的数学规律。他开创了对边际效用的使用：“当任何商品（比如人们必须消费的普通食品）的数量增加时，那么从最后那部分商品中获得的效用或效益就会减少。”也就是说，一旦你获得的足够多，再多就会变得不那么有用。

数理经济学的“经典”形式，在莱昂·瓦尔拉（Léon Walras）和奥古斯汀·库尔诺（Augustin Cournot）的著作中可见一斑。库尔诺强调所谓的效用：一件给定的商品对购买它的人有多少价值。如果你要买一头奶牛，你得要算清包括饲养在内的成本与奶和肉带来的收入。该理论认为，购买者通过选择效用最大化的产品，在纷繁复杂的各种可能里做出决定。如果你写出效用函数的“公式”，这种公式将不同选择带来的效用编码，那么就可以用微积分求它的最大值。库尔诺是一位数学家，他在 1838 年创建了一个模型，在那个模型里，有两家公司在同一市场竞争，即所谓的双头垄断模式。这两家公司都根据对方的产量来调整自身的价格，然后一起达到某种均衡（或稳定）状态，在这种均衡状态下，双方都尽其所能实现最佳。equilibrium（意为“均衡”）这个词源于拉丁语，意思是“同样的平衡”，它表示一旦达到这种状态，就不会发生变化。在这里的含义是，任何改变对双方公司都不利。

均衡动力学和效用开始主导数理经济学，这种概念产生的一个主要影响，是瓦尔拉试图将这类模型推广到一个国家甚至全世界的整体经济上。这就是他的一般竞争均衡理论。这种理论用方程描述买卖双方在所有交易中的决定，把地球上的每笔交易的方程放到一起，然后解出一个平衡态，你就能为每个人找到最佳选择。这些一般化的方程太过复杂，无法用当时掌握的方法求解，但它们推导出了两个基本原则。瓦尔拉定律指出，如果除了某个市场以外的所有市场都处于均衡状态，那么这个市场也处于均衡状态；这是因为，倘若其中某个市场可以改变，那么它也能让其他市场发生变化。他还提出了 tâtonnement（意为“喊价理论”），这是一个法语单词（意思是“不断摸索”），它体现了他对真实市场如何达到均衡的看法。市场被看作一种拍卖，拍卖商提出价格，当价格符合买家的偏好范围时，他们会为想要的商品出价。买家被认为对每种商品都有这种偏好（底价）。这一理论的一个不足之处在于，在所有商品都被拍卖之前，没有人真正购买过任何东西，也没有人在拍卖过程中修改过自己的底价。真正的市场并非如此：事实上，我们根本不清楚“均衡”状态是否适用于实际市场。瓦尔拉是在为一个充满了不确定性的系统构造一个简单的确定性模型。他的方法被保留了下来，是因为没人能想出更好的。

埃奇沃斯，这位活跃于用数学形式化统计学的专家，在 1881 年出版的《数学心理学：关于数学在道德科学领域的应用》里对经济学采用了类似方法。新的数学方法在 20 世纪初开始出现。维尔弗雷多 · 帕累托（Vilfredo Pareto）建立了以改善选择为目的的经济主体交易商品的模型。如果某个系统达到没有任何一个主体可以在不让其他主体变糟的情况下改进自己的选择，那么它便处于均衡状态。人们如今称这种状态为帕累托均衡。1937 年，约翰 · 冯 · 诺依曼（John von Neumann）利用拓扑学中的一个强有力的定理——布劳威尔不动点定理，证明了均衡状态总是存在于一类合适的数学模型中。在他的理论框架中，经济可以增值，他证明了在均衡状态下，增长率应该等于利率。他还发展了博弈论，它是一种简化的数学模型，该模型关于竞争对手从有限范围的策略中做出选择，以实现收益最大化。后来，约翰 · 纳什因研究在博弈论中与帕累托均衡密切相关的一类均衡而获得诺贝尔经济学奖 [59]。

到 20 世纪中叶，大学里仍然广泛教授着古典数理经济学的大部分关键特征，几十年来，它是唯一所有地方都教授的用于研究经济的数学方法。许多至今仍在使用的古老术语（比如市场、一篮子商品）以及将强调增长作为衡量经济健康程度的手段都源于那个时期。该理论为在不确定的经济环境下做出决策提供了一个系统化的工具，它运转得非常不错，而且通常很有用。然而，这种数学模型自有的严重局限性也越来越明显。特别是，认为经济主体是完全理性的，明确知道自己的效用曲线，并寻求将其最大化，这和现实并不相符。在古典数理经济学里，一个被广泛认可的显著特点是，很少有实证数据能对其进行检验。它是一门没有实验基础的“科学”。伟大的经济学家约翰 · 梅纳德 · 凯恩斯曾指出：“最近，‘数理’经济学的大部分内容仅仅是一种混合物，它们最初所依据的假设都是不精确的，这使得研究者忽略了现实世界的复杂性和它们的相互依存关系，而现实世界是一个充满了毫无用处的符号的虚假迷宫。”在本章的最后，我们会快速介绍一些更好的现代化建议。

就金融数学的一个分支而言，我们可以从路易·巴舍利耶（Louis Bachelier）1900 年在巴黎答辩的博士论文里看到一种截然不同的方法。巴舍利耶是亨利·庞加莱的学生，而庞加莱或许是那个时期最杰出的法国数学家，也是世界上最优秀的数学家之一。这篇论文的标题为《投机理论》。它原本可能是数学技术领域的一个术语，但巴舍利耶指的是股票和股票投机。这并不是一个传统的数学应用领域，他因此而遭遇挫折。巴舍利耶的数学成果本身非常壮观，对数学物理学做出了重大贡献，在这里，同样的概念被应用到了与原先不一样的变现场景，但这些数学成果曾消失得无影无踪，直至几十年后才被重新发现。他开创了一种“随机”方法来解决金融不确定性问题，这里的“随机”方法是一个技术术语，它指的是具有内置随机元素的模型。

所有阅读报纸财经版面或在网上关注股市的人，都会很快发现股票的量价会以一种不规则、不可预测的方式发生变化。图 13-1 显示了富时 100 指数（英国股市 100 强公司的综合价格）在 1984 年至 2014 年的变化。它看起来更像是随机漫步而非光滑曲线。巴舍利耶发现了这种相似性，并用一种名叫布朗运动的物理过程来模拟股价的变化。1827 年，苏格兰植物学家罗伯特·布朗（Robert Brown）在用显微镜观察悬浮在水中的花粉颗粒腔内的微粒时，发现这些微粒随机摇动着，但无法解释其原因。1905 年，爱因斯坦提出微粒与水分子发生碰撞。他对这一物理现象进行了数学分析，其结果使许多科学家相信物质是由原子构成的（令人惊讶的是，这个概念在 1900 年曾备受争议）。1908 年，让・佩兰（Jean Perrin）证实了爱因斯坦的解释。

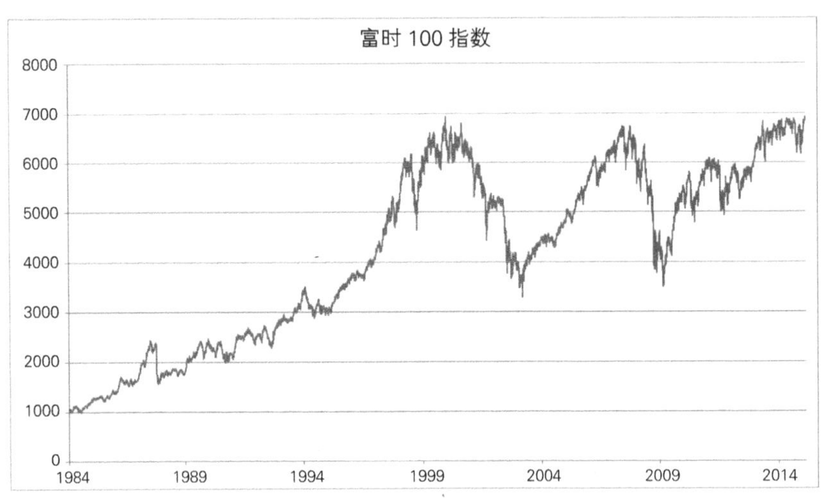


**图 13-1　1984 年至 2014 年的富时 100 指数**

巴舍利耶利用布朗运动模型回答了一个有关股市的统计学问题：预期价格（统计平均值）是如何随时间变化的？具体而言，价格的概率密度是什么样的？它又是如何演变的呢？巴舍利耶给出了对未来最有可能的价格估计，以及相对于那个价格可能的波动范围。他提供了一个如今被称为科尔莫戈罗夫－查普曼方程的概率密度方程，并对其进行求解，得到了一个正态分布，该分布的方差（展形）随着时间的推移呈线性增长。我们现在知道这是扩散方程的概率密度，这种方程也叫热传导方程，因为这是它最早出现的地方。如果你在炉子上加热一个金属平底锅，把手就会变热，即使它与热源没有直接接触，因为热量是通过金属扩散的。1807 年，傅里叶给出了一个支配这一过程的“热传导方程”。同样的方程也适用于其他类型的扩散，比如一滴墨在水中的扩散。巴舍利耶证明了在布朗运动模型中，期权的价格像热量一样传播。

他还利用随机漫步开发了第二种方法。如果随机漫步的步伐越来越小，速度越来越快，就能近似成布朗运动。他指出，这个概念也会得到同样的结果。接着，他计算了“股票期权”的价格应该如何随时间变化（所谓股票期权，是在未来某个日期以固定价格买卖某种商品的合同。这些合同是可以买卖的，买卖是否合适取决于商品的实际价格走势）。通过了解当前价格的扩散方式，我们可以得到对未来实际价格的最佳估计。

这篇论文反响平平，可能是因为它的应用领域不太常见，但它通过了，并被发表在一份质量很高的科学杂志上。巴舍利耶的事业随后被一场悲剧性的误会所毁。他继续研究扩散和相关的概率课题，并成为法国索邦大学的教授，然而第一次世界大战爆发后，他参了军。战后，在做了一些临时性的学术工作后，他申请了第戎的一个长期职位。负责评估申请的莫里斯·热夫雷（Maurice Gevrey）认为自己在巴舍利耶的一篇论文中发现了一个重大错误，专家保罗·莱维（Paul Levy）也对此表示赞同。巴舍利耶的职业生涯毁了。但是他们都误解了他的记法，它并没有错。巴舍利耶为此写了一封义愤填膺的信，但无济于事。最终莱维意识到巴舍利耶一直都没有错，在道歉之后，他们言归于好。然而即便如此，莱维从未对关于股市的应用产生过兴趣。他在笔记本上对这篇论文评论道：“关于金融的内容太多了！”

⚄ ⚄ ⚄

巴舍利耶利用随机波动对股票期权价值如何随时间变化的分析，最终被数理经济学家和市场研究人员接受。其目的是了解期权（不只是标的商品）交易市场的行为。一个基本的问题是找到合理的方法来给期权定价，也就是说，人人都可以用相同的规则分别给他们关心的东西算出价格。这使得评估特定交易所涉及的风险成为可能，从而激励了市场活动。

1973 年，费希尔·布莱克（Fischer Black）和迈伦·斯科尔斯（Myron Scholes）在《政治经济学》杂志上发表了《期权与公司债定价》一文。在此前的十年里，他们开发了一个数学公式来确定某一期权的合理价格。用这个公式进行交易的实验并不太成功，于是他们决定将推理过程公之于世。罗伯特·默顿（Robert Merton）对他们的公式进行了数学解释，这个公式后来被称为布莱克－斯科尔斯期权定价模型。它将期权价格的波动与标的商品的风险区分开来，从而形成一种称为德尔塔对冲的交易策略：在某种意义上，反复买卖标的商品，以消除期权带来的风险。

布莱克－斯科尔斯模型是一个偏微分方程，即布莱克－斯科尔斯方程，它与巴舍利耶从布朗运动中提炼出来的扩散方程密切相关。通过数值计算方法，可以求出任意情形下期权的最优价格。能算出一个唯一“合理的”价格（尽管它的基础是一个可能不并适用于现实的特定模型），已经足以说服金融机构使用它，一个巨大的期权市场由此诞生。

布莱克－斯科尔斯方程所使用的数学假设并不完全符合现实。其中一个重要的原因是，蕴含的扩散过程的概率分布是正态的，因此极端事件不太可能发生。实际上，此类事件更常见，这种现象被称为厚尾 [60]。有一类被称为稳定分布的概率分布是由 4 个参数构成的，图 13-2 显示了其中的三种，它们的关键参数分别对应一个特定值。当这个参数为 2 时，我们会得到正态分布（灰色曲线），它没有厚尾。另外两个分布（黑色曲线）都有厚尾：在图形两边，黑色曲线在灰色曲线之上。

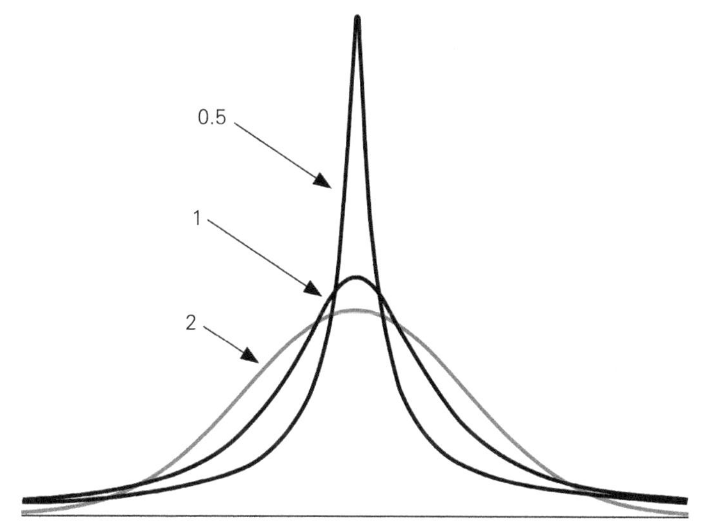


**图 13-2 两种厚尾分布（黑色）和正态分布（灰色）的比较。这三种都是“稳定分布”，它们涉及一个参数，其值分别为 0.5、1 和 2**

用正态分布来模拟那些实际上有厚尾的金融数据，会大大低估极端事件的风险。无论有没有厚尾，与正常情况相比，这些事件都很少见，但厚尾让它们变得常见到足以构成严重问题。当然，极端事件会让你损失一大笔钱。意料之外的冲击，比如突然的政治动荡或某家大公司倒闭，可能会使极端事件发生的可能性比厚尾分布所预示的更大。互联网泡沫和2008年金融危机都和这种意料之外的风险有关。

尽管存在这些问题，布莱克－斯科尔斯方程还是因其实用性而被广泛使用：它很容易计算，并且在大多数时候能很好地近似真实市场的情况。亿万富翁、投资家沃伦·巴菲特（Warren Buffett）曾警告："布莱克－斯科尔斯公式在金融领域已近于神圣……不过，如果将该公式应用在较长的时间段，那么就有可能会导致荒谬的结果。平心而论，布莱克和斯科尔斯想必是明白这一点的。但他们忠实的追随者们可能忽略了他们俩在最早公开这个公式时所附带的警示说明。"[61]

为了更复杂的金融工具——"衍生品"，人们构造和开发出了更复杂、更现实的模型。2008年金融危机的一个原因便是，人们未能认识到一些广受欢迎的衍生品的真正风险，这些衍生品包括信用违约互换和债务抵押债券等。模型声称的无风险投资是不存在的。

如今越来越明显的是，传统数理经济学和基于传统统计假设的金融模型已不再适用。我们应该怎么做却不太明朗。我将简要介绍两种不同的方法：一种是"自下而上"的分析，它对交易员个体和他们的行为进行建模；另一种是"自上而下"的分析，它分析市场的整体状况，以及该如何控制市场，以免崩盘。它们只是汗牛充栋的文献中的冰山一角。

20世纪80年代，数学家和科学家们对"复杂系统"非常感兴趣。在这种系统中，大量个体实体通过相对简单的规则相互作用，在整个系统的层面上产生意想不到的“涌现”行为。拥有 100 亿个神经元的大脑就是一个实例。每个神经元都（相当）简单，它们之间传递的信号也是如此，但倘若把足够多的神经元用正确的方式聚集在一起，就能得到贝多芬、奥斯汀或爱因斯坦这样的人物。将一个拥挤的足球场模拟成一个由 10 万人组成的系统，这些人各有自己的意图和能力，他们可以相互挡道，也可以安静地在售票亭前排队，你可以实实在在地预测人流状况。例如，相向运动的密集人群可以沿着走廊呈“交错”之势，形成方向相反的两条长长的平行线。传统的自上而下的人流模型无法再现这种状况。

股票市场也有类似的结构：大量的交易者相互竞争以获得利润。像 W. 布莱恩 · 阿瑟（W. Brian Arthur）这样的经济学家开始研究经济和金融系统的复杂模型。他的研究成果之一是一套建模方法，这种方法如今被称为基于主体的计算经济学（ACE），它的整体结构非常一般化。首先，它会建立一个包含了许多主体的模型，它们会彼此交互，而这些交互预设有一些合理的规则，然后把它们一股脑儿放到计算机上运行，最终得到计算结果。古典经济学中的完全理性假设，即人人都试图优化自己的效用，可以被具有“有限理性”的主体所代替，以适应市场状况。他们在任何时候都会根据自己对市场走势的**有限**信息和对市场高位的猜测，做出自己认为合理的决定。他们不是沿着一条包括自己在内的所有人都能看到的小径奔向远处山峰的登山者；他们在雾中的斜坡上摸索着，沿着通常向上的方向前进，甚至不确定那里是否有山，也会担心倘若不小心，就有可能从悬崖跌落。

20 世纪 90 年代中期，布莱克 · 勒巴伦（Blake LeBaron）研究了股市的 ACE 模型。它不像古典经济学假设的那样，一切都归于均衡状态，而是随着主体观察到的情况，相应地改变策略，价格也随之波动，就像真正的市场一样。有一些模型不仅再现了这种定性状况，而且还包括了市场波动的总体统计值。20 世纪 90 年代末，纽约纳斯达克证券交易所的报价从分数形式（如 $23\frac{3}{4}$）变成了小数形式（如 23.7，甚至可能是 23.75）。这使得定价更为准确，但价格变动的幅度更小，也可能影响交易员所采用的策略。该交易所聘请 BiosGroup 的复杂理论科学家开发了一个 ACE 模型，模型经过调整后可以生成正确的统计值。它表明，如果允许的价格波动幅度过小，交易员就可以在降低市场效率的同时快速获取利润。这并不是一个好主意，纳斯达克的董事会采纳了这个信息。

与这种自下而上的理念相反，英格兰银行的安德鲁·霍尔丹（Andrew Haldane）和生态学家罗伯特·梅（Robert May）在 2011 年联合提出，银行业可以从生态学中吸取教训[62]。他们注意到，强调（或弱化）与复杂衍生品相关的所谓风险，忽视了这些工具可能对整个银行体系的整体稳定性在总体上造成的影响。比方说，象群可能很兴旺，但如果大象太多，它们就会大量毁坏树木，使其他物种遭殃。经济学家们已经证明，对冲基金（经济大象）的大规模增长可能会破坏市场的稳定[63]。霍尔丹和梅在阐述他们的建议时，有意选用了一些简单的模型，他们采用的是生态学家用来研究相互作用的物种和生态系统稳定性的方法。其中一个模型叫食物网，它是一种表示物种顺序的网络。网络的节点是各个物种，物种之间的连线代表一个物种是怎样以另一个物种为食的。为了将类似的概念应用到银行系统，每个主要银行都被表示为一个节点，在它们之间流动的是钱，而不是食物。这个类比不错。英格兰银行和纽约联邦储备银行发展了这一结构，以考察某一家银行倒闭对整个银行体系的影响。

这类网络的一些数学关键点可以用“平均场近似”来描述，在这种近似里，假定每家银行的状况都与总体平均水平类似（用凯特勒的话来说，假设每家银行都是平均银行。这并非毫无道理，因为所有大公司都在互相模仿）。霍尔丹和梅研究了整个系统的状况与两个主要参数之间的关系，这两个参数分别是银行净资产，以及在银行间贷款中的资产占比。后者涉及风险，因为贷款可能无法偿还。如果某一家银行倒闭，就会发生这种情况，影响也会通过网络传播（图 13-3）。

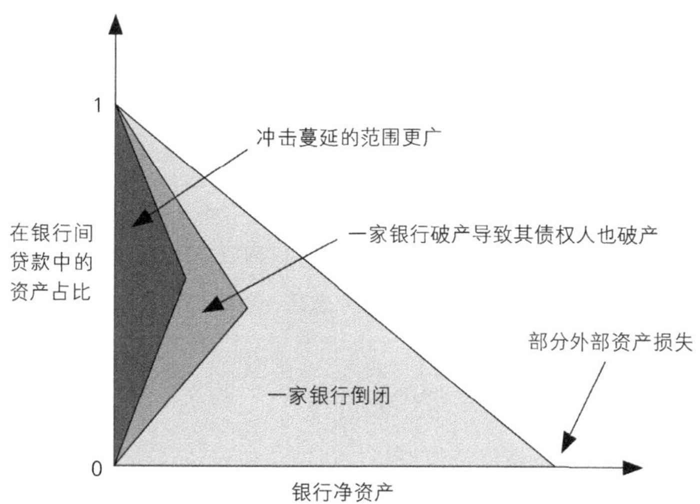


**图 13-3　外部资产损失导致的银行破产是如何向债权人或整个系统蔓延的。各区域显示了银行净资产与在银行间贷款中的资产占比所对应的组合**

该模型预测，当一家银行同时在零售银行（从事商业活动）和投资银行（从事投机）领域高度活跃时，它是非常脆弱的。自金融危机以来，许多政府很晚才要求主要银行将这两项业务分离，如此一来，投机失败就不会对商业活动造成影响。该模型还描绘了另一种冲击银行体系的蔓延方式，它在 2008 年危机期间非常明显：银行陷入困境，停止相互放贷。用行话来说，就是发生了“资金的流动性冲击”。普拉桑纳·加伊（Prasanna Gai）和苏伊特·卡帕迪亚（Sujit Kapadia）[64] 已经证明，这种状况可以像多米诺骨牌效应一样在银行间迅速蔓延，而且这种现象往往会持续很长时间，除非中枢的某些政策能够让银行间的贷款再次流动起来。

这种简单的自上而下的模型对决策者是有用的。例如，可以要求银行增加资本和流动资产。传统上，这种形式的监管被当作阻止个别银行承担过多风险的一种方式。生态模型表明，它具有一项非常重要的功能，即防止单个银行倒闭波及整个系统。此外，另一层意义则是需要“防火墙”，将系统的某些部分与其他部分隔离（20 世纪 80 年代，出于政治动机的放松管制恰恰毁了这一切）。总体而言，金融监管机构应该更像生态学家，去关注整个生态系统的健康程度，而不只是考虑某一单个物种。

# 第 14 章
# 我们的贝叶斯大脑

过去我曾优柔寡断，

但如今我并不那么确定。

——一句印在 T 恤上的话

在第 2 章，我曾问过这样一个问题：人类为什么在没有确凿证据的情况下，会如此轻信那些明显的胡说八道呢？为什么在有明确证据的情况下，会如此轻易接受那些非理性的信念呢？我们每个人对于哪些信念是非理性的、哪些信念不是非理性的，都会理所当然地有自己的看法，但我们也都可以对其他人提出这些问题。

部分答案可能在于我们的大脑在数百万年里的进化过程，我们需要快速对可能危及生命的不确定性做出决策。这些进化上的解释只是猜测——它们很难被检验，因为大脑不会变成化石，也没有办法确定我们祖先的大脑里发生过什么——但这种说法似乎是可信的。我们可以相对清楚现代人类的大脑是如何工作的，因为可以进行与大脑结构和功能相关的实验，而这两者都与基因有关。

低估理解大脑的困难程度是不明智的——即便要弄明白果蝇的大脑也很难，更不用说高度复杂的人类大脑了。黑腹果蝇是遗传研究的主要对象，它的大脑包含大约 135 000 个神经元，它们通过突触连接在一起，突触在神经元之间传递电信号。科学家们眼下正在研究这个被称为果蝇连接组的网络结构。目前，在果蝇大脑里的 76 个主要分区中，只有 2 个分区完成了绘制。所以，我们甚至还不知道果蝇连接组的结构，更谈不上它的工作方式。数学家们知道，即使是一个由 8 到 10 个神经元组成的网络，也能完成一些令人非常费解的事，因为非线性动力系统就是这种网络最简单的现实模型。网络具有一般动力系统所不具备的特征，这可能就是大自然如此频繁地用到它们的原因。

人类大脑有大约 1000 亿个神经元、超过 100 万亿个突触。别的脑细胞可能也参与运作，尤其是胶质细胞，它们的数量与神经元大致相同，但其功能尚不明确[65]。绘制人类连接组的研究也正在进行中，这并不是为了让我们能模拟大脑，而是因为它将为今后所有的大脑研究提供一个可靠的数据库。

如果数学家们连一个只有 10 个神经元的“大脑”都不能理解，那么理解一个有 1000 亿个神经元的“大脑”的出路又在何方呢？就像天气和气候一样，这完全取决于你提出的问题是什么。某些有 10 个神经元的网络可以被理解得很细致。即使整个大脑复杂而微妙，但大脑的某些部位是可以被搞明白的。人们可以梳理出组织大脑的一些通用原则。总之，这种方法是“自下而上”的，它先列出各部件及其连接方式，然后逐步向上描绘出整个系统的运作方式，它并不是唯一的。最明显可以替代它的是“自上而下”的方法，这种方法基于大脑的大规模特征及其行为状况进行分析。我们可以在实践中用一种非常复杂的方式将两者结合起来。事实上，得益于揭示神经元网络如何连接、运作的技术的进步，以及关于这种网络运行状况的新数学思想的出现，我们对自己大脑的了解程度正在迅速加深。

大脑功能的许多方面都可以被认为是某种决策。当我们观察外部世界时，视觉系统必须找出它所看到的物体，猜测这些物体的状况，评估它们潜在的威胁或收益，让我们根据这些评估采取行动。心理学家、行为科学家和人工智能工作者一致认为，在某些重要方面，大脑很像一台贝叶斯决策机。它体现了对世界的信念，这些信念短暂或永久地连入了脑的结构里，这使得它做出的决策与贝叶斯概率模型里出现的结果非常相似（之前我说过，我们对概率的直觉通常是相当糟糕的。它和这里的说法并不矛盾，因为这些概率模型的内部运作并不是可有意识地获取的）。

大脑是贝叶斯化的观点，解释了人类面对不确定性的许多其他特征。特别是，它有助于解释为什么迷信如此容易生根。贝叶斯统计主要阐释了概率是**信念的程度**。当我们评估某个概率是对半开的时候，实际上是说，我们愿意相信和不愿意相信它的程度相同。因此，我们的大脑已经进化到可以体现对世界的信念，而这些信念是短暂或永久地与大脑的结构连在一起的。

不光人类的大脑是这样工作的。我们的大脑结构可以追溯到遥远的过去，也就是那些哺乳动物甚至爬行动物的进化祖先。那些生物的大脑也体现了“信念”。它不是我们如今口头说的那种信念，比如“打破镜子会‘倒霉’七年”。大多数人类自己的大脑信念也并非如此。我指的是，诸如“倘若这样伸出舌头，我就更有可能捉到苍蝇”之类的信念，它被写进了大脑中用于激活相关肌肉的那些区域里。人类的语言额外为信念增加了一层，让表达信念成为可能，更重要的是，还把信念传递给其他人。

为了建立一个简单但又包含丰富信息的模型，我们假设大脑中有一个区域包含了许多神经元。它们可以通过具有“连接强度”的突触连在一起。有些神经元发出弱信号，而有些发出强信号，还有些根本不存在，所以不发出任何信号。信号越强，接收信号的神经元的反应就越大。我们还可以用数值表示强度，这在详细说明数学模型时很有用：用某些单位度量的话，可能弱连接的强度是 0.2，强连接的强度是 3.5，不存在的连接强度是 0。

当神经元对传入的信号做出反应时，其电气状态会快速发生变化——它会“兴奋”。这样，就产生了一种可以传递给其他神经元的电脉冲，而传递给哪些神经元由网络的连接决定。当传入的信号把神经元的状态推到某个阈值以上时，神经元就会兴奋。而且，有两种不同类型的信号：一种是兴奋性的，它会使神经元兴奋；另一种则是抑制性的，它会使神经元停止兴奋。这就好像神经元会将传入信号的强度求和，兴奋性信号为正，抑制性信号为负，只有当和足够大时，神经元才会兴奋。

在新生儿的大脑中，许多神经元是随机连接的，但随着时间的推移，某些突触会改变它们的强度。有些突触可能会被完全移除，也会生长出一些新的突触。唐纳德·赫布（Donald Hebb）在神经网络里发现了一种“学习”的模式，这种模式如今被称为赫布型学习。“同时兴奋的神经细胞会连在一起”，也就是说，如果两个神经元几乎同步兴奋，那么它们之间的连接强度就会变大。在贝叶斯信念的语境里，连接的强度代表了大脑的信念程度，即当其中的一个神经元兴奋时，另一个也应该会兴奋。赫布型学习会强化大脑的信念结构。

心理学家发现，当人们被告知一些新信息时，不只是把它们记进脑子。从进化的角度来看，这会是灾难性的，因为相信别人告诉你的一切并不是一个好主意。人会说谎，试图误导别人，通常是为了能控制他们。大自然同样会说谎，经过仔细分析，摇摆的豹尾可能只是悬着的藤蔓或水果，竹节虫会假装成树枝。所以，当接收到新信息时，我们会根据自己已有的信念对其做出评估。如果足够机智，我们会评估信息的可信度。如果信息源可靠，我们更容易相信它；倘若信息源不可靠，那么我们就不太会相信它。是否接受新的信息，并据此转变自己的信念，是我们内心在权衡对已经相信的东西、它们与新信息之间的联系，以及对新信息真实性的信赖程度等因素后得到的结果。这种权衡通常发生在潜意识中，但我们也可以对信息进行有意识的演绎。

在一个自下而上的解释中，发生的事情就是复杂的神经元阵列都在兴奋，它们彼此发送信号。这些信号如何相互抵消，又怎样相互增强，决定了新信息能否被接受，而连接强度也会随之改变。这已经解释了为什么很难说服“真正的信徒”，让他们相信自己错了，即便证据对其他人而言似乎具有压倒性。如果某人对不明飞行物有强烈的信念，而美国政府公布了一则新闻，解释某次所谓的目击实际上是一个气球实验，但他的贝叶斯大脑几乎肯定会把这种解释当作宣传。新闻很可能会强化他们的信念，即他们在这个问题上不信任美国政府，他们会庆幸自己没有轻信美国政府的谎言。信念是双向的，所以，通常在没有独立验证的情况下，那些不相信不明飞行物的人会把这种解释当作事实来接受，这些信息会强化他们不相信不明飞行物的信念。他们会庆幸自己没有那么容易上当，去相信不明飞行物是存在的。

人类的文化和语言使一个大脑的信仰系统转移到另一个大脑成为可能。这个过程既不精准也不可靠，但它是有效的。根据不同的信仰和研究其过程的人，“过程”的名字可以被当作“教育”“洗脑”“把孩子培养成好人”等。小孩的大脑是可塑的，他们评估证据的能力还在发展：想想圣诞老人、牙仙和复活节小兔——尽管孩子们很聪明，很多孩子知道自己必须“演戏”才能得到奖励。有一句格言：“让我把孩子培养到七岁，我就能塑造他的一生。”这句话可能有两种含义：一个含义是，年幼时学到的东西持续时间最长；另一个含义是，让孩子接受某种信仰体系，会让他们在成年后一直牢记。可能两者都是对的，而且从某种观点来看，它们是一样的。

贝叶斯大脑理论源自很多科学领域：除了显然的贝叶斯统计之外，还包括机器智能和心理学。19 世纪 60 年代，人类感知物理学和心理学的先驱赫尔曼·亥姆霍兹（Hermann Helmholtz）提出，大脑通过建立外部世界的概率模型来组建认知。1983 年，在人工智能领域工作的杰弗里·欣顿（Geoffrey Hinton）又提出，人类的大脑是一台机器，在观测外部世界时，它会对遇到的不确定性做出决策。20 世纪 90 年代，这个思想成了基于概率论的数学模型，它包含了亥姆霍兹机的概念。它不是某种机械装置，而是一个数学抽象，由两个经过数学模型化的“神经元”网络组成。一个是自下而上的识别网络，它以真实数据作为训练对象，并通过一组隐变量表示。另一个是自上而下的“生成”网络，它生成这些隐变量的取值，由此得到数据。训练过程用一种学习算法来修改这两个网络的结构，使它们能够准确地对数据进行分类。这两个网络被轮流修改，整个过程被称为清醒 - 睡眠算法。

“深度学习”有更多层类似的结构，目前它在人工智能领域取得了相当大的成功。它的应用包括计算机对自然语言的识别，以及计算机在中国围棋中取得的胜利。在此之前，人们已经证明和计算机下西洋跳棋永远只能平局，即使打法再完美也只能如此。1996 年，IBM 的“深蓝”挑战国际象棋特级大师、世界冠军加里·卡斯帕罗夫（Garry Kasparov），但它在一场 6 局赛中以 4 : 2 落败。经过大幅改良后，“深蓝”在随后的比赛中以 $3\frac{1}{2}$ ： $2\frac{1}{2}$ 获胜。然而，这些程序用的都是暴力算法，而不是用来下赢围棋的人工智能算法。

围棋起源于 2500 多年前的中国，是在一个 19×19 的棋盘上进行的游戏，它表面上简单，实际上深不可测。两位棋手各执黑子和白子，把棋子轮流摆在棋盘上，将对方的子围住吃掉。谁围的地盘大，谁就获胜。围棋在数学上的严密分析非常有限。戴维・本森（David Benson）发明了一种算法，能判断出在什么情况下，无论对手如何落子，某块棋都不会被围住[66]。埃尔温・贝勒坎普（Elwyn Berlekamp）和戴维・沃尔夫（David Wolfe）分析了一盘棋结束时复杂的数学情况，此时棋盘上的位置多被占领，可以落子的地方比平常更扑朔迷离[67]。在那个阶段，游戏实际上已经分裂成好几块几乎相互独立的区域，棋手必须决定接下来在哪块区域落子。他们的数学技巧将每个位置与某个数值——或者说是更深奥的结构联系起来，并把这些数值组合起来，为获胜提供一些规则。

2015 年，谷歌的深思（DeepMind）公司测试了一款围棋算法 AlphaGo，这个算法基于两种深度学习网络：一种是决定棋盘盘面优势情况的价值网络，另一种是决定下一步行动的策略网络。这些网络采用人类高手对弈和算法互博的棋局训练[68]。随后，AlphaGo 与顶级职业棋手李世石（Lee Sedol）对弈，并以 4：1 获胜。程序员找到了 AlphaGo 输了一局的原因，并修正了策略。2017 年，AlphaGo 在一场三局比赛中击败了世界排名第一的柯洁。AlphaGo 的"棋风"有一个有趣的特点，表明深度学习算法并不需要像人脑那样运作。它经常会把棋子下在一些人类棋手根本不会考虑的位置——并最终取得胜利。柯洁说："人类数千年的实战演练进化，计算机却告诉我们人类全都是错的。我觉得，甚至没有一个人沾到围棋真理的边。"①

人工智能应该以与人类智能相同的方式工作，在逻辑上是没有道理的，

① 见"棋士柯洁"的微博（2016 年 12 月 31 日 23：28）。——译者注

这也是用形容词“人工”的一个原因。然而，这些由电子电路体现的数学结构，和神经科学家开发的大脑认知模型有一些相似之处。因此，在人工智能和认知科学之间出现了一个创造性的反馈回路，它们彼此借鉴对方的思路。有时候在某种程度上，我们的大脑和人造大脑似乎是利用相似的结构原理来工作的。然而，从构成的材料和信号处理过程的方式来看，它们的差别当然是非常大的。

我们用视错觉举例说明这些概念，尽管它们实际上具有更动态的数学结构。当含糊不清或不完整的信息呈现给一只或一双眼睛时，视觉会产生一些令人困惑的现象。含糊不清是不确定性的一种，我们不能确定自己看到了什么。接下来，我将简要介绍其中的两种不同类型。

第一种类型是由詹巴蒂斯塔·德拉波尔塔（Giambattista della Porta）在 1593 年发现的，被收录在他的《折射论》（一本光学专著）中。德拉波尔塔把两本书分别放在两只眼睛前。他写道，他可以一次阅读其中的一本书，并且还能把“视觉能力”从一只眼睛移到另一只，实现阅读另外一本书。这种效应如今被称为双目竞争。当两幅不同的图像分别呈现给两只眼睛时，就可能会产生交替感知，认为它们不是两幅分开的图像，这是大脑“自以为”看到的东西。

第二种视错觉被称为多稳图形。当无论静止还是运动的某幅单一图像可以通过多种方式感知时，就会出现这种情况。一个典型的例子是内克尔立方体（图 14-1 左图），它是由瑞士结晶学家路易·内克尔（Louis Necker）在 1832 年发现的，这种立方体看起来会在两个不同方向之间反复；另一个例子是由美国心理学家约瑟夫·贾斯特罗（Joseph Jastrow）在1900年创作的鸭兔错觉（图14-1右图），这个图形在一只不怎么像的兔子和一只稍微有点儿像的鸭子之间反复[69]。

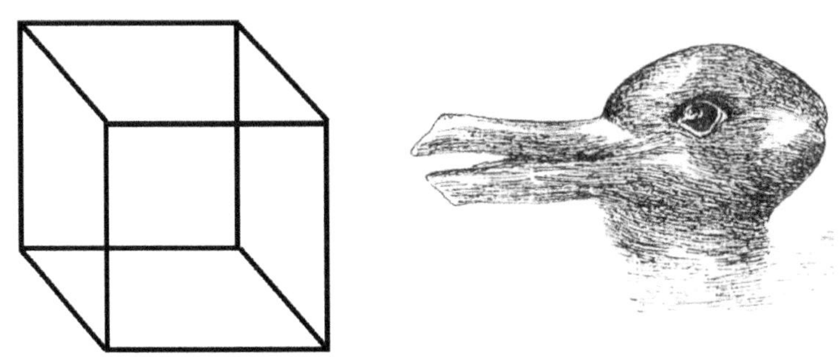

**图14-1　左图：内克尔立方体。右图：贾斯特罗鸭兔错觉**

有一种简单模型可以感知内克尔立方体，它是一个只有两个节点的网络。这两个节点代表神经元或多个神经元组成的小网络，不过该模型只能拿来当作示意。其中一个节点与立方体的一个感知方向对应（假设已经完成了对这个方向做出响应的训练），另一个节点则与立方体相反的感知方向对应。这两个节点通过抑制性连接连在一起。这种"赢者通吃"的结构很重要，因为抑制性连接确保了如果一个节点被激活，那么另一个节点就不会活跃。所以网络在任何时候都会做出一个明确的决策。建模过程中的另一个假设是，决策是由更活跃的节点做出的。

起初，两个节点都不活跃。然后，当眼睛里出现内克尔立方体的图像时，节点接收到触发活跃的输入。但是，"赢者通吃"的结构意味着两个节点不能同时活跃。在数学模型里，它们轮流活跃：先是第一个更活跃一些，接下来变成第二个更活跃。从理论上讲，这种交替会定期重复，但实际观察到的情况并非如此。受试者报告了类似的感知变化，但它们发生的时间间隔毫无规律。这种变化通常被解释为来自大脑其他区域的随机影响，但尚有争议。

同样的网络也对双目竞争进行了模拟。在这种场景下，这两个节点对应于受试者看到的两幅图像：一幅对应左眼，另一幅对应右眼。人们无法感知到这两幅图像是重叠的；相反，他们轮流看到了其中一幅或另一幅。同样，这是发生在模型里的情况，尽管感官之间切换的时间间隔更有规律性。

如果数学模型只是预测在两种已知的可能性之间切换，那就有点儿无聊了。在稍微复杂一点儿的环境里，类似的网络还会以更令人惊讶的方式运作。一个经典的例子是伊洛纳 · 科瓦奇（Ilona Kovács）和他的同事进行的猴子 – 文本实验[70]。在这个例子中，有一张猴子（它看起来像一只小猩猩，其实是一只猿，不过大家称它为猴子）照片和一张绿底蓝字的图片，它们都被分成大小相近的 6 小块。然后，每幅图像中的三块区域与另一幅图中的对应区域互换，生成两张混合图像。分别将这两幅新的图像展示给受试者的左眼和右眼。

受试者会看到什么呢？大多数人报告，他们会交替看到两种混合的图像。这很有道理：波尔塔的那两本书就是如此。就好像一只眼睛看到了，然后另一只眼睛也看到了。但有些受试者报告，完整的猴子图像和完整的文本也会交替出现（图 14–2）。对此有一种似是而非的解释，这些人的大脑“知道”完整的猴子和文本应该是什么样子，所以大脑会把合适的部分拼接在一起。然而，由于大脑看到的是两种混合物，它依然不能确定看到的是哪一个，因此它会在两者之间反复。但是，这并不能令人信服，也不能真正解释为什么有些受试者看到的是一对图像，而另一些人看到的却不同。

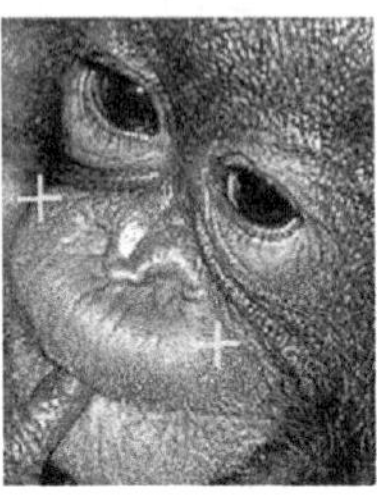
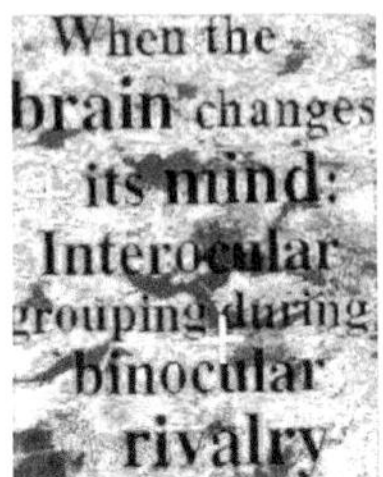


**图 14–2　如果将前两幅“混合”图像分别展示给每只眼睛，有些受试者会交替看到后两幅完整图像**

数学模型更能说明问题。神经学家休・威尔逊（Hugh Wilson）提出了一种大脑高级决策网络模型，我称其为威尔逊网络模型。在最简单威尔逊网络模型里，（未经训练的）威尔逊网络是一组矩形节点阵列。它们可以被认为是模型神经元或者神经元群，不过由于是建模，它们没什么生理学上的意义。在竞争环境中，阵列中的每一列都对应于呈现给眼睛的图像的一个“属性”，它可以是某个特征，如颜色或方向。每个属性都有一组选择，例如，颜色可以是红色、蓝色或绿色，方向可以是垂直、水平或斜向。这些离散的可能性就是那个属性的“标准”，每个标准对应于该属性列中的一个节点。

任何特定的图像都可以被看作对各个标准选择的组合，每个相关属性都有一个标准。例如，红色水平图像结合了颜色列的“红色”标准和方向列的“水平”标准。威尔逊网络的体系结构是通过做出更强烈的响应来“学习”特定标准（每个属性有一个标准）的组合，以实现检测出不同的图形。在每一列，所有不同的节点对通过抑制耦合器相互连接。无须更多输入或修改，该结构就在列上创建了“赢者通吃”的动态，因此在不断变化的过程中，通常只有一个节点是最活跃的。接着，在列上检测其属性所对应的标准。模拟图像呈现给眼睛的训练，是由在适当标准组合的对应节点间添加兴奋性连接来模仿的。在一个竞争模型中，两幅图像都添加了这种连接（图 14-3）。

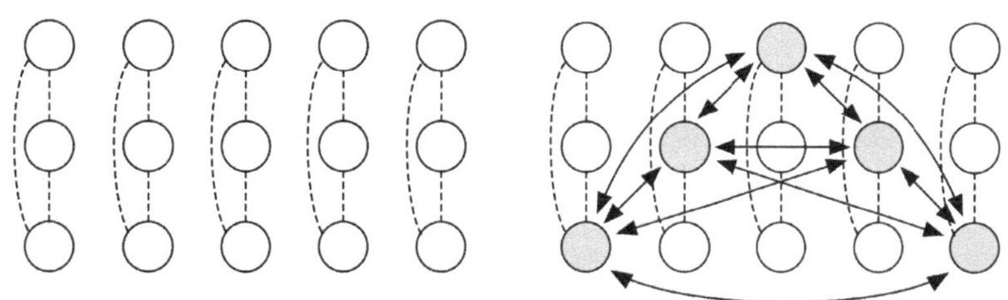

**图 14-3　左图：未经训练的威尔逊网络，它有 5 个属性，每个属性有 3 种标准。虚线是抑制性连接。右图：图形（画上阴影的每个属性里的标准）是由这些节点之间的兴奋性连接（实箭头）表示的。将这些连接添加到原始网络中，可以训练它识别这种图形**

凯西·迪克曼（Casey Diekman）和马丁·戈卢比茨基（Martin Golubitsky）已经证明，威尔逊的竞争网络模型有时会产生意想不到的结果[71]。对猴子–文本实验而言，动力学预测该网络可以以两种不同的方式振荡。正如我们预想的那样，它可以在两种学到的图形（也就是眼睛看到的混合图像）

间切换。但它也可以在完整的猴子和文本之间切换。出现哪种情况取决于连接强度，这表明受试者之间的差异与受试者大脑中相应神经元群连接的强弱有关。令人吃惊的是，用最简单的威尔逊网络来代表实验，也能准确地预测实验观测到的结果。

威尔逊网络是示意性的数学模型，旨在阐明简单的动态网络在原则上是怎么根据从外部世界接收到的信息做出决策的。更具有说服力的是，大脑中的某些区域与威尔逊网络的结构非常相似，它们做决策的方式也大同小异。用于处理来自眼睛的信号从而确定我们正在看什么的视皮质，就是一个很好的例子。

不管教科书上怎么说，人的视觉和照相机的工作原理并不一样。平心而论，**眼睛**检测图像的方式有点儿像照相机，晶状体将入射的光线聚焦到后面的视网膜上。相较于老式胶片，视网膜更像是现代数码相机中的电荷耦合器件（CCD）。它有大量独立的感受器，即视杆细胞和视锥细胞，它们是能对入射的光线做出反应的感光神经元。视锥细胞有三种，每种都对特定波长范围内的光更敏感，也就是对某（类）颜色的光更敏感。一般来说，这些颜色分别是红色、绿色和蓝色。视杆细胞在弱光下有反应。它们对青色（“淡蓝色”）波长的光反应最为强烈，但我们的视觉系统会把这些信号当作灰色阴影，这就是我们在晚上看不到太多颜色的原因。

接下来发生的，才是人类视觉与相机产生显著差别的地方。这些传入的信号通过视神经传输到大脑的视皮质。我们可以把视皮质当作一系列薄薄的神经元层，它的作用是处理从眼睛接收到的信号图形，以便大脑的其他区域能够识别它们看到的东西。每一层都会动态地响应传入信号，就像威尔逊网络对内克尔立方体或猴子 - 文本实验进行响应一样。这些响应被传输到下一层，而那一层的结构又会让它响应不同的特征，以此类推。信号也会从深层传递到表层，影响它们对下一批信号的响应。最终，在这一连串的信号中，**某些东西**决定了“那是奶奶”或者其他。它可能是某个特定的神经元，通常被称为祖母细胞，或者它也可能是以某种更复杂的方式实现的。我们还不知道。一旦大脑识别出奶奶，它就会从别的区域调出其他信息，比如“帮她脱下外套”“她来的时候总喜欢喝杯茶”“她今天看起来有点焦虑”等。

当照相机连上计算机时，它也开始执行类似的任务，比如用面部识别算法标识出照片上人物的名字。虽然视觉系统并不像照相机，但照相机却越来越像视觉系统。

神经科学家们已经对视皮质的连接状况进行了详细的研究，而探测大脑连接的新方法无疑也会得到更加精确的结果。利用对电压敏感的特殊染料，科学家们绘制出了动物视皮质的顶层（V1）连接的通用规则。粗略地说，V1 可以检测眼睛看到的直线片段，并计算出这些直线的方向。这对找出物体的边界很重要。事实证明，V1 的结构很像威尔逊网络，它在不同方向上用直线进行训练。网络中的每一列对应于 V1 中的一个“超列”，它的属性是“在该位置看到的直线的方向”。该属性的标准是一个粗略的集合，里面包含了这条直线可能的方向。

真正巧妙的部分是模拟在威尔逊网络中学习图形。在 V1 中，这些图形是较长的直线，它们跨越了多个超列的视界。假设单个超列探测到了 60° 角的某一小段直线，那么用于这个“标准”的神经元就会兴奋。然后，它将兴奋性信号发送给相邻超列里的神经元，但目标只是那些同是负责 60°角标准的神经元。并且，这些连接只连到 V1 中位于线段延长线上的那些超列。它并不非常精确，同时还有一些其他较弱的连接，但最强的那些连接与我描述的很接近。V1 的结构使它能够检测直线及其方向。如果它看到一条这样的直线的一部分，它就“假设”这条直线会延长，因此会填补上间隙。但它并不是盲目的。如果其他超列有足够强烈的信号与假设矛盾，那些信号就会占上风。例如，当一个物体的两条边相交时，在角上的方向会产生矛盾。将这些信息发送到下一层，你就会用到一个与检测直线一样的用于处理角的系统。最后，顺着这一连串信息，你的大脑会识别出奶奶。

我们大多数人在某种程度上经历过一种不确定性：“我在哪里?”神经学家爱德华（Edvard）、梅－布里特·莫泽（May-Britt Moser）和他们的学生在 2005 年发现，老鼠的大脑里有一种特殊的神经元，称为网格细胞，它可以模拟老鼠在空间里的位置。网格细胞位于大脑的某个区域，这个区域的名字有点拗口：背尾内侧内嗅皮层。它是位置和记忆的核心处理单元。就像视皮质一样，它也有一个分层的结构，并且不同层之间具有不同的兴奋模式。

科学家们将电极植入老鼠的大脑，然后让它们在一个开放的空间里自由活动。当老鼠移动时，他们监测老鼠大脑中有哪些细胞是兴奋的。事实证明，每当老鼠在众多空间小块（“兴奋区”）中的某块时，特定的细胞就会兴奋。这些小块区域构成一个六边形网格。研究人员推断，这些神经细胞构建了对空间的心理表征，即在某种坐标系统下的认知地图，告诉老鼠的大脑自己在哪里。网格细胞的活动随着动物的移动而不断更新。无论老鼠朝哪个方向走，有些细胞始终都会兴奋；另一些细胞则与方向有关，由此对方向做出反应。

我们还不清楚网格细胞是如何告诉老鼠自己在哪里的。有意思的是，老鼠大脑中网格细胞的几何排列是不规则的。这些网格细胞层通过整合老鼠四处游荡时的微小运动，以某种方式“计算”它所处的位置。在数学上，这一过程可以通过矢量计算来实现，在矢量计算中，运动物体的位置是将许多微小的变化相加后得到的，而这些变化是有大小和方向的。在更好的导航仪器被发明之前，水手们基本上就是用这种“航位推算法”导航的。

我们知道网格细胞的网络可以在没有任何视觉输入的情况下工作，因为即使在全黑的环境中，兴奋的模式也不会改变。不过，它对视觉输入的响应非常强烈。例如，假设老鼠在一个圆柱形的笼子里奔跑，笼壁上有一张卡片作为参考点。我们选择某个特定的网格神经元，并测量对应的由空间小块组成的网格。然后旋转圆柱体后再次测量，此时网格也会有同样的旋转。把老鼠放在一个新的环境后，网格及其间距都不会改变。无论网格细胞怎么计算位置，整个系统的稳健性都很好。

2018 年，安德烈亚·巴尼诺（Andrea Banino）和他的同事们公布了如何使用深度学习网络执行类似导航任务。他们的网络有很多反馈回路，因为导航似乎依赖于把一个处理步骤的输出作为下步的输入，实际上，它是一个以网络为迭代函数的离散动力系统。他们利用各种啮齿类动物（如大鼠和小鼠）觅食时走过的路径，辅以大脑其他部分可能会发送到网格神经元的信息，来训练这个网络。

该网络学会了在各种环境中有效地导航，并且可以在不损失性能的情况下把所学内容转移到新的环境中。这个研究团队为它设置某个特定目标来进行测试，还在更高级的环境里（整个设置都是在计算机中模拟的）测试它通过迷宫的能力。他们使用贝叶斯方法评估统计显著性，并将数据拟合到由三个不同的正态分布组成的混合分布上。

其中有一个值得注意的结论是，随着学习过程的深入，在深度学习网络里，有一个中间层发展出了与网格神经元类似的活动，即当动物处于由空间小块组成的网格中的某个区域时，它就会变得兴奋起来。对网络结构的详细数学分析表明，这是某种模拟的矢量计算。没有理由假设网络会像数学家那样，写下矢量后把它们加起来。尽管如此，他们的结果支持了一个理论，那就是网格细胞对基于矢量的导航而言至关重要。

更笼统地说，大脑用来理解外部世界的“回路”是在某种程度上模仿外部世界。大脑的结构已经进化了几十万年，“连接”着我们周遭的信息。正如我们所了解的，它也会在较短的时间内发生变化，学习“优化”连接结构。我们学到的东西受教育所限。因此，如果我们从小就被灌输某些信念，它们就会根深蒂固地扎在我们的大脑里。这可以看作对前文提到的那句格言在神经科学上的验证。

于是，成长环境强力地约束着文化信念。我们通过熟悉的赞美诗、支持的球队、演奏的音乐来确定自己在世界上的位置，以及与周围人的关系。对多数人而言，刻在我们的大脑里的“信仰”，和那些可以利用证据进行理性辩论的东西并没有太大不同。但是，除非认识到两者的区别，否则我们所持的那些没有证据支持的信仰很可能是有问题的。不幸的是，这些信仰在我们的文化中非常重要，这也是它们始终存在的原因之一。建立在信仰而非证据基础之上的信念对区分“我们”和“他们”很有效。是的，我们都“相信”2+2=4，所以它不会让你我有所不同。但是，你会在每周三都向猫女神祈祷吗？我认为你不会。你不是“我们”的一分子。

当我们在小团体中生活时，这种方法非常有效，因为我们遇到的几乎每一个人都会向猫女神祈祷，倘若不这样做，可能就会遭到警告。然而，哪怕只是把这种行为推广到族群里，也有可能引发矛盾，甚至经常导致暴力事件。在当今这个互联的世界里，它正成为一个大灾难。

眼下，民粹主义政治用新词“假新闻”来形容那些曾被称为“谎言”或“宣传”的东西。辨别真假新闻越来越难了。任何一个有几百美元闲钱的人都能掌握巨大的计算力。高级软件的广泛使用正让全球变得民主化，这在原则上是件好事，但随之而来的，常常是使区分真理与谎言也变得更复杂。

因为用户可以定制他们所看到的信息，强化自己的偏好，所以人们越来越容易生活在信息泡沫里，你能得到的唯一新闻就是你想听到的。柴纳·米耶维尔（China Miéville）在《城与城》中夸张地表述了这种倾向，这部科幻－犯罪类剧集讲的是贝斯厄尔市重案组的博尔洛探长调查凶手的故事。他多次跨越城际线，前往该市的姊妹城厄尔科马市，与那里的警察合作。一开始，剧集的画风有点儿像柏林墙倒塌前，城市被分为东西两部分的柏林，但你会慢慢发现，这座城市的两部分**在地理空间上是相同的**。每一个城市的市民从呱呱坠地起就被训练视对方为无物，即使他们穿梭于对方的建筑物和人群中。如今，许多人在互联网上也做着相同的事情，他们沉迷于确认偏差，因此我们收到的所有信息都在加强一个观点，那就是自己是正确的。

为什么我们会如此轻易地被假新闻操纵？这是因为古老的贝叶斯大脑是基于具体信念的。我们的信念不像计算机里的文件，只要动一下鼠标就可以删除或替换。它们更像是连在一起的硬件。改变连接模式很困难。我们越是坚信，哪怕只是**试图**相信，改变也就越难。我们相信的每一条假新闻，都会强化那些连接，因为它符合我们的需要。每一条我们不想相信的新闻都被无视了。

我不知道有什么好办法可以避免这类情况。教育吗？如果某个孩子去了一所宣扬特定信念的特殊学校，会发生什么呢？如果禁止教授那些事实明确但与信念不同的学科，又会发生什么呢？到目前为止，在人类所有的发明设计里，科学是区分事实和虚构的最佳方法，但如果政府决定削减研究这些令人不快的事实的经费来对付它们，那会发生什么呢？在美国，联邦资金已经不能用于合法研究持枪权带来的影响了，特朗普政府就曾考虑对气候变化做相同的事情。

各位，事实是不会就此消失的。

有一种建议是，我们需要新的监督者。但是一个无神论者信任的网站对一个真正的教徒而言就是诅咒，反之亦然。如果某个邪恶的公司控制了我们信任的网站，会发生什么？这一直不是一个新问题。正如古罗马诗人尤维纳利斯（Juvenal）在公元100年左右写就的《讽刺诗》中所说的那样，**谁来监督监督者？**谁来监视那些监视者本人？不过，我们今天面临的问题更糟糕，因为一条推文就可以传遍整个地球。

也许，我太悲观了。总体而言，更好的教育使人们更加理性。当人类生活在洞穴和丛林里时，贝叶斯大脑“迅速而粗糙”的生存算法提供了很好的帮助；但在充斥着错误信息的时代，它可能不再适用了。

# 第 15 章
# 量子的不确定性

要同时准确地确定一个粒子的位置和速度是不可能的。

——维尔纳·海森堡，《原子物理学》

在大多数人类活动的领域里，不确定性源于无知。至少大体而言，知识可以解决不确定性。这在实践上有一些阻碍：为了预测民主投票的结果，我们可能需要知道每一位选民的想法。但倘若我们知道这些，就能知道谁会去投票，以及他们会把票投给谁。

然而，有那么一个物理学领域，不确定性是其固有的特征，这是压倒性的共识。再多的知识也无法让事情变得可以预测，因为系统本身也不"知道"自己将发生什么，它就是这么运转的。这个领域就是量子力学。量子力学已有约 120 年历史，它不仅彻底改变了科学，也改变了我们对科学与现实世界之间的关系的看法。[①] 它甚至还让一些具有哲学头脑的人质疑现实世界就何种意义而言才是存在的。牛顿最大的进步是证明了自然界遵循数学规律。量子理论告诉我们，即使规则本身也是不确定的。所有物理学家几乎都这么认为，而且他们有大量证据支持这个观点。然而，在这个由概率武装的外壳上有一些瑕疵。我怀疑量子的不确定性也是可以被预测的，但可能仅仅是一个关于确定性的解释。在探讨这些更具思考性的想法（见第 16 章）之前，我们需要先整理一下这段历史。

⚄ ⚄ ⚄

一切都始于一只灯泡。这并不是一个比喻，而是在某位天才头脑中盘旋的灵感：一个真实的灵感。1894 年，有几家电力公司聘请德国物理学家马克斯·普朗克（Max Planck）开发一种更高效的灯泡。很自然，普朗克是从基础物理学入手的。光是一种电磁辐射，人眼可以感受到它的波长。

① 关于量子力学的更多内容，参见《纠缠：量子力学趣史》（人民邮电出版社，2020 年）。——编者注

物理学家们知道，最有效的电磁辐射体是具有互补特征的“黑体”：它能完全**吸收**所有波长的辐射。1859 年，古斯塔夫·基尔霍夫（Gustav Kirchhoff）想知道，黑体辐射的强度是如何由辐射的频率和黑体的温度决定的。实验物理学家负责测量，理论家负责解释，但他们的结果并不一致。当时的情形有些混乱，普朗克决定厘清其中的头绪。

普朗克的第一次尝试成功了，但他并不满意，因为其中的假设相当武断。一个月后，他找到了一个更好的方法来证明自己的观点。这是一个激进的想法：电磁能不是一种连续的量，它是离散的。它总是以某个固定的、非常小的量的整数倍出现。更准确地说，对于一个给定的频率，能量总是等于某个整数乘以频率再乘以一个很小的常数，这个常数如今被称为普朗克常数，用符号 h 表示。它的正式取值等于 $6.626\times10^{-34}$ 焦耳·秒，也就是 0.0…0626，在小数点后有 33 个 0。1 焦耳的能量可以使一茶匙水的温度升高约 $\frac{1}{4}$ ℃。所以 h 确实是一个非常小的能量值，它小到在实验能级上看起来仍是连续的。尽管如此，用一组离散的、间隔非常小的能量来代替一个连续的能量范围，可以避免一个会导致错误结果的数学问题。

当时，普朗克并没有意识到这一点，但他对能量的奇特假设将在整个科学领域引发一场重大革命，那就是量子力学。“量子”是一个非常小的离散量。量子力学是关于物质在非常小的尺度上如何运作的最佳理论。尽管量子理论与实验结果惊人地一致，但我们对量子世界的许多认知非常困惑。据说，伟大的物理学家理查德·费曼（Richard Feynman）曾说过：“如果你认为自己了解量子力学，那么你就不了解量子力学。”[72]

例如，关于普朗克公式最显而易见的解释是，光是由某种微小粒子构成的，这种粒子如今被称为光子，它的能量等于其频率乘以普朗克常数。光是这个值的整数倍，因为你必须有整数个光子。这种解释很有道理，但它引发了另一个不同的问题：一个粒子怎么会有频率呢？频率对波是有意义的。那么光子是波还是粒子呢？

它两者都是。

伽利略说过，自然法则是由数学语言写就的，而牛顿的《自然哲学的数学原理》则证实了这个观点。在几十年里，欧洲大陆的数学家们把这种观点扩展到了热、光、声、弹性、振动、电、磁和流体领域。数学方程激增所造就的经典力学时代，为物理学贡献了两大要素。其中之一是粒子，它是一种非常小的物质，小到在建模时可以把它作为一个点。另一个标志性的概念则是波。想象一下在海上的波浪。如果风不太大，而且离陆地很远，波浪就会在形状不变的情况下，以稳定的速度移动。实际构成波浪的水分子不会随着波浪移动，它们基本上都留在原地。当波浪经过时，水分子上下左右地运动着。它们将这种运动传递给临近的分子，这些分子也以类似的方式运动，从而形成相同的基本形状。所以**波**会移动，但水不会。

波无处不在。声音是空气中的压力波。地震在地下产生的波可以使建筑物坍塌。为我们带来电视、雷达、移动电话和互联网的无线电信号是电磁波。

事实证明，光也是如此。

17 世纪末，光的本质是一个富有争议的问题。牛顿相信光是由许多微小粒子构成的。荷兰物理学家克里斯蒂安·惠更斯提供了强有力的证据，证明光是一种波。牛顿巧妙地用粒子解释进行反驳，在大约一个世纪里，他的观点占了上风。随后，人们证明一直以来惠更斯都是对的。最终，干涉现象让认为光是波的阵营站稳了脚跟。如果光线穿过镜头或是狭缝，它就会形成一种明暗大致相间的平行条纹。用显微镜更容易看到这种图形，用单色光则会使效果更佳。

波的理论以一种简单、自然的方式解释了这种现象，即它们是波的干涉图形。当两组波重叠时，它们的波峰相互叠加，它们的波谷也会叠加，但波峰和波谷会相互抵消。只要把两块石头扔进池塘，你就可以很容易发现这种情况。每块石头都会产生一系列圆形波纹，这些波纹从石头的落水点向外扩散。在这些波纹相交的地方，你会看到一个复杂的图形，如图 15-1 所示，它很像一个弯曲的棋盘。

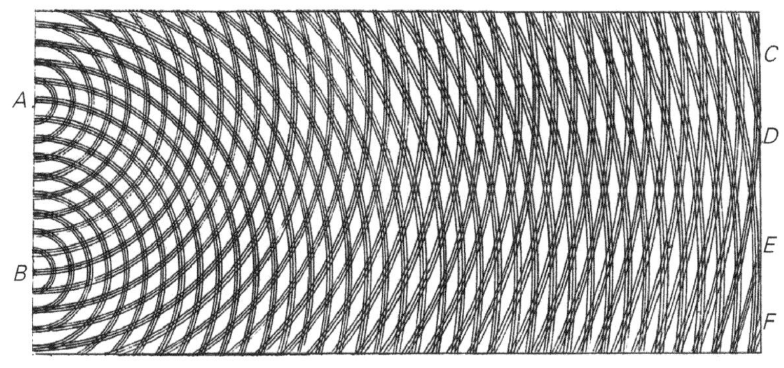


**图 15-1　杨根据水波观测画出的双缝干涉图**

所有这些看起来都很有说服力，科学家们接受了光是波而不是粒子的观点。这在当时是显而易见的。随着普朗克的出现，它突然之间又不那么显而易见了。

光子具有波粒二象性的经典证明来自一系列实验。1801 年，托马斯・杨（Thomas Young）设想让一束光穿过两条平行的狭缝。如果光是波，那么当它通过狭缝时就会“衍射”，也就是说，它会像池塘里的圆形涟漪一样，向远处扩散。而有了两条狭缝，衍射也会产生一个典型的干涉图形，这种图形就像把两块石头一起扔进池塘一样。

杨的图片（图 15-1）用黑色区域表示波峰，白色区域表示波谷。以狭缝 $A$ 和 $B$ 为源的两个同心波环，叠在一起并相互干涉，产生了射向 $C$、$D$、$E$、$F$ 的波峰线条。观测图片的右侧边缘，可以发现明暗光带交替变化。杨实际上并没有做这个实验，但他演示了一个类似的实验，用一张卡片把一束细细的阳光分成了两半。和预期的一样，衍射带出现了。杨宣称光是一种波，并根据衍射带的大小估计了红光和紫光的波长。

那时，这个实验只是证实了光是一种波。接下来的发展很慢，人们花了一段时间才完全理解它的影响。1909 年，当时还是大学生的杰弗里・英格拉姆・泰勒（Geoffrey Ingram Taylor）用一种非常微弱的光源通过缝纫针的两边实现衍射，从而完成了双缝实验。和杨的卡片一样，“狭缝”是由两边的区域构成的。三个月后，感光板上出现了衍射图形。他的文章没有提到光子，但由于光线太弱，以至于大多数时候只有单个光子经过缝纫针，因此这个实验后来被当作这种图形并非由两个光子互相干扰造成的证据。如果是这样，那就证明了单个光子可以像波一样运动。后来，费曼还认为，倘若放置探测器来观测光子通过的是哪一条狭缝，那么图形就会消失。这是一个并没有实际进行的“思想实验”。但综合起来，光子表现得有时像粒子，有时又像波。

有一段时间，通过把双缝实验以及把费曼事后的想法作为事实（尽管实际上并没有进行过任何实验），一些量子理论的文献促进了光子的波粒二象性。如今，这些实验已被正确地完成，光子的表现和教科书上写的一样。电子、原子，以及由 810 个原子构成的分子（截至本书出版前的最高纪录）也是如此。1965 年，费曼写道[73]，这种现象“用任何经典的方法都无法解释，而这正是量子力学的核心所在”。

关于量子，人们已经发现了许多类似的不可思议的例子，我将从罗杰・彭罗斯（Roger Penrose）的一篇论文[74]里总结出一对实验，这两个实验让波－粒问题变得昭然若揭。它们还会说明一些常见的观测技术和模型化假设，这在后面也会用到。实验的关键设备是实验物理学家们最喜欢的分束器：一半的光经它反射，使光束转动一个直角，同时让另一半光通过。一面半镀银镜可以实现这样的功能，这种镜子的反光金属涂层非常薄，以至于部分光线可以穿透它。通常的制作方法是把一个玻璃立方体斜切成两个棱镜，再沿斜面把它们粘起来。透射光和反射光的比例由胶水的厚度控制。

在第一个实验里，激光发射一个光子，光子打到分束器上。结果发现，探测器 $A$ 和探测器 $B$ 中只有一个能观测到一个光子。这是粒子的表现：光子要么反射，在点 $A$ 被探测到；要么透射，在点 $B$ 被探测到。（“分束器”中的“分裂”是指光子被反射或透射的**概率**。光子本身保持不变。）如果光子是波，这个实验就无法解释（图 15－2）。

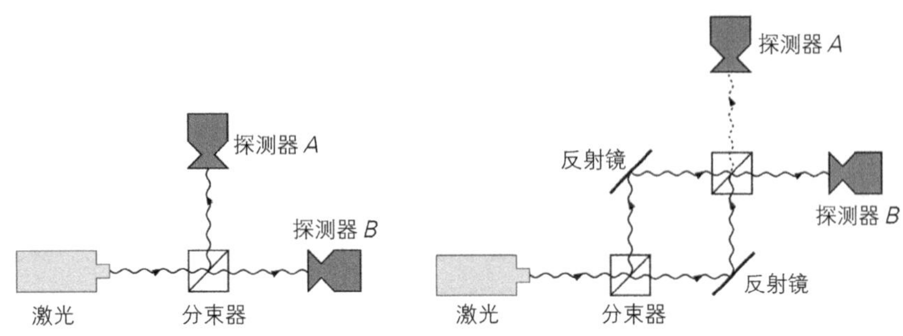


**图 15-2 左图：光是粒子。右图：光是波**

第二个实验用到了马赫－曾德尔干涉仪，它是由摆成正方形的两个分束器和两面反射镜组成的（图 15-3）。如果光子是粒子，我们预计有一半的光子会在第一个分束器上被反射，另一半被透射。然后反射镜把它们传到第二个分束器上，它们到达探测器 *A* 和探测器 *B* 的概率各有 50%。然而，观测到的结果并非如此。实际上，探测器 *B* 总能记录到一个光子，而探测器 *A* 上一个都没有。这回，如果光子是波，在第一个分束器上分裂成两个更小的波，就能完美地解释这种状况。每个更小的波都打到第二个分束器，被再次分束。详细的计算（图 15-3）表明，射向探测器 *A* 的两个波是异相的（在相同位置上，它们一个是波峰，另一个是波谷），会互相抵消。射向探测器 *B* 的两个波是同相的（它们的波峰重合），重新结合后得到一个单一的波，即一个光子。

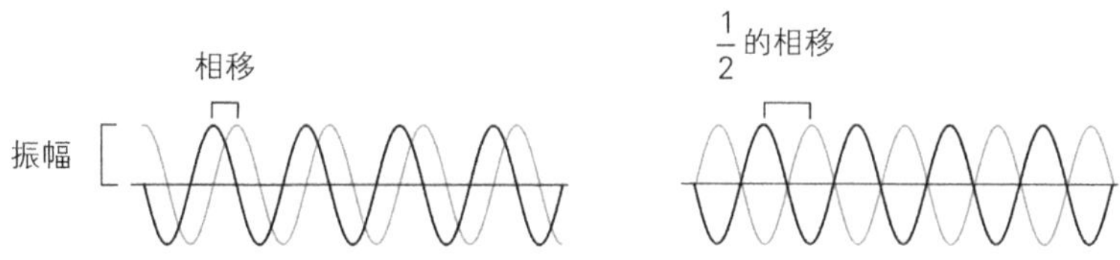


**图 15-3　左图：两个波的振幅和相对相移。右图：$\frac{1}{2}$的相移使波峰与波谷对齐，所以当它们叠加时会相互抵消**

所以，似乎第一个实验证明了光子是粒子，而不是波，第二个实验证明了光子是波，而不是粒子。你可以明白为什么物理学家们会困惑了。值得注意的是，他们找到了一种合理的方式将二者统一起来。那是一个简单的数学框架，它并不是物理的文字描述。形如 $a+\mathrm{i}b$ 这样的复数用来表示波函数，其中 $a$ 和 $b$ 是普通实数，i 代表 −1 的平方根[75]。这里的要点在于，无论是被反射镜还是分束器反射，量子波的波函数都要乘以 i（尽管不是很明显，我们需要假设分束器是无损的，即所有光子都被透射或反射[76]）。

波有振幅，表示它有多"高"；它还有相位，告诉我们波峰的位置。如果我们把波峰稍作移动，就会产生"相移"，它是一个分数，表示在整个波的周期里的份额。相位相差 $\frac{1}{2}$ 的波相互抵消，而同相位的波则相互增强。对波而言，波函数乘以 i 相当于 $\frac{1}{4}$ 的相移，因为 $\mathrm{i}^4=(-1)^2=1$。当波通过分束器透射，而不是反射时，它没有任何改变，即相移为 0。

在连续的各次透射或反射过程中，相移会相加。一个波在分束器上变成两半，各自朝不同的方向射出。反射波的相位改变了 $\frac{1}{4}$，而透射波的相位不变。图 15-4 说明了波在经过设备后的传输路径。灰色表示半波，数值表示相移。传输路径上的每次反射使总相移增加 $\frac{1}{4}$。顺着这些路径计算反射次数，你可以发现探测器 $A$ 接收到了两个半波，其相位分别是 $\frac{1}{4}$ 和 $\frac{3}{4}$。它们的相位差是 $\frac{1}{2}$，因此相互抵消后，我们什么都没有观测到。探测器 $B$ 也接收到两个半波，其相位都是 $\frac{1}{2}$。它们的相位差是 0，所以合起来成了一个单一的波，于是探测器 $B$ 观测到一个光子。

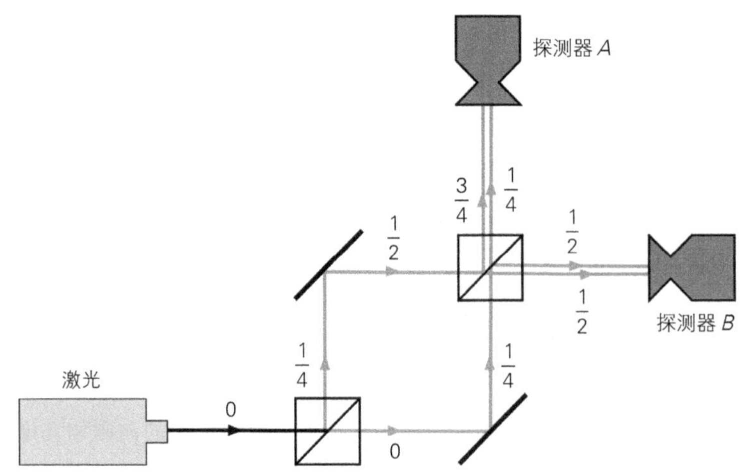


**图 15-4 经过仪器的传播路径。灰色表示半波。数值表示相移**

真神奇！

完整的计算参见彭罗斯的论文。类似的方法适用于不计其数的实验，它们都能得到与之一致的结果——这是数学思维的一项了不起的成功。物理学家们毫不犹豫地认为量子理论是人类智慧的胜利，它同时也证明了对牛顿及其继任者的经典力学而言，自然界在非常小的尺度上与其几乎没有相似之处。

粒子怎么可能也是波呢？

量子理论给出的常规答案是，这类波可以像粒子一样运动。在某种意义上，实际的单一的波是一个有点儿模糊的粒子。波峰移动时形状保持不变，这正是粒子的运动方式。两位量子理论的先驱——路易斯·德布罗意（Louis de Broglie）和埃尔温·薛定谔（Erwin Schrödinger）把粒子描述成集中在一个小区域里的一小束波，它沿直线传播，上下摇摆着但又始终在一起。他们称其为波包。1925 年，薛定谔为量子波发明了一个如今以他的名字命名的通用方程式，并于次年发表。该方程不但可以用于亚原子粒子，而且适用于任何量子系统。想要了解系统会发生什么，只需写出薛定谔方程的适当形式，然后求解系统的波函数就行了。

用数学语言来说，薛定谔方程是线性的。也就是说，如果你把某个解乘以一个常数，或是把两个解相加，其结果也同样是一个解。这种结构叫作**叠加**。类似的情况在经典物理学里也会出现。在物理学领域，尽管两个粒子不可能同时出现在同一个地方，但两个波可以愉快地共存于一处。在最简单的波动方程中，几个解叠加在一起能得到其他的解。正如我们所看到的，叠加的一个影响是产生干涉图形。薛定谔方程的这一性质意味着最好把它的解当作波，这就引出了一个表示系统的量子态的术语——“波函数”。

量子事件发生在非常小的空间尺度上，它们并不能被直接观测。相反，我们对量子世界的认知是从能够观测到的效应中推断的。倘若有可能实现观测，比如观测一个电子的整个波函数，许多量子的不解之谜就会消失。不过，这似乎是不可能的。波函数的某些特殊方面是可以观测的，但你做不到观测整个波函数。事实上，一旦你观测到其中的一个方面，其他部分要么是无法观测的，要么就是变化太大，以至于两个观测结果之间毫无关系。

波函数的这些可观测的方面叫作**本征态**（eigenstate）。这个词是一个德英混合词，意思是“特征状态”，它具有精确的数学定义。任何波函数都可以由本征态叠加而成。傅里叶热传导方程的情况与之类似，而与小提琴琴弦振动模型密切相关的波函数则更容易想象。本征态类似于正弦函数，和图 15-3 一样，任何波形都可以通过适当的组合构成。小提琴琴弦产生的基础纯音是一个基本的正弦波，其他间隔更小的正弦波是基本正弦波的谐波。在经典力学中，我们可以测量弦的整体形状。但是如果你想观测一个量子系统的状态，就必须先选择一个本征态，然后只能测量波函数里的对应分量。此后，你可以再测量另一个不同的本征态，但第一次观测扰乱了波函数，所以第一个本征态可能在那时就已经被改变了。虽然量子态（通常）可以是本征态的叠加，但量子测量的结果必须是一个纯本征态。

例如，电子有一种性质，叫作**自旋**。这个词源于早期的某个力学类比，如果完全按词意理解，它们的含义可能大相径庭——这就是后来量子的属性最终用诸如“粲”和“底”这样的词的原因。电子自旋与经典自旋有一个共同的数学性质，它们都有一条轴线。地球绕地轴自转，为我们带来了白昼和黑夜，它向地球轨道平面倾斜了 23.4°。电子也有轴，但它是一个可以在任何时间指向任意方向的数学结构。另外，自旋的量总是相同的，它等于 $\frac{1}{2}$。这至少是某个关联的“量子数”，对任何量子粒子而言，它要么是整数，要么是整数的一半，并且，对给定的粒子而言，它总是相同的[77]。叠加原理意味着电子可以**同时**沿许多不同的轴旋转——直到你测量它为止。选择一条轴，然后测量自旋量，你将得到 $+\frac{1}{2}$ 或 $-\frac{1}{2}$，因为每条轴都有两个方向[78]。

这非常奇怪。理论认为，状态几乎总是叠加的，但观测结果表明，事实并非如此。在人类活动的某些领域，它可能会被当作一个巨大的差异，但在量子理论中，你必须接受它才行。接受这个观点后，你会得到一些非常美妙的结论，如果你拒绝这种理论，简直会被当作疯子。同样，你也要接受，测量一个量子系统的行为本身，会在某种程度上破坏你正在试图测量的那些东西的特征。

在着手处理这些问题的物理学家里，尼尔斯・玻尔（Niels Bohr）于 1921 年在丹麦哥本哈根创立了理论物理研究所，并一直在那里工作，1993 年，该研究所更名为尼尔斯・玻尔研究所。20 世纪 20 年代，维尔纳・海森堡（Werner Heisenberg）也曾在那里工作，他于 1929 年在美国芝加哥做过一场演讲，并用德语提到了“量子理论的哥本哈根精神”。这导致在 20 世纪 50 年代出现了量子观测的“哥本哈根诠释”一词。这个解释指出，当你观测一个量子系统时，波函数会被迫坍缩成一个单一分量的本征态。

薛定谔对波函数坍缩很反感，因为他相信那些是真实的物理现象。他提出了一个著名的思想实验，用一只猫来反驳哥本哈根诠释。实验涉及量子不确定性的另一个例子——放射性衰变。原子中的电子以特定的能级存在。当能级发生变化时，原子会以各种粒子的形式释放或吸收能量，这些粒子包括光子。在放射性原子中，这类跃迁会剧烈到从原子核中释放出粒子，进而把某种元素的原子变成另一种元素。这种效应称为放射性衰变。核武器和核电站就是基于这种工作原理运作的。

衰变是一个随机的过程，所以目前尚未观测到单个放射性原子处于“未衰变”和“衰变”叠加的量子态。经典系统不会如此。它们以某个确定的可观测状态存在。我们生活的世界在人类尺度（大部分）上是经典的世界，但在足够小的尺度上则完全是量子的世界。这是怎么发生的呢？薛定谔的思想实验让量子世界与经典世界发生了碰撞。他把一个放射性原子（量子比特）放在一个盒子里，里面又放了一只猫、一瓶毒气、一个粒子探测器和一把铁锤（一个经典的系统）。当原子衰变时，探测器触动铁锤，铁锤打碎瓶子，猫被毒死。

如果所有观测方法都无法观测到盒子内部，原子就处于“未衰变”和“衰变”的叠加态。因此，薛定谔认为，猫也必定处于一种由“生”和“死”按比例构成的叠加态[79]。只有当我们打开盒子，并观察里面的东西时，原子的波函数才会坍缩，从而使得猫的波函数也坍缩。此时，它要么是死的，要么是活的，这取决于原子的状态。同样，我们也能知道原子是否发生了衰变。

我不想细说这个思想实验的来龙去脉[80]，但薛定谔认为半死半活的猫是没有意义的。他更深层的观点是，没有人能解释波函数是如何坍缩的，也没有人能解释为什么大型量子系统，比如被认为是由大量基本粒子构成的猫，又似乎变得经典了。物理学家门已经用更大的量子系统进行实验，以证明叠加态确实会发生。尽管没有用猫，但他们完成了实验，实验对象包括从电子到很小的钻石晶体。西蒙·格勒布拉赫尔（Simon Gröblacher）希望用一种叫“水熊”（也称“苔藓小猪”）的缓步类动物做实验，这种动物非常顽强，他把它们放在量子蹦床上[81]（请记住这些，我稍后会再谈）。然而，这些实验都没有回答薛定谔提出的问题。

核心的哲学问题是：什么是观测？为了便于讨论，我们假设在薛定谔提出的情况中，当盒子里的探测器“观测”到衰变时，猫的波函数会立即坍缩吗？当猫发现毒气的时候，它会死吗？（猫也可以是观测者：我的一只猫就痴迷于观察金鱼。）还是要等有人打开盒子才能看到里面的情况？两者都说得通，如果盒子真的无法观测，那就无法区分了。放一台摄像机进去？啊！你也得打开盒子才能知道它录了些啥。或许，它是“记录了猫还活着”和“记录了猫已死去”的叠加态，直至它被观测。也许原子一衰变，它的状态就已经坍缩了。也有可能它中途就坍缩了。

“什么是量子观测”的问题仍然悬而未决。在数学上，我们对其建模的方式是干脆利落的，它与实际观测方式没有任何重要的相似之处，因为那些测量仪器并不是一个量子系统。大多数物理学家忽视了我们应当思考这个问题的方式，其他人则为此展开激烈争论。我将把它留在第 16 章讨论。当前，要记住的主要事情是叠加原理、通常只能测量到本征态，以及关于量子观测尚未解决的性质。

尽管存在这些基础性的问题，量子力学还是真正地发展了起来。杰出的先驱们解释了大量实验结果，其中有此前令人困惑的实验，也有后来延伸出的新实验。爱因斯坦用量子理论解释光电效应，该效应指出，一束光击中某些金属后会产生电流。他为此获得了诺贝尔奖。具有讽刺意味的是，他从未对量子理论表示过完全满意。他担心的正是不确定性。这种不确定性不是他在脑海里想象的，而是在于理论本身。

力学量（经典量或量子量）是一对对天然相关的量。例如，位置与动量（质量乘以速度）有关，速度是位置的变化率。在经典力学中，你可以同时测量这两个量，并且在原则上，这些测量可以任意精确。当你测量粒子的运动时，你只需当心不要对它干扰过多。但在 1927 年，海森堡认为量子力学并非如此。相反，你对一个粒子的位置测量得越精确，对它的速度测定得就越不准确。反之亦然。

海森堡就“观察者效应”给出了一个非正式的解释：观测行为会干扰你正在观察的事物。这有助于让人们相信他是正确的，但实际上这种说法过于简化了。经典力学中也有观察者效应。要观测足球的位置，你可以用一盏灯照射它。“撞”上球的光会被反射，球速会稍稍变慢。当你接着测量速度时，比如记录球移动 1 米的时间，球速会比你用光照射它之前慢一点点。所以测量球的位置会改变它的速度。海森堡指出，在经典物理学中，小心谨慎的测量可以让这种变化变得微不足道。但在量子领域，测量更像是给足球来上重重的一脚。你的脚能告诉你球**刚刚**在哪里，但无法知道它飞到哪儿去了。

这是一个巧妙的比喻，但从技术上讲是错的。海森堡对量子测量准确性的限制要深刻得多。事实上，它适用于任何波，这在非常小的尺度上进一步证明了物质是波。在量子世界里，它的正式名称叫海森堡不确定性原理。黑塞·肯纳德（Hesse Kennard）和赫尔曼·外尔（Hermann Weyl）分别在 1927 年和 1928 年给出了这个原理的数学表述。该原理指出，位置的不确定性乘以动量的不确定性不小于 $\frac{h}{4\pi}$，其中，h 代表普朗克常数。用符号记作：

$$\sigma_x\sigma_p \geqslant \frac{h}{4\pi}$$

其中 $\sigma$ 代表标准差，$x$ 表示位置，$p$ 表示动量。

这个公式表明，量子力学具有一个固有的不确定性水平。科学提出理论，然后用实验检验。实验测量那些通过理论预测的值，从而确定理论是否正确。然而，不确定性原理指出，某些测量组合是无法精确得到的。这局限并非来自现有设备，而是源于大自然。因此，量子理论的某些方面是无法通过实验验证的。

更奇怪的是，海森堡不确定性原理适用于某些变量对，而非全部。该原理告诉我们，某些“共轭”或“互补”的变量，如位置和动量，是密不可分的。倘若我们非常精确地测量其中一个变量，它们在数学上的关系意味着不可能也非常精确地测量另一个变量。然而，即使在量子世界，在某些情况下，两个不同的变量是可以被同时测量的。

如今我们知道，与海森堡的解释相反，不确定性原理所表达的不确定性并非来自观察者效应。2012 年，由地长谷川（Yuji Hasegawa）在测量中子自旋时，发现观测行为并没有产生海森堡规定的不确定度[82]。同年，埃弗雷姆·斯坦伯格（Aephraim Steinberg）领导的一个小组巧妙地对光子进行了测量，他们在单个光子上引入的不确定度也小于不确定性原理的规定值[83]。然而，数学并没有错，因为关于光子状况的不确定性总量仍然超过了海森堡所说的极限。

该实验没有用到位置和动量，而是用了某种更微妙的属性，我们称之为极化。它是光子波的振动方向。它可以是上下振动，也可以是左右振动或其他任意方向。互相垂直的极化是共轭的，所以根据不确定性原理，你无法同时对它们进行任意精度的测量。实验人员对光子在一个平面上的极化进行了弱测量，这并不会造成太大干扰（就像用羽毛挠足球一样）。测量结果不是非常精确，但它在极化方向上给出了一些估计。然后他们用相同的方法测量了同一光子在第二个平面上的极化情况。最后，他们对这个光子在原始方向上的极化进行强测量（一脚抽射），得到一个非常精确的结果。这让他们知道，弱测量相互干扰的程度。最后的观测对光子造成了很大干扰，但那已经不重要了。

当这些观测被重复多次后，在一个方向上对极化的测量并没有像海森堡不确定性原理所说的那样严重干扰光子。实际的扰动可能还不到一半。然而，这与原理并不矛盾，因为你无法对**两个**方向做出足够精确的测量。实验表明，不确定性并不总是由测量行为造成的。它是天然存在的。

撇开哥本哈根不谈，在爱因斯坦、鲍里斯·波多尔斯基（Boris Podolsky）和内森·罗森（Nathan Rosen）于 1935 年发表关于 EPR 佯谬的著名论文之前，波函数的叠加看起来很简单。他们认为，根据哥本哈根诠释，一个由两个粒子组成的系统必然违反不确定性原理，除非对其中一个粒子的测量能瞬间对另一个粒子产生影响——不管它们之间的距离有多远。爱因斯坦称其为“鬼魅超距作用”，因为它和基本的相对论原理不一致，即任何信号的传播速度都不可能超过光速。起初，他认为 EPR 佯谬推翻了哥本哈根诠释，因此量子力学是不完备的。

如今，量子物理学家们看待事物的方式大不相同。EPR 所揭示的效应是真实的。它产生于一个非常特殊的情况：有两个（或以上）彼此“纠缠”的粒子或别的量子系统。当粒子纠缠在一起时，它们就失去了自己的特性，也就是说，任何可操作的观测针对的都是整个系统的状态，而不是某一单个组成部分。在数学上，组合系统的状态是由各分量状态的“张量积”决定的（稍后我会解释）。对应的波函数照例给出了观测到的系统的所有状态的概率。但是状态本身并没有分解成对不同组成部分的观测。

张量积大致是这样计算的：假设两个人有一顶帽子和一件外套。帽子可以是红色或蓝色的，外套可以是绿色或黄色的。每人都选择其中之一，所以他们服饰的“状态”是成对的，就像（红色帽子，绿色外套）或（蓝色帽子，黄色外套）。在量子宇宙中，帽子可以叠加，因此存在“$\frac{1}{3}$红色 + $\frac{2}{3}$蓝色帽子”这样的情形，外套也是如此。张量积将叠加扩展到（帽子，外套）对。数学规则告诉我们，在外套颜色确定的情况下，比方说绿色，两种帽子颜色的叠加会将整个系统分解成：

$$\left(\frac{1}{3}\text{红色}+\frac{2}{3}\text{蓝色帽子，绿色外套}\right)=\frac{1}{3}\left(\text{红色帽子，绿色外套}\right)+\frac{2}{3}\left(\text{蓝色帽子，绿色外套}\right)$$

在帽子颜色确定的情况下，它同样适用于两种外套颜色的叠加。像这样的状态实际上告诉我们帽子和外套之间不存在显著的相互作用。然而，这种

相互作用在“纠缠”态中确实会发生，比如

$$\frac{1}{3}\text{（红色帽子，绿色外套）}+\frac{2}{3}\text{（蓝色帽子，黄色外套）}$$

量子力学的规则预测，查验帽子的颜色不仅会破坏帽子的状态，还会破坏整个帽子－外套系统的状态。它直接意味着帽子对外套状态是有约束的。

同样的道理也适用于成对的量子粒子：一个粒子代表帽子，另一个粒子代表外套，而颜色则被诸如自旋或极化之类的变量所代替。被测量的粒子似乎会以某种方式将自身的状态**传递**给另一个粒子，从而影响对它的其他测量。然而，无论粒子相距多远，这种效应都会发生。根据相对论，信号的传播速度不可能超过光速，但在一个实验里，信号的传播速度必须是光速的 1 万倍才能解释这种效应。因此，纠缠对观测的影响有时也被称为量子隐形传态。人们认为它是某种特别的特征——也许是**独一无二**的，这种特征表明了量子世界与经典物理学是多么不一样。

让我们回到爱因斯坦的问题，他担心的是鬼魅超距作用。起初，他倾向于用一种不同的答案来解释纠缠态之谜，那就是隐变量理论，它是一种更深层次的决定性解释。让我们回想一下第 4 章中提到的抛硬币。硬币是正面还是反面的概率可以用一个更详细的硬币力学模型解释，它用到了位置和自旋速率等变量。这些变量和二元的正、反面变量没什么关系。当我们用一张桌子、一只手或地面让硬币停止运动，进而“观察”它的状态时，就会发现这一点。硬币并没有以某种随机的方式在正、反面之间神秘地交替，它的状况更奇怪。

假设每个量子粒子都有一个隐动力，它以类似的方式决定观测结果。我们进一步假设，当两个粒子一开始就是纠缠的时，它们隐藏的动力学是同步的。随后，它们在任意时刻都处于相同的隐状态。倘若它们分开，这个状态仍旧会保持。如果测量结果由内部状态决定，而不是随机的，那么在同一时刻对两个粒子的测量必然是一致的。它们之间不需要传递信号。

这有点像两个间谍接头，他们对一下手表后分开。如果在某一时刻，其中一个人的手表显示的是下午 6 点 34 分，那么他可以预测对方的手表在那一时刻显示的也是下午 6 点 34 分。他们可以在预先说好的同一时刻采取行动，而不需要在彼此之间传递任何信号。量子粒子的隐动力也可以以同样的方式运作，就像手表一样。当然，同步必须非常精确，否则两个粒子会不一致，然而量子态是非常精确的。例如，所有电子的质量都一样，其精度可以达到小数点后很多位。

这是个不错的主意。它和在实验中产生纠缠粒子的方式非常接近[84]。这不只是在原则上表明，确定性的隐变量理论可以在不存在鬼魅超距作用的情况下解释纠缠，它接近于证明了这种理论必然存在。但是，正如我们在下一章将会看到的，当物理学家们认定不存在隐变量理论的时候，这种说法便被暂时雪藏了起来。

# 第 16 章
# 骰子做主？

混沌先于宇宙，我们陷入的正是这无形而虚空的混沌。

——约翰·利文斯顿·洛斯，

《通往世外桃源之路》

物理学家已经认识到，最小尺度的物质有其自身的意志。它可以自主改变——从粒子到波，从一种具有放射性原子的元素到另一种元素。它不需要外部媒介就能发生改变，没什么规律。正如爱因斯坦抱怨的那样，这并不完全是上帝不掷骰子的问题。它比那还要糟糕。骰子或许是随机的象征，但我们在第 4 章说过，它实际上具有确定性。考虑到这一点，爱因斯坦的抱怨应该是上帝**确实**在掷骰子，其隐藏的动态变量决定了掷出的点数。针对量子理论，爱因斯坦反对的观点是上帝并不掷骰子，但他得到的结果就像掷骰子一样。或者更准确地说，宇宙就是掷骰子的结果。基本上，量子骰子正在扮演上帝。但这些骰子只是在打比方，它们代表真正的随机性吗？还是它们具有确定性，只不过在宇宙的结构中混乱地翻滚？

在古希腊创世神话里，“混沌”指的是在宇宙诞生之前的一种无形的原始状态。当天地被分开时，出现了一道裂缝，大地就在它下面的虚空之上，而在赫西奥德的《诸神的谱系》里，第一位原初的神由此产生。混沌先于宇宙。然而，在现代物理学的发展中，宇宙先于混沌。具体而言，在具有确定性的混沌得以被正确理解之前的半个世纪，人们已经发明并发展了量子理论。因此，量子的不确定性从一开始就被认为是纯随机的，并被当作宇宙结构的组成部分。

在人们开始广泛理解混沌理论时，有一个观点已经变得根深蒂固，以至于连质疑都是犯忌，该观点认为量子的不确定性在本质上是随机的，没有更深层的结构能解释它，也不需要有更深层的结构来解释。但我不禁思考，倘若数学家在物理学家开始对量子表示惊叹**之前**就提出了混沌理论——作为一个发展得不错的数学分支，而不只是庞加莱发现的古怪例子——那么一切可能都会不一样。

问题在于，量子的随机性从何而来。正统的观点认为它不来自任何东西，它是天生的。在这种情况下，问题就成了要解释为什么量子事件有如此规律的统计属性。每一种放射性同位素都有精确的“半衰期”，即在大量原子中有一半发生衰变所需的时间。一个放射性原子怎么会知道自己的半衰期呢？是什么告诉它该在什么时候发生衰变呢？用“概率”这个说法很不错，但在其他所有情况下，概率要么代表对事件发生的机制不了解，要么代表从那些机制的知识中得到的数学结果。在量子力学里，概率本身**就是**机制。

甚至还有一个叫“贝尔定理”的数学理论说明了它的必然性，这个定理本可能为约翰·贝尔（John Bell）赢得诺贝尔物理学奖。人们普遍认为他在 1990 年获得诺贝尔奖提名，但这个提名尚在保密期内，贝尔本人在公布获奖名单前死于中风。但是，就像大多数基本物理概念一样，如果深究，就会发现它并不像每个人宣称的那样简单。人们常说，贝尔不等式排除了量子力学里的所有隐变量理论，但这种说法过于宽泛。它确实排除了某些关于隐变量的解释，但并不是全部。定理的证明涉及一系列数学假设，它们并不都是无懈可击的。最近的研究表明，从原则上讲，某些类型的混沌动力学可能在量子的不确定性深处植入了某种确定性机制。目前这些都只是线索，还不是某种确定的理论，但这表明，倘若混沌是在量子理论之前发现的，那么决定论可能会成为正统的观点。

甚至早在一开始，就有一些物理学家挑战正统的量子不确定性观点。近年来，又出现了一些标新立异的思路，为“有些门最好不要打开”的主

流观点提供了另一种选择。世界顶级物理学家罗杰·彭罗斯是少数对当前量子不确定性的观点感到不安的人之一。他在 2011 年写道："量子力学不仅要面对深奥的解释难题，还有……深刻的内在矛盾，这就是为什么人们会觉得它有一些值得认真对待的地方。"[85]

那些替代正统量子学说的尝试，通常会遭到物理学界多数人出于本能的怀疑。面对几代狂想家对基础物理学的攻击，以及哲学家们时不时的骚扰——这些哲学家一边试图用语言解释量子之谜，一边又苛责物理学家把一切全都弄错了，这种反应是可以理解的。有一种简单的方法可以规避所有这些问题，并且人们也喜欢用它。量子力学很奇怪，连物理学家都这么说。他们喜欢这种奇怪的感觉。显然，任何不同意这些观点的人都是彻头彻尾的经典机械论者，这些人缺乏想象力，无法接受世界可能**如此**怪异。"别再问那些愚蠢的问题了，继续计算吧"成了主流的态度。

然而，反主流文化始终存在。包括世界上最优秀、最聪明的物理学家在内的某些人，一直在问这些愚蠢的问题。这些人不缺乏想象力，而是想象力过于丰富。他们想知道量子世界是否比正统的描述**更古怪**。关于这些愚蠢问题的重大发现动摇了物理学的基础。有人为此写过书，也发表过论文。有希望解决量子现实更深层问题的想法已经出现，其中有一些很管用，它们几乎和目前已知的所有量子理论都保持一致，并且还增加了一层新的解释。正是这种成功使它们成为对付现有量子力学的武器。既然没有办法通过传统的实验来区分新旧理论，有人就会认为，新理论没什么意义，我们应该坚持现有理论。这种奇怪的非对称论证方法显然可以反过来：同样道理，旧理论是毫无意义的，我们都应该转向新理论。此时，反对派关掉了他们的贝叶斯大脑，重新采用了他们故有的处理问题的方式。

然而，在对量子世界的传统描述中有太多的漏洞。看似毫无意义的现象、自相矛盾的假设、无法深究的解释，在这一切的背后，是一个令人不安的事实，它被草草地遮掩起来，因为它令人非常尴尬：“闭嘴，乖乖计算”派也并不能真正理解它。事实上，即使是持这种观点的量子物理学家也并非只是计算。在进行那些复杂的计算之前，他们先用量子力学方程来模拟真实世界，而对这些方程的选取不只是基于规则的计算。例如，在方程之外，他们用一个纯粹的“是 / 否”数学实体模拟分束器，分束器既可以传播光子，也可以反射光子——除了反射后会引入四分之一周期相移之外，光子的状态会神奇地保持不变。这种纯粹的实体是不存在的。真正的分束器在量子层面是一个极其复杂的亚原子粒子系统。当一个光子穿过它时，光子会与整个系统发生相互作用，它一点儿也不纯粹。然而，令人惊讶的是，这种纯粹的模型似乎是有效的。我想没人知道这是为什么。计算是不可能实现的，一个分束器包含了太多的粒子。闭嘴，乖乖计算吧。

大多数量子方程包含这种模型假设，它们在数学中引入了在模糊的量子世界里并不存在的精确对象。人们强调方程本身，但忽视方程适用范围，它们是在列出方程并求解前必须明确的“边界条件”。量子物理学家们知道如何运用数学技巧，他们在这方面训练有素，能够完成超级复杂的计算，并把答案精确到小数点后 9 位。但很少有人会问为什么这是可行的。

波函数是真实的吗？或者说，既然我们无法将其作为一个整体来观测，那么它只是一个数学上的抽象吗？它真的存在吗，抑或只是一种方便的虚构——也许这只是物理学家版的“凯特勒平均人”？平均人并不存在，我们无法敲他家的门，和他面对面。然而，这个虚构的人物包含了很多真实的人群信息。也许波函数也是如此，实际上并没有电子，但它们都表现得好像存在一样。

作为一个经典的类比，让我们考虑一枚硬币。它的概率分布是 $P$(正面)$=P$(反面)$=\frac{1}{2}$。这在标准的数学意义上是存在的，它是一个定义良好的数学对象，支配着几乎所有反复抛硬币场景。但是，真实的物理对象存在这种分布吗？它没有标在硬币上。你不可能同时测量所有数据。在抛硬币的时候，你都会得到一个明确的结果。“正面、又是正面、这回是反面”。抛硬币的结果就和它的概率分布**一样**是真的，但是，测量概率分布的唯一方法，就是用抛硬币的“仪器”反复抛硬币，并记录结果。通过这个方法，你可以**推断**出分布。

如果只是把硬币放在桌上，用某种方式让它在正、反面之间随机切换，这一切就会变得非常神秘。硬币怎么**知道**如何让概率对半开呢？一定有什么东西在告诉它。因此，要么概率分布蕴含在实实在在的硬币里，要么某些更深层的东西正在发生，而我们无法发现它，概率分布只是某种迹象，它表明存在有待发现的更深刻的真理。

眼下，我们知道抛硬币的工作原理。硬币并不是在桌上不断地正、反面切换，它会在空中翻滚。当处于翻滚状态时，它既不是正面，也不是反面。它甚至不是正面和反面对半开的叠加态。那是空间里的位置和旋转速度，而不是在桌上的正、反面结果，它们完全不同。我们让硬币与作为“测量仪器”的桌子（也可以是手或者任何可以让它停止下落的东西）互动，来“观测”硬币的正、反面结果。在这里有一个隐藏的旋转世界，对这个世界而言，桌子是完全不存在的。这个隐藏的世界决定了硬币哪面朝上：如果硬币是正面朝上碰到桌子的，那么无论它以什么角度碰到桌子，结果都会是正面朝上。反之亦然。空间运动的所有细节都被观测行为抹掉了：确切地说，被压扁了。

量子的不确定性会是这样吗？这个想法似乎有些道理。这就是爱因斯坦希望解释纠缠的方式。自旋的电子是否具有某种**内在**的动力学状态，即某个不能被直接观测的隐变量，但又决定了在与测量仪器相互作用时电子的自旋值？如果是这样，电子就和硬币一样，它的隐变量就是其动力学状态。随机观测到的只是最终停下时的状态，即通过碰到桌子来“测量”。同样的想法也可以解释放射性原子是如何衰变的，衰变虽然是随机的，但其统计模式却是有规律的。要构造一种合适的混沌动力系统很容易。

在经典力学中，这类隐变量的存在，以及它们背后的动力学，解释了硬币是怎么知道该有一半时间正面朝上的。这个信息是动力学的数学结果，即系统按给定的动力学状态停下的概率（这像是一个不变测度，但在技术上有所不同：它是状态空间里关于初始条件的分布，并导致指定的观测结果）。当硬币在旋转时，我们可以用数学方法预测它那完全确定的未来，计算出它会以正面还是反面碰到桌面。然后，我们概念化地用该结果标记当前状态。为了知道正面着地的概率，我们计算状态空间（或某些选定区域）中标记为“正面”的点的比例。情况就是如此。

实际上，动力系统中的随机性都可以用一种与具有确定性的混沌动力学有关的自然概率测度来解释。为什么量子系统就不行呢？很不幸，对寻求用隐变量作为解释的人而言，还有一个看似相当不错的答案。

在哥本哈根诠释中，探索隐变量被认为是毫无意义的，因为任何试图观测原子和亚原子“内部机理”的过程都会干扰到它们，以至于让观测变得毫无意义。但这个说法并不牢靠。如今，我们经常使用加速器观测量子粒子的内部结构。它们非常昂贵——发现希格斯玻色子的大型强子对撞机耗资 80 亿欧元——但并非不可能。在 18 世纪，奥古斯特·孔德（Auguste Comte）认为我们永远无法知道恒星的化学成分，但是没有人认为恒星不是**由**化学成分构成的。结果证明，孔德的观点错得离“谱”：恒星的化学成分是我们**能**观测到的主要内容之一。恒星发出的光的光谱线泄露了它所包含的化学元素。

哥本哈根诠释深受逻辑实证主义的影响。逻辑实证主义是 20 世纪初盛行的一种科学哲学观点，它认为，除非你能测量，否则什么都不能被认为是存在的。研究动物行为的科学家们接受了这个观点，这使他们相信动物的任何行为都是由大脑中的某些结构“驱动”控制的。狗喝水不是因为它口渴，当它的水合①水平下降到某个临界值以下时，它就会开启“喝水”开关。逻辑实证主义本身就是其对立面——拟人主义——的一种反应，所谓拟人主义，是指一种假设动物和人类一样有情感和动机的偏好。它的极端反面，是把智能生物变成了没有头脑的机器。如今，还出现了一种更微妙的观点。例如，加利茨·肖法特-奥菲尔（Galit Shophat-Ophir）的实验表明，雄性果蝇在交配时会有快感。他说：“这种奖励系统是一种非常古老的机制。”[86]

或许，量子力学的创始人也反应过度了。在过去的几年里，科学家们

① 水与另一物质分子化合成一个分子的反应过程。——译者注

发现了一些巧妙的方法来梳理量子系统，相较于玻尔时代，它能揭示更多量子的内部运作方式。在第 15 章，我们提到过埃弗雷姆·斯坦伯格用于挑战不确定性原理的方法。如今，人们似乎已经接受了这样一个观点，即波函数是一种真实的物理特征。它很难被详细观测，或许根本是不可能的，但它不仅仅是一种有用的虚构。20 世纪 20 年代，哥本哈根的一些著名的物理学家认为这是不可能的，所以他们拒绝隐变量。与因为孔德说永远无法知道恒星的化学元素，就抗拒恒星内部的化学物质一样，这也是不明智的。

然而，对于为什么大多数物理学家拒绝用隐变量来解释量子不确定性，还有一个更好的理由。任何一个这样的理论都必须与目前已知的全部量子世界一致。这使得约翰·贝尔发现了他的史诗般的不等式。

1964 年，贝尔发表了《论爱因斯坦－波多尔斯基－罗森佯谬》[87]，这篇文章被广泛认为是在量子力学领域关于隐变量理论方面最重要的论文之一。贝尔的灵感来自 1932 年约翰·冯·诺依曼的早期尝试，他的著作《量子力学的数学基础》里有一个关于在量子力学中不可能存在隐变量理论的证明。

1935 年，数学家格蕾特·赫尔曼（Grete Hermann）发现这个论证有一个缺陷，但她的成果没产生什么影响，数十年以来，物理学界一直都认可冯·诺依曼的证明，并未对它提出过质疑[88]。亚当·贝克尔（Adam Becker）想知道，在那个几乎禁止女性在大学教书的年代，赫尔曼的性别是否是其中原因之一[89]。赫尔曼是当时最伟大的女数学家埃米·诺特（Emmy Noether）在哥廷根大学的博士生。1916 年，诺特开始以戴维·希尔伯特（David Hilbert）助教的名义讲课，但直到 1923 年才拿到讲课的工资。不管怎样，贝尔独立地注意到冯·诺依曼的证明是不完整的。他想寻找一个隐变量理论，却发现了一个更有力的不可能性证明。他的核心结论排除了所有关于量子不确定性的隐变量模型的可能，这种可能性需要满足的两个基本条件，在经典理论中都是完全合理的。

- 真实性：微观对象具有决定量子测量结果的真实属性。
- 定域性：任何给定位置的真实性，都不会受到同一时刻在远处进行的实验影响。

根据这些假设，贝尔证明了某些测量值必然与一个不等式有关，这个数学表达式断言某些可观测量的组合小于或等于另一些组合。因此，如果某个实验得到的测量值违反了不等式，那么必然出现以下三种情况之一：要么真实性不成立，要么定域性不成立，要么假定的隐变量理论不存在。当实验结果与贝尔不等式不一致时，就宣告了隐变量理论已死。量子物理学家们又回到了“闭嘴，乖乖计算”的工作方式，满足于量子世界是如此的怪异，以至于这就是能做的一切，任何希望得到进一步解释的人都在浪费自己和其他人的时间。

我不想过多地纠缠数学细节，但我们需要大致了解一下贝尔的证明过程。它被修订过多次，这些变种统称为贝尔不等式。目前的标准形式与艾丽斯和鲍勃有关，这对著名的密码学搭档正在观测相互作用后分离的纠缠粒子对。艾丽斯和鲍勃各测量其中的一个。为了明确起见，假设他们测量的是自旋。实验主要包括：

- 一个隐变量空间。它们代表在每个粒子里假设的内部机制，其状态决定了测量的结果，但不是直接观测到的。假设这个空间有它自己的测度，表示隐变量在某个特定范围内的概率。如前所述，这种情况不具有确定性，但如果我们在隐变量上指定一个动力，然后对其概率使用不变测度，那么就可以得到一个具有确定性的模型。

- 艾丽斯和鲍勃每人都有一个探测器，并选取一个“设定”。设定 $a$ 是艾丽斯测量自旋的轴，设定 $b$ 是鲍勃测量自旋的轴。
- 观测艾丽斯和鲍勃所测量的自旋之间的相关性。相关性用来量化两人同时测量到相同（相较于得到相反）结果的频度（它和统计理论里的相关系数不完全一样，但作用相同）。

我们可以设想这样的三种关联：一种是通过实验观测的，一种是通过标准的量子理论预测的，还有一种是通过某些假设的隐变量理论预测的。贝尔考虑三条特定的轴 $a$、$b$、$c$，并计算各对之间关于隐变量预测的相关性，分别记作 $C(a, b)$ 等。通过把这些相关性与隐变量空间上的假定概率分布联系起来，他基于普通数学证明了无论隐变量理论是什么，它们的相关性必须满足不等式[90]：

$$C(a, c)-C(b, a)-C(b, c)\leqslant 1$$

这个不等式是隐变量世界的特征。根据量子理论，它在量子世界里是不成立的。实验证明，它在现实世界中也不成立。量子理论以 1∶0 领先于隐变量理论。

有一个经典的类比可能有助于解释为什么它必须适用这种一般化条件。我们假设有三个实验者在抛硬币。实验结果是随机的，但要么是硬币，要么是抛硬币的设备，在经过某种设计之后，产生了高度相关的结果。艾丽斯和鲍勃得到相同结果的概率是 95%，鲍勃和查理得到相同结果的概率是

95%。因此，艾丽斯和鲍勃抛掷的结果有 5% 不同，而鲍勃和查理抛掷的结果也有 5% 不同。所以，艾丽斯和查理最多只有 5%+5%=10% 的结果不同，因此他们结果相同的概率至少是 90%。这是布尔－弗雷谢不等式的一个例子。在量子条件下，贝尔不等式的推导过程也大致类似，但没那么直截了当。

贝尔不等式标志了隐变量理论研究的一个重要阶段，它指出了隐变量理论的主要特征，并且消灭了那些原本打算继续深究下去的理论。它反驳了爱因斯坦对纠缠悖论的简要解释：粒子具有同步的隐变量。因为不存在隐动力，所以不可能有什么同步。

然而，如果可以绕过贝尔的理论，纠缠就会更有意义。这似乎是一个值得参与的游戏。让我们来看看关于它的一些潜在漏洞。

一个波正向着某一处障碍物传播，该障碍物上有两条紧挨着的狭缝。波的不同位置各穿过一条狭缝，在远端出现后扩散开来。这两个新出现的波重叠在一起，生成了一种波峰和波谷交替出现的复杂图形。它就是衍射图形，也是我们认为波会产生的结果。

一个微小的粒子正朝着一个有两条狭缝的障碍物前进，这两条狭缝离得非常近，所以它会穿过其中的一条。无论通过哪条狭缝，它都可以以明显随机的方式改变方向。但是，如果大量重复地观测粒子的位置，并进行平均化处理，那么它们也会生成一种有规律的图形。奇怪的是，它看起来就像是波的衍射图形。我们根本不会认为粒子也会如此。它确实很奇怪。

你会发现，这个描述说的就是著名的双缝实验，它是第一批揭示量子世界有多古怪的实验之一。它表明光子在某些情况下像粒子，但在另一些情况下像波。

确实如此。但上面的描述**也是**对最近某个实验的描述，这个实验和量子理论一点儿关系都没有。如果有关系就更奇怪了。

在那个实验里，粒子是一种微小的油滴，而波在同一个油缸里传播。令人惊讶的是，油滴会在波的顶部反弹。通常情况下，如果油滴接触到一缸相同的油，我们就会认为它将和油缸里的油融合，并消失得无影无踪。然而，非常微小的油滴可以停留在油缸中的油的表面，而不被吞没。方法是让油缸在垂直方向上快速振动，比方说把它放在扬声器上。在流体中，存在某些阻碍融合的力，其中最主要的是表面张力。流体的表面类似于一层轻薄而柔软的弹性膜，像一个能把表面包在一起的可变形袋子。当油滴接触到油缸时，表面张力会试图把两者分开，而像重力之类的力则会让它们融合。是分还是合，取决于具体情况。振动油缸会在表面产生波。当下落的油滴碰到上升的波时，撞击可以克服合并的趋势，使油滴反弹。如果油滴的大小合适，同时把振动的振幅和频率调整到正确大小，油滴会和波发生共振。这种效应非常稳定——在 40 赫兹的频率下（每秒振动 40 次），油滴通常每秒会反弹 20 次（它的频率只有前者的一半，这里的数学原因我就不细说了）。油滴可以在数百万次弹跳中保持完整。

2005 年，伊夫·库代（Yves Couder）的研究小组开始研究液滴弹跳的物理学规律。这些液滴与盛满液体的容器相比非常小，需要用显微镜和慢速摄影机对它们进行观测。改变振动的振幅和频率，可以让液滴“行走”——沿着直线缓慢移动。之所以会“行走”，是因为它与波稍不同步，所以它并不是恰好接触到波峰，而是以一个很小的角度反弹。波型也会移动，如果振幅和频率合适，那么下一次它们接触时也会如此。于是，液滴就像一个移动的粒子（当然，波也像一个移动的波）。

约翰·布什（John Bush）手下的一个小组对库代的工作做了进一步研究，两个小组发现了一些非常奇怪的现象。特别是，尽管所涉及的物理学完全是经典的，但弹跳着行走的液滴可以像量子粒子一样运动，而且重现和解释这种状况的数学模型只需基于牛顿力学。2006 年，库代和埃马纽埃尔·福尔（Emmanuel Fort）证明了液滴模拟了令量子理论的奠基人困惑不已的双缝实验[91]。他们在振动的容器里装上模拟两条狭缝的装置，并让液滴不断地朝它们运动。液滴像粒子一样，穿过两条狭缝之一，并以某种随机变化的方向出现。但是，当他们测量这些新出现的液滴的位置，并把它们绘制成统计直方图时，得到的结果就像是衍射图形。

这对费曼关于双缝实验不存在经典解释的说法提出了质疑。尽管布什利用光观测了粒子通过的狭缝，但这和量子观测不可同日而语，量子观测所需的能级更高。费曼思想实验的核心是，他认为，很明显检测光子穿过狭缝会搞乱衍射图形，我们可以相信，与量子测量做合适的类比，即给液滴以很大的冲击力，也会搞乱衍射图形。

其他实验给出了与量子力学更惊人的相似之处。液滴可以撞到一个本应阻止它前进的障碍物，却奇迹般地在另一边出现——这是一种量子隧穿，即一个粒子可以穿过一个障碍物，尽管它缺乏这种运动所需的能量。一对液滴可以围绕彼此运动，就像在氢原子中一个电子围着质子运动一样。

然而，与围绕太阳运动的行星不同，液滴之间的距离是量子化的，它们是一系列特定的离散值，就像通常原子核里的能级是量子化的一样，只存在特定的离散能量值。如果为液滴提供角动量，它甚至可以自己沿着圆形轨道运动——这可以粗略地和量子自旋类比。

没有人认为这种特殊的经典流体系统可以解释量子不确定性。电子可能并不是在充满宇宙流体的空间里跳跃的微观液滴，而液滴也不是在每个细节上都与量子粒子相匹配的。但这只是最简单的流体系统。它表明，量子效应似乎很奇怪，因为我们把它们与错误的经典模型进行了比较。如果我们认为粒子只是一个微小的实心球，或者波也只像水面上的涟漪，那么波粒二象性确实是奇怪的。它要么是波，要么是粒子，对吧？

液滴明确地告诉我们这是错误的。也许它两者都是，并且相互影响，我们看到的是什么，取决于我们观测的是哪种特征。我们倾向于关注液滴，但它与自身的波密切相关。在某种意义上，液滴（强调起见，现在称它为“粒子”）告诉系统一个粒子应该如何运动，而波告诉系统一个波应该如何运动。例如，在双缝实验中，粒子只通过一条狭缝，而波通过两条狭缝。在多次实验后的统计平均结果中，波的图形通过粒子的形式呈现出来，这并不奇怪。

深藏在“闭嘴，乖乖计算”所使用的那些方程式之下的量子力学，真的像这样吗？

或许是的。但这并不是一种新理论。

1926 年，马克斯·玻恩（Max Born）提出了对粒子的量子波函数的通用解释。波函数没有告诉我们粒子的位置，而是告诉我们粒子在任意给定位置的概率。在如今的物理学里，唯一需要注意的是，粒子实际上并没有明确的位置；波函数告诉我们在给定位置观测到它的概率。它在被观测到之前是否“真的”在那个位置，往好了说是哲学思考，往坏了说是误解。

一年后，德布罗意对玻恩的想法提出了一种新的解释，粒子或许确实有明确的位置，但它可以在某些实验里假装成波。也许粒子有一个看不见的搭档，某种“导”波，告诉它如何像波一样运动。本质上，他认为波函数是一个真实的物理对象，它的状况由薛定谔方程确定。粒子在任何时候都有一个确定的位置，所以它有一条确定的轨道，但这是由它的波函数**引导**的。如果你有一个粒子系统，那么众多粒子的组合波函数也满足某种形式的薛定谔方程。粒子的位置和动量是隐变量，它们和波函数一起影响观测结果。特别地，位置的概率密度是根据玻恩的解释从波函数中推导出来的。

沃尔夫冈·泡利（Wolfgang Pauli）对此表示反对，他认为，导波理论与粒子散射过程中的某些现象不一致。德布罗意一时想不出一个满意的答案，所以他放弃了这个观点。无论如何，物理学家可以观测概率分布，但同时观测粒子和观测它的导波似乎是不可能的。事实上，人们普遍认为波函数是不能从总体上观测的——可以说，它只是部分可见。自冯·诺依曼给出错误的论证，即证明不存在隐变量理论之后，导波理论便悄无声息地消失了。

1952 年，特立独行的物理学家戴维·玻姆（David Bohm）重新发现了导波理论，并证明了泡利的反对是毫无根据的。他系统地解释了量子理论，认为它是由隐变量控制的导波的确定性系统。他证明量子测量的所有标准统计特征仍然有效，所以导波理论与哥本哈根诠释是一致的。图 16-1 显示了用玻姆理论对双缝实验的预测，以及使用状态未受干扰的单个光子进行弱测量得到的最新观测结果[92]。它们有着惊人的相似性。通过拟合光滑曲线，我们甚至可以推断出光子的概率分布，重现波模型预测的衍射图形。

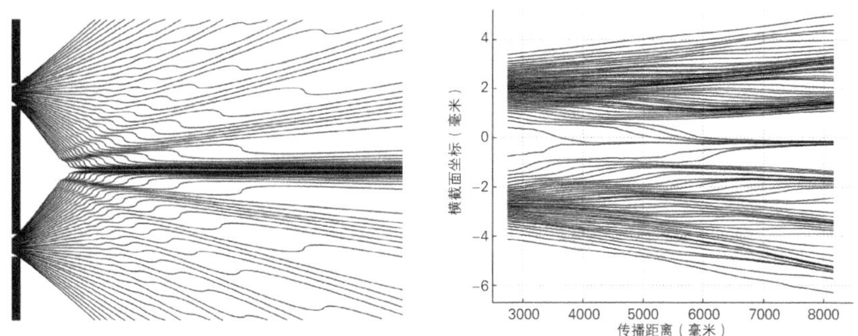


**图 16−1　左图：根据玻姆的导波理论，预测的双缝实验中电子的轨迹。右图：使用单个光子进行弱测量的平均实验路径**

玻姆的观点没有得到量子专家们的认可。与物理学有关的原因则是，导波理论的定义是非定域性的。粒子系统的状况由它们的组合波函数决定，粒子系统具有定域性，但组合波函数是非定域性的。波函数在空间传播，它取决于边界条件和粒子。

约翰·贝尔更积极，他提出了玻姆－德布罗意导波理论。起初，他想知道是否可以去掉非定域性。结果，他给出了那份著名的论证，证明这是不可能的。尽管如此，有些物理学家仍在继续研究非定域性的替代方案。这并不像听起来那么傻。让我们看看其中的原因。

任何数学定理都是以假设为基础的。它是一个“如果 - 那么”语句：如果某些假设正确，那么在逻辑上必然会产生某些结果。证明解释它们何以发生。定理的陈述应该列出所有假设，但有些通常是默认的——这些假设在该领域中是标准，并不需要显式声明。有时，仔细核验证明就会发现它取决于一些未做声明或并不标准的假设。这代表在逻辑上有漏洞，定理的结论可能会因此导致错误。

贝尔在冯·诺依曼的证明里发现了赫尔曼也曾发现过的漏洞，他修补了漏洞，并发展了他的理论。但是，或许是物理学家们非常顽固，而数学家们又太过学究气，所以他们不时会在贝尔定理里寻找未被发现的漏洞。不过，即使你找到漏洞，其本身也不能为量子力学提供一个切实可行的隐变量理论，但暗示了它是有可能存在的。

物理学家出身的气象学家蒂姆·帕尔默始终钟情于物理学，他在 1995 年发现了这样一个漏洞，推想存在一种确定性混沌的隐动力。他意识到，如果动力系统的状况足够糟，贝尔不等式的证明就会失效，因为它考虑的相关性是不可计算的。例如，假设我们要模拟一个电子的自旋。我们已经知道，在任何指定的方向上都能测量自旋，并且只要单位恰当，它的值总是正负随机的 $\frac{1}{2}$。假设一个由隐变量形成的非线性动力系统有两个吸引子，一个吸引子对应 $\frac{1}{2}$ 的自旋，另一个吸引子对应 $-\frac{1}{2}$ 的自旋。基于给定的初始条件，自旋会演化为这两个值之一。它会是哪个值呢？每个吸引子都有自己的吸引域。如果变量开始于某一个域，它就会被吸引到自旋是 $\frac{1}{2}$ 的吸引子上；如果从另一个域开始，那么它就会被吸引到自旋是 $-\frac{1}{2}$ 的吸引子上。

如果域有相当简单的形状，而且它们的边界很明确，那么贝尔定理的证明是成立的，双吸引子的想法就没什么用。然而，吸引域可能会非常复杂。第 10 章曾提到过，两个（或两个以上）吸引子就可能有筛形吸引域，它们错综复杂地交织在一起，以至于最轻微的扰动都可能改变所属吸引域。此时，贝尔定理的证明是无效的，因为它讨论的相关性并不是一个合理的数学对象。

“不可计算”在这里的含义很微妙，它并不妨碍自然界中存在这样的系统。毕竟，哥本哈根诠释（“它只是坍缩，我们不知道它是怎么发生的”）更难计算，因为它没有针对坍缩给出任何数学过程。状态 $\pm\frac{1}{2}$ 的统计分布应该与筛形吸引域的统计特征有关，这些特征是可计算并且有意义的，所以与实验比较不成问题。

帕尔默通过详细计算证实了这个模型。他甚至提出，波函数坍缩的原因可能是引力。以前，其他物理学家也有过类似的想法，因为引力是非线性的，破坏了叠加原理。在帕尔默的模型里，引力将电子的状态推向某个吸引子。从那时起，帕尔默发表了一系列论文，研究贝尔定理的其他漏洞。这些论文还没有提出一个隐变量动力学的具体建议，把这种动力学作为基于确定性混沌的量子力学的基础，但是对方法的可行性的探索很有价值。

我想思辨地指出贝尔定理中存在的另一些潜在漏洞。

定理的证明依赖于比较三种相关性。通过将它们引用到隐变量空间上的一个假定的概率分布，贝尔推导出了它们之间的关系，恰好是一个不等式。这种关系是对隐变量空间子集的概率分布进行积分得到的，由被测度的相关性决定。可以证明，这些积分在某种程度上相关，从而得到贝尔不等式。

它们很优雅，但是如果隐变量空间不存在概率分布呢？那么用来证明不等式的计算就毫无意义。概率分布是一种特殊的测度，许多数学空间中不存在合理的测度。特别的是，所有可能的波函数的空间通常是无限维的——它是无穷多个本征态的全部组合。它们被称为希尔伯特空间，而这种空间中并不存在合理的测度。

我应该解释一下这里所谓的“合理”的含义。每个空间至少有一个测度。选择一个点，我称之为“特殊点”。将测度 1 分配给包含特殊点的所有子集，将 0 分配给其余子集。这种测度（被称为“原子”，以原子为特殊点）有它的用途，但与“体积”一点儿也不像。为了排除这类平凡的测度，可以考虑那些在侧向移动后，三维空间的体积保持不变的物体。这种移动后体积仍然保持不变的性质称为平移不变性（如果将物体旋转，它的体积也不会改变，但我暂不需要这个性质）。刚刚描述的原子测度并没有平移不变性，因为平移可以将特殊点（测度 1）移动到其他位置（测度 0）。对量子环境而言，在希尔伯特空间里寻找类似的平移不变测度是很自然的。然而，乔治·麦基（George Mackey）和安德烈·韦尔（André Weil）的一个定理告诉我们，除非该空间碰巧是有限维的，否则这种测度不会存在于希尔伯特空间。

于是，尽管整个隐变量空间不存在合理的概率测度，但是观测的相关性仍然是有意义的。一个观测是波函数空间到某个单一本征态的映射，每个本征态都属于某个有限维空间，而且这个有限维空间是有测度的。因此，如果一个量子系统存在一个隐动力，它就应该有一个无限维的状态空间，这看起来完全合理。毕竟，这就是**非隐**变量的工作原理。实际上，波函数就**是**隐变量，它的“隐”，在于你无法把它作为一个整体来观测。

这不是一个新说法。劳伦斯·兰道（Lawrence Landau）指出：如果你假设一个基于经典（柯尔莫哥洛夫）概率空间的隐变量理论，那么爱因斯坦－波多尔斯基－罗森实验会得出贝尔不等式；但如果你假设有无穷多个独立隐变量，则无法推出贝尔不等式，因为不存在这样的概率空间。这是第一个漏洞。

第二个漏洞涉及导波，它的非定域性是人们反对的关键。导波延伸到整个宇宙，并且能对变化即刻做出反应，不管它们有多远。但我怀疑这种反对是否言过其实。想想液滴实验，它产生的现象与确定性环境下的量子理论极其相似，也是在大尺度下一个对导波的有效物理类比。液滴可以被认为具有定域性。而对应的波则不然，但它肯定不会延伸到整个宇宙。它被限制在一个盘子里。至于对双缝实验的解释，我们所需要的只是一个可以延伸到**足够远**的波，使它足以发现有两条狭缝。我们甚至可以说，如果没有某种准非定域的“光晕”，光子就不可能知道要通过一条狭缝，更不用说两条狭缝了。模型里的狭缝可能非常细，但真实的狭缝比光子宽得多（这又是一个关于清晰的边界条件和混乱的现实之间不一致的例子）。

第三个漏洞是默认假设了隐变量的概率空间是前后无关的，即它与观测无关。如果隐变量的分布依赖于观测，贝尔不等式的证明就不成立。一个前后无关的概率空间似乎是不合理的：隐变量是怎么“知道”它们将被如何观测的呢？假如你抛一枚硬币，硬币在落到桌子上之前，并不知道自己会有这样的“结局”。然而，量子观测在某种程度上绕过了贝尔不等式，因此量子形式体系必须允许相关性不遵循该不等式。为什么？因为量子态是前后相关的。你进行的测量不仅取决于量子系统的实际状态（假设它处于某个状态），还取决于测量的类型。否则，实验中就不会发生与贝尔不等式矛盾的情况。

这是完全自然的，一点儿也不奇怪。我说过“硬币在落到桌子上之前，并不知道自己会有这样的‘结局’”，但这无关紧要。硬币并不**需要**知道这一点。提供前后关系的不是硬币的状态，而是观察，即硬币和桌子之间的相互作用。结果取决于如何观察硬币及其内在状态。为了简单起见，我们假设硬币在零重力下旋转，然后用一张桌子拦住它，硬币的最终结果取决于什么时候去拦它，以及硬币的自转轴和桌面之间形成的角度。从与轴线平行的平面上观察，硬币正反交替。从垂直于轴线的平面上观察，它在沿着边缘自转。

既然量子波函数是前后相关的，似乎只有允许隐变量也这样才合理。

除了对量子现象的意义进行哲学思辨之外，考虑确定性隐变量理论还有另一个原因：人们渴望将量子理论与相对论统一起来[93]。爱因斯坦本人花了数年寻找把量子理论和引力相结合的统一场论，但没什么结果。这样的“万物理论”仍然是基础物理学的圣杯。领跑的弦理论在近些年从某种程度上来说已经失宠；大型强子对撞机没有探测到超弦理论预测的新亚原子粒子，没能扭转这种局面。其他理论，如圈量子引力理论也不乏拥趸，但也没有做出任何让主流物理学家满意的理论。从数学上讲，在相当基础的层面上就有不一致之处：量子理论是线性的（状态可叠加），而广义相对论不是线性的（状态不可叠加）。

大多数构建统一场论的尝试尽量保持量子力学不变，去修补引力理论与之相适应。在 20 世纪 60 年代，这种方法几近成功。爱因斯坦的广义相对论基本方程描述了引力系统中的物质分布与时空曲率是如何相互作用的。在该方程中，物质分布是一个清晰的数学对象，有着明确的物理解释。在半经典的爱因斯坦方程里，物质分布被一个量子对象取代，该对象定义了在多次观测后所期望的平均物质分布，它是对物质所在位置的一个很好的猜测，但不是精确表述。这使得物质可以是量子的，而时空仍然是经典的。作为一种有效的妥协，爱因斯坦方程的这个变体取得了许多成功，其中包括斯蒂芬·霍金（Stephen Hawking）发现的黑洞辐射。但在处理关于量子观测行为的难题时，这个变体就不那么有效了。如果波函数突然坍缩，方程给出的结果就会不一致。

20 世纪 80 年代，罗杰·彭罗斯和拉约什·迪欧希（Lajos Diósi）各自尝试用牛顿引力取代相对论来解决这个问题。如果运气好，该方法得到的任何结果都可以扩展到相对论引力。薛定谔猫是这种方法涉及的主要问题，但形式更极端，它就像薛定谔月亮。月球可以分裂成两个重叠的部分，一半绕地球运行，而另一半则在某处。更糟糕的是，这种宏观叠加态的存在，使得信号的传播速度超过了光速。

彭罗斯将这些失败的原因归结为坚持不肯修改量子力学。罪魁祸首也许是量子力学，而非引力理论。整个问题的关键是一个简单的事实，即使是接受哥本哈根诠释的物理学家也不能告诉我们波函数是如何坍缩的。如果测量装置本身是一个小量子系统，比如另一个粒子，那就似乎不会发生坍缩。但是，如果你用标准仪器测量光子的自旋，那么你得到的则是某个特定结果，而不是叠加态。测量仪器要多大才能使观测到的波函数坍缩？为什么通过分束器发出的光子不会干扰量子的状态，而发送到粒子探测器却会干扰呢？标准量子理论没有给出答案。

当我们研究整个宇宙时，这个问题会更突出。由于时空起源的大爆炸理论，量子观测的性质是一个非常重要的宇宙学问题。如果一个量子系统的波函数只有在被外部物体观测时才会坍缩，那么宇宙的波函数是怎么坍缩并产生所有行星、恒星和星系的呢？这需要来自宇宙之外的观测。这一切都令人困惑不已。

一些关于薛定谔猫的评论家从“观察”一词中推断，观察需要一个观察者。只有当某个有意识的智能实体观察到波函数时，它才会坍缩。因此，人类存在的原因之一可能是，倘若没有我们，宇宙本身就不会存在，这给了我们生命的意义，也解释了我们为何在此。然而，这种思路给了人类某种特权地位，这似乎有点儿自大，是我们在科学史上不断留下的标准错误之一。同时，这也与宇宙已经存在了 130 亿年以上的证据不太相符，显然，即使我们没在观察，宇宙也遵循着同样的物理规律。此外，这种“解释”奇怪地以自我为参照。因为我们存在，我们可以观察宇宙，从而使它存在……反过来，它又使我们存在。因为我们在这里，所以我们在这里，我们在这里，是因为我们在这里。我并不是说这些异议是无法回避的，但整个想法让人类和宇宙之间的关系变得颠三倒四。我们在这里是因为宇宙的存在，而不是相反。

较为冷静的人只能推断，当一个小量子系统与一个足够大的量子系统相互作用时，波函数就会坍缩。而且，大系统表现得像一个经典的实体，所以它的波函数一定已经坍缩了。情况或许是，系统足够大就会自动坍缩[94]。

丹尼尔·苏达尔斯基（Daniel Sudarsky）目前正在研究一种方法——自发性坍缩。他的观点是，量子系统会自动随机坍缩，但当某个粒子坍缩时，它会引发其他所有粒子也坍缩。粒子越多，其中某个粒子发生坍缩的可能性就越大，然后它们就都会坍缩。所以大系统成了经典的实体。

马内里·德雷克沙尼（Maaneli Derakshani）意识到关于量子理论自发性坍缩的解释可能更适用于牛顿力学。2013 年，他发现当牛顿引力与自发性坍缩理论相结合时，怪异的薛定谔月亮状态会消失。然而，最初的尝试仍然允许信号的传播速度超过光速，这并不怎么好。部分问题在于，牛顿物理学与相对论不同，它不会自动排除这类信号。安东尼·蒂卢瓦（Antoine Tilloy）正在探索一种随机发生在时空里的修正型自发性坍缩。因此，先前模糊的物质分布有了明确的位置，从而产生引力。时空保持经典状态，所以不会出现薛定谔月亮。它去除了比光还快的信号。真正重大的进展是用爱因斯坦取代牛顿：将坍缩的量子理论与广义相对论相结合。眼下，苏达尔斯基的团队正在进行这样的尝试。

哦，是的，我答应过你要解释蹦床的事。格勒布拉赫尔计划用一种在正方形框架上的薄膜来测试量子坍缩理论，它是一种宽幅为 1 毫米的小蹦床。研究人员先让蹦床振动，然后用激光把它推至叠加态：部分“向上”，部分“向下”。他们甚至在上面放一只缓步类动物，看看能否把**它**也变成叠加态。

薛定谔苔藓小猪。真可爱！

量子理论变得越来越怪异……

大多数物理学家相信量子理论的形式体系，哥本哈根诠释和所有理论，不仅适用于电子、苔藓小猪和猫，而且适用于任何真实世界的系统，无论它有多复杂。不过，达妮埃拉·弗劳奇格（Daniela Frauchiger）和雷纳托·雷内（Renato Renner）在 2018 年发表的有关薛定谔猫的最新看法，对这种观点提出了质疑[95]。问题出现在一个思想实验里，物理学家们使用量子力学来模拟一个物理学家们使用量子力学的系统。

这一基本想法可以追溯到 1967 年，当时尤金·维格纳（Eugene Wigner）稍稍调整了薛定谔的设想，认为正统的量子形式体系可以产生和现实不一致的描述。他在盒子里放了一个物理学家——“维格纳的朋友”——来观察这只猫的波函数，从而了解猫会是两种状态中的哪一种。然而，盒子外的观察者仍然认为猫处于“活着”和“死去”的叠加状态，因此两位物理学家对猫的状态的看法存在分歧。不过，这里有一个瑕疵，即维格纳的朋友无法将他的观察结果传递给外部观察者，而外部观察者可以合理地认为维格纳的朋友处于“观察到猫还活着”和“观察到猫已死去”的叠加状态。从外部来看，这种状态最终会坍缩为两种可能性中的一种，但得在盒子被打开后。这种情况与维格纳的朋友一直以来所知的并不一样，但在逻辑上并没有不一致。

为了得到真正的矛盾，弗劳奇格和雷内更进一步。他们用物理学家而不是猫（这在伦理上也更合适），并且还引入了更复杂的设置。物理学家艾丽斯随机将一个粒子的自旋设置为向上或向下，然后把这个粒子发送给她的同事鲍勃。当这些物理学家和它们的实验室都在盒子里，并且处于纠缠态时，鲍勃对粒子进行观测。另一位物理学家阿尔伯特用量子力学为艾丽斯和她的实验室建模，而通常的纠缠态数学意味着，有时（不总是）他可以完全确定地推断出鲍勃观测到的状态。阿尔伯特的同事贝琳达对鲍勃和他的实验室也做相同的计算，同样的数学运算表明，她有时可以完全肯定地推断出艾丽斯设定的自旋状态。显然，这一定是鲍勃测量的状态。然而，当用量子理论的正统数学来计算时，你会发现，如果这个过程重复多次，阿尔伯特和贝琳达推断的结果肯定就会在少数情况下不一致，然而他们都是完全正确的。

不考虑（相当复杂的）细节，这篇论文主要集中在三个假设上，它们都符合正统的量子物理学。

- 量子力学的标准规则可以应用于任何现实世界的系统。
- 不同的物理学家如果把这些规则正确地应用于同一系统，就不会得到相互矛盾的结果。
- 如果物理学家进行测量，得到的结果是唯一的。例如，如果她测量到的自旋是“向上”的，那么她就不能也（正确地）测量到自旋是“向下”的。

弗劳奇格和雷内的思想实验证明了一个“止步”定理：**这三个命题不可能都正确**。因此，量子力学正统的形式系统是自相矛盾的。

量子物理学家们并没有对这个消息抱以非常大的热情，他们似乎寄希望于找到逻辑上的漏洞，但到目前为止还没有人发现。如果这个说法成立，那么上述三个假设中至少有一个必须被放弃。最有可能被牺牲的是第一个假设，在这种情况下，物理学家将不得不接受某些现实世界的系统超出了标准量子力学的适用范围。而否认第二个或第三个假设则将更令人震惊。

作为一名数学家，我不禁感到“闭嘴，乖乖计算”可能会漏掉某些重要的东西。其中的原因在于，如果你真的闭嘴，这些计算就确实是有意义的。它们有规则，通常还是很美的规则。它们很有效，其背后的数学也是深刻而优雅的，但它们建立在随机性基础之上，并且这种随机性还是不可约化的。

那么，量子系统是怎么知道自己应该遵守这些规则的呢？

我并不是唯一一个怀疑是否有更深层次理论来解释这一点的人，而且我也看不出有什么合理的理由来解释为什么它的概率性必须是不可约化的。液滴实验从一开始就不是量子难题，但它们确实和量子难题很像。我们对非线性动力学了解得越多，就越觉得倘若在发现量子世界之前就对它有所了解的话，历史会变得非常不同。

戴维·默明（David Mermin）将这种“闭嘴，乖乖计算”的思维方式上溯到第二次世界大战，当时量子物理学与旨在开发原子武器的曼哈顿计划密切相关。美国军方积极鼓励物理学家们只需计算，无须考虑其中的意义。1976 年，诺贝尔奖得主、物理学家默里·盖尔曼（Murray Gell-Mann）曾说过[96]：“尼尔斯·玻尔“洗脑”了整整一代理论物理学家，使他们认为（解释量子理论的）工作在 50 年前就完成了。”亚当·贝克尔（Adam Becker）在《什么是真实？》一书中认为，这种态度的根源在于玻尔对哥本哈根诠释的坚持。我也认为，坚持认为只有实验结果才有意义，实验结果背后不存在更深层次的真实，似乎把逻辑实证主义用过了头。和我一样，贝克尔也承认量子理论是**可行的**，但他补充道，让量子理论处于目前的状态等于“掩盖了我们对世界认识的一个漏洞，也忽略了一个关于科学作为人类进程的宏大叙事”。[97]

这并没有告诉我们该如何填补这个漏洞，而本章也没有涉及这一点——尽管提示了一些信息。不过，有一件事是肯定的：倘若**存在**和更深层次的真实有关的东西，如果我们自己都不屑于探索，那么它们将永远无法被发现。

# 第 17 章

# 利用不确定性

不管是人还是老鼠，即便是最如意的规划，结局也往往会出其不意。

——罗伯特 · 彭斯，《致老鼠》

到目前为止，我通常把不确定性作为一个问题来讨论：它会让我们难以明白未来可能会发生什么，也可能让最周密的计划出错。我们已经研究了不确定性从何而来，以何种形式出现，如何度量，以及如何减轻其影响。我还没讨论如何利用它。事实上，在很多情况下，有一点不确定性对我们是有利的。因此，尽管不确定性通常被认为是一个问题，但它也可以是一个解决问题的方案，不过这些问题不一定是**相同**的。

随机性最直接的应用，出现在一些用直接方法似乎难以求解的数学问题上。这种方法不是模拟求解，然后通过多次抽样来估计所涉及的不确定性，而是将整个事情颠倒过来，模拟多次抽样并从中推导出解。那就是蒙特卡罗法，这个名字源于著名的赌场。

一个传统的简单例子是求某个复杂形状的面积。直接的方法是将形状分割成可以用熟知的公式完成面积计算的小块，然后将结果相加。更复杂的形状可以用积分处理，本质上，积分做的是同样的事——用许多非常细的矩形来近似形状。蒙特卡罗方法完全不同。它将形状放入面积已知的图形里，比如某个矩形。然后，向这个图形随机投掷大量飞镖，并分别计算飞镖命中矩形和命中那个图形的比例。例如，如果矩形的面积为 1 平方米，而飞镖命中那个图形的概率为 72%，那么它的面积应该约等于 0.72 平方米。

这种方法还有许多约束条件。首先，最好是找一个与结果相近的数。结果是近似的，我们需要估计误差可能的大小。其次，飞镖需要均匀地分布在矩形上。一个好的飞镖玩家如果瞄准目标，可能每次都会命中。我们想要的是一个糟糕的飞镖玩家，他把飞镖扔得到处都是，没有确定的方向。

最后，对偶尔发生的错误进行估计。然而，这也是有好处的。随机数表可以充当糟糕的飞镖玩家，用计算机来计算更好。这种方法也适用于更高维度，它可以是某个复杂的三维空间的体积，或在更高维度里的那些概念意义上的“体积”。在数学中，高维空间无处不在，也并不神秘，它们只是一种探讨大量变量的几何语言。最后，它通常比直接的方法更有效。

就明确被认为是一种通用技术的角度而言，蒙特卡罗法是斯坦尼斯拉夫·乌拉姆（Stanislaw Ulam）于 1946 年在美国洛斯阿拉莫斯国家实验室研究核武器时发明的。当时，他正在养病，靠玩一种需要耐心的“坎菲尔德纸牌”游戏来消磨时间。作为一名数学家，他想知道自己能否运用组合学和概率论计算获胜的概率。在尝试失败后，他“想知道是否有一种比‘抽象思维’更实际的方法，比方说，摆一百副牌，然后简单地观察，并计数获胜的次数”。

当时的计算机已经足以胜任这种计算了。但由于乌拉姆也是一名数学物理学家，他随即开始思考阻碍核物理进展的一些重大问题，比如中子是如何扩散的。他意识到，当一个复杂的微分方程可以被重新表述为一个随机过程时，同样的想法也可以得到实用的解。他把这个想法告诉了冯·诺依曼，并在一个实际问题中进行尝试。由于这个方法需要一个代号，尼古拉斯·梅特罗波利斯（Nicholas Metropolis）便建议用“蒙特卡罗”（Monte Carlo）来命名，那是乌拉姆好赌的叔叔最喜欢去的地方。

蒙特卡罗法对氢弹的研发至关重要。从某些观点来看，倘若乌拉姆没有这种洞察力，这个世界可能会变得更好，而我也不愿把发展核武器作为研究数学的理由。但它确实说明了数学思想所具有的毁灭性力量，以及随机性带来的强大用途。

具有讽刺意味的是，发展蒙特卡罗法的主要困难是如何让计算机随机运行。

数字计算机是确定性的。给定一个程序，它就会严格执行每一条指令。这一特性使得恼火的程序员发明了恶作剧命令“DWIT”（做我所想），而用户则在怀疑它是“人工智障”。这种决定论也让计算机很难随机运行。主要的解决方案有三种：你可以在设计中加入一些不可预测的非数字元件，也可以从现实世界里的某些不可预测过程（如无线电噪声）中提取输入内容，还可以设置一些生成伪随机数的指令。尽管这些数列是由具有确定性的数学程序生成的，但它们看起来是随机的。它们实现起来很简单，并且还有一个优点——在调试程序时可以再次运行完全相同的序列。

一般的思路是，先告诉计算机某一个数，把它当作“种子”。然后，通过某个数学变换算法得到序列中的下一个数，接着重复这个过程。如果你知道种子和变换规则，就可以重新生成这个序列。如果你不知道，可能就很难知道过程是怎样的。汽车中的全球定位系统（GPS）主要使用伪随机数。GPS 需要一系列卫星定时发送信号，你车里的某个设备会接收这些信号，然后分析出车的位置。为了避免干扰，这些信号都是伪随机数列，而且可以被设备正确识别。比较来自每个卫星的信号是从多远发出的，就可以计算出所有信号之间的相对时延。得到卫星的相对距离后，用传统的三角定位法就可以确定位置了。

在混沌理论出现后的世界里，伪随机数的存在不再是毫无可能的。任何混沌算法都可以生成伪随机数，技术上并非混沌的算法也可以。在许多实际案例中，最终会出现一遍又一遍地重复完全相同数列的情况，但如果在此之前要经过 10 亿步，那么谁又会在乎呢？早期的算法会用一个大整数作为开始的种子，比如

554 378 906

将它平方后，得到

307 335 971 417 756 836

如果计算某个数的平方，那么其得数的首尾会出现有规律的数学模式。例如，因为 $6^2=36$，其结尾是 6，所以上面这个数的结尾也会出现数字 6。你也可以预测，这个数的第一位必然是 3，因为 $55^2=3025$，它是一个以 3 开始的数。这类模式不是随机的，所以为了排除它们，我们把这个数的首尾都去掉（比方说，删除最右边的六个数字和最左边的三个数字，保留接下来的九个数字），于是得到

335 971 417

现在，将它平方后，得到

112 876 793 040 987 889

但也只保留中间部分，得到

876 793 040

以此类推。

这种处理手段在理论上很难用数学方法分析，进而确定它是否真的像一个随机序列，所以通常会用别的规则代替，最常见的是线性同余生成

器。它的步骤是先把数乘以某个固定的数，然后加上另一个固定的数，接着再除以某个特定的大数，最后得到一个余数。为了提高效率，可以使用二进制算术。1997 年，松本诚（Makoto Matsumoto）和西村拓士（Takuji Nishimura）发明了梅森旋转算法，这是一个巨大的进步。该算法基于数 $2^{19\,937}-1$，它是一个梅森质数——一个比 2 的幂小 1 的质数，这个数论里的稀罕物可以一直追溯到修道士马林·梅森（1644 年）。在二进制里，它由 19 937 个连续的 1 组成。转换规则颇具技术性。其优点在于，只有经过 $2^{19\,937}-1$ 步，即一个 6002 位的数字之后，生成的数字序列才会重复出现，而且只要子序列的数不多于 623 个，就都是均匀分布的。

自那以后，人们开发了更快、更好的伪随机数生成器。同样的技术对互联网安全也有用，它们被用于加密消息。该算法中的每一步都可以被认为在对前一个数“编码”，其目标是构造密码安全的伪随机数生成器，该生成器用于产生伪随机数，使用了被证明很难破解的密码。精确的描述更具技术性。

我在这里调皮一下。

统计学家们不遗余力地解释随机性是**过程**的特征，而不是结果。如果你连续掷 10 次骰子，**可能**会得到 6666666666。事实上，这种情况平均每 60 466 176 次试验中应该会发生一次。

然而，这里的意义稍有不同，即“随机”确实适用于结果，所以像 2144253615 这样的序列比 6666666666 更随机。这种差别最适用于很长的序列，它刻画了由随机过程产生的典型序列的特征。也就是说，序列应具有所有期望的统计特征。每个数字（1～6）出现的概率大约是 $\frac{1}{6}$；每个两个连续数字组成的序列出现的概率大约是 $\frac{1}{36}$，以此类推。更微妙的是，也不应该有任何长程关联，例如，就某个给定位置及位于其每两步间隔的数而言，它们有规律的情况不应该显著频繁地出现。所以我们会排除像 3412365452 这样的数，因为奇数和偶数在其中交替出现。

数理逻辑学家格雷戈里 · 蔡廷（Gregory Chaitin）在他的算法信息理论中引入了这种条件的极端形式。在传统信息论中，消息中的信息量是表示消息所需的二进制数字（“比特”）的数量。因此一条消息 1111111111 包含 10 比特信息，1010110111 也包含 10 比特信息。蔡廷关注的不是序列，而是生成序列的规则，即产生序列的算法。这些规则也可以用二进制编码，在某些编程语言里，当序列足够长时，精确就不再那么重要。如果 1 持续重复 100 万次，那么序列看起来就像是有 100 万个 1 的 111…111。只要二进制代码正常，任何一个“写 100 万次”的程序都会短得多。能够生成给定输出的最短程序的长度，就是该序列包含的算法信息。这种描述忽略了一些微妙之处，但在这里已经足够了。

序列 1010110111 看起来比 1111111111 更随机。这个判断取决于它如何继续下去。我选这个数是由于它是 π 的前 10 位数字（二进制）。假设这个规则持续 100 万位，它会看起来非常随机。但是“计算 π 的前 100 万个二进制数字”的算法比 100 万比特位短得多，所以包含 100 万位 π 的数字序列的算法信息比 100 万位 π 的数字的信息少得多，即便 π 的数字满足所有关于随机性的标准统计检验。它们不满足的是“不同于 π 的数字”。只要头脑正常，没有人会用 π 的数字作为加密系统，因为敌人很快就会破解。另外，如果序列以某种真正随机的方式出现，而非源于 π，那可能就很难找到一个短小的算法生成它。

蔡廷认为，如果某个比特序列是不可压缩的，那么它就是随机的。也就是说，如果你写一个算法，将序列生成到给定的长度，那么当数字的数量非常大时，这个算法至少要和序列的长度相同。在传统的信息论中，二进制字符串中的信息量就是它所包含的比特数，即字符串的长度。二进制序列的算法信息是生成该序列的算法的最短长度。所以，一个随机序列的算法信息也就是序列本身的长度，但是 π 的数字序列的算法信息是生成它的最短程序的长度。它小得多。

根据蔡廷的定义，我们可以很容易判断一个特定序列是随机的。他证明了两个关于随机序列的有趣结论。

- 由 0 和 1 构成的随机序列是存在的。事实上，几乎每个无限序列都是随机的。
- 如果一个序列是随机的，你将永远无法证明它是随机的。

第一个结论的证明需要计数定长序列的数量，并与那些更短的、可以生成给定长度序列的程序数量比较。例如，有 1024 个 10 比特序列，但只有 512 个 9 比特程序，因此至少有一半的序列不能用更短的程序进行压缩。第二个结论的证明的基础是，如果你能证明一个序列是随机的，那么这个证明就压缩了其中的数据，所以它不是随机的。

现在，假设你想生成一个序列，并且想证明它确实是随机的。例如，你可能正在配置某个加密方案的密钥。显然，蔡廷的研究结果排除了这种可能性。但在 2018 年，彼得·比尔霍斯特（Peter Bierhorst）和他的同事发表了一篇论文，证明可以利用量子力学绕过该限制[98]。这个方法的思想本质是量子不确定性可以转化为特定的序列，并在物理上保证它们的随机性符合蔡廷的定义。也就是说，没有什么潜在的敌人能够推测出生成密码所用的数学算法——因为根本就没有这样的算法。

似乎只有满足两个条件才能保证随机数生成器的安全性。用户必须知道这些数是如何生成的，否则他们不能确保生成的是真正的随机数。敌人也一定无法推测出随机数生成器的内部工作原理。然而，在实际中，使用传统的随机数生成器是不可能满足第一个条件的，因为它无论用的是什么算法，都有可能出错。研究其内部工作原理或许有用，但通常是不切实际的。第二个条件违反了密码学的一个基本原则，即克尔克霍夫原理：你必须假设敌人知道加密系统的工作原理。这只是以防万一，隔墙有耳嘛！（你希望他们不知道**解密**系统。）

量子力学引出了一个非凡的想法。假设不存在确定性隐变量理论，那么你就可以制造一个量子力学随机数生成器，它被证明是安全且随机的，于是上述两个条件就都失效了。矛盾的是，用户根本不知道随机数生成器是怎样工作的，而敌人却非常清楚。

该生成器用到了纠缠的光子、一个发射器和两个接收站。首先，制造高度相关的极化纠缠光子对，然后把每对光子分别传输到两个接收站。接着，在每个接收站测量光子的极化情况。由于两个接收站之间的距离足够远，因此在进行测量时，它们之间不可能传递信号，但通过纠缠，它们被观测到的极化必然是高度相关的。

重点来了。相对论意味着光子不能作为比光还快的通信装置。也就是是说，这些测量值虽然高度相关，但一定是不可预测的。因此，它们罕见的不一致必定是真正随机的。纠缠使得贝尔不等式不成立，它保证了这些测量结果是随机的。不管敌人对随机数生成器采用的过程有多了解，他们也一定同意这个评估。用户只能通过观测随机数生成器输出的统计数据来测试它是否违反贝尔不等式，其内部工作原理与此目的无关。

这个总体想法已有一段时间，但比尔霍斯特团队在实验中采用了一种可以避免贝尔不等式中的已知漏洞的设置。这个方法很精巧，只是稍稍违反了贝尔不等式，所以需要很长时间才能生成一个确保随机的序列。他们的实验就像是抛硬币产生两个等概率结果的随机序列，而这个随机序列有99.98% 都是正面。方法之一，是分析生成后的序列。按这个序列运行，直到你第一次遇到连续抛硬币的结果不一样的那一刻——“正反”或“反正”。这两组情况的概率相同，所以你可以把“正反”当作“正面”，“反正”当作“反面”。如果正面的概率非常大或者非常小，那么你会拒绝序列中的大部分数据，但剩下的就像是一枚公平硬币。

实验持续了 10 分钟，其间观测了 5500 万对光子，产生了一个长度为1024 比特的随机序列。传统的量子随机数生成器虽然不能被证明是安全的，但每秒能产生数百万随机比特。因此，该方法过于麻烦，所保证的额外安全性略显不值。另一个问题是实验装置的大小：两个接收站相距 187 米。它不是一个可以塞进公文包里的小玩意儿，更别说装到手机里了。将这种装置小型化似乎很难，而且在可预见的未来，把它放进芯片里似乎也是不可能的。尽管如此，这个实验还是提供了一个概念验证。

随机数（我现在不在前面加上“伪”）被用于很多应用程序中。工业和相关领域的无数问题都涉及优化一些过程，以得到最佳结果。例如，航空公司可能希望为其航线制定时刻表，以便使用的飞机数量最少，或是用给定数量的飞机去覆盖尽可能多的航线。或者，更准确地说，让利润最大化。工厂可能希望定期保养机器，以使“停机时间”最小化。医生们可能想要管理疫苗，使之效用最高。

在数学上，这类优化问题可以表示为找到某个函数的最大值。从几何学上讲，就像在风景中找到最高峰。“风景”通常是多维的，但我们可以研究某个常规的风景，即三维空间里的二维表面，来理解其意义。最优策略对应峰值的位置。我们怎样才能找到它呢？

最简单的方法是爬山。随便从某处开始，找到最陡峭的向上的路径，然后沿路而上。最终你会到达一个不能再向上爬的地方，这就是顶峰。嗯，也许它并不是。它只是某个高峰，但不一定是最高峰。如果你在喜马拉雅山脉攀登离你最近的山，它可能并不是珠穆朗玛峰。

倘若只有一座山峰，爬山会非常有效，但是如果有许多山峰，登山者也许会被困在一座并不是最高的山峰上。这样总会找到一个局部最大值（附近没有比它更大的值），但它可能并非全局最大值（**不存在**比它更大的值）。有一个避免被困住的方法是时不时地踢登山者一脚，把他们从一个地方“踢”到另一个地方。如果他们被困在错误的山峰，这就会让他们爬到另一座不同的山峰上，如果新的山峰比旧的山峰高，他们就会比以前爬得更高，而且也不会过快地被踢下来。这种方法被称为模拟退火，因为它与液态金属中的原子冷却并最终凝固的过程有相似之处。热使原子随机运动，温度越高，原子运动得越剧烈。所以基本的思路是，一开始用力踢，然后力量越用越小，就和降低温度一样。当你最初不知道各座顶峰在哪里时，最好随机选择。因此，适当的随机性会让这个方法更好用。大多数巧妙的数学方法研究如何选择一个有效的退火过程，即如何让踢的力气变小的规则。

还有一种相关技术，它可以解决许多不同类型的问题，那就是遗传算法。这类算法是从达尔文进化论中得到的灵感，从而实现对生物演化过程的简单描摹。阿兰·图灵（Alan Turing）在 1950 年提出过一种假设性的学习机器。生物演化的过程大致是这样的：生物体将它们的特征遗传给后代，但同时会产生随机变异（突变）。那些因更适应周遭环境而生存下来的物种会把自己的特征遗传给下一代，而那些不太适合生存的物种则不会被留下（适者生存或自然选择）。持续选择足够多代以后，生物体就会变得非常适应环境，并且几乎接近最佳状态。

演化可以被粗略地建模为一个优化问题：一群生物体随机地在一个适合生存的环境里游荡，它们会爬上当地的山峰，而那些爬得太低的生物体就会灭绝。最终，活下来的生物体会汇聚在某座山峰周围。不同的山峰对应不同的物种。实际情况要复杂得多，但在这里大致描摹一下就够了。生物学家们大肆宣扬演化在本质上是随机的。他们（完全出于理智地）想表达的是，演化并不是一开始就有目标，并朝着这个目标前进的。演化并没有在数百万年前就决定要产生人类，然后持续选择那些越来越接近这个目标的猿类，直到在我们身上臻于完美。演化并不事先知道适应的环境是什么样的。事实上，随着物种的演化，环境本身可能也会随着时间的推移而改变，因此用“环境”这个词也有些牵强。演化通过测试不同的可能性来找出更好的物种，这些不同的可能性和当前物种很像，但包含了随机变化。然后，较好的物种被保留，并继续这一过程。所以生物体被不断改进，这种改进在于点滴之间。通过这种方式，演化同时也会构建适合生存的环境，并让生物体在那些最适合的地方欣欣向荣。演化是一种随机爬山算法，人类神经系统就是如此实现的。

遗传算法模仿演化。它从一堆算法开始，这些算法都试图解决同一个问题，然后随机改变它们，从中选出那些比其他算法表现更好的算法。在下一代算法中继续如此，并不断重复，直到对结果的表现满意为止。遗传算法甚至还可以通过模仿有性繁殖将算法结合起来，这样，来自两个不同算法的两个优秀特征就可以合二为一。这可以被看作一种学习过程，在这个过程里，大量算法通过反复试错得到最优解。演化可以被当作一种类似的学习过程，只是它应用在生物体而不是算法上。

遗传算法有数百种应用，在这里我只提一种，以便使读者了解它们是如何工作的。大学的课程表非常复杂。必须合理安排数以百计的课程，以便成千上万的学生能够学习名目繁多的各种课程。学生选修不同学科的课程非常普遍，美国大学的“主课”和“副课”就是一例。课程安排必须避免冲突，即防止学生在同一时刻听两堂课，也要避免将同一课程的三堂课挤在连续的时段里。遗传算法从某张课程表开始，找出其中冲突和连续的课程。然后，不断重复随机修改课程表，并从这些课程表里搜索更好的选择。算法甚至还可以将两张相当不错的课程表组合起来，就像模仿有性繁殖一样。

既然天气预报有其固有的局限性，那能不能**控制**天气呢？不要问下雨会不会毁了野餐或你的兴致：只要确保这不会发生就行。

北欧民间传说开炮可以防止冰雹。这种影响可能源于几次战争之后的逸闻，其中包括拿破仑战争和美国内战——只要一有大的战役，之后就会下雨（如果你相信我，我可以告诉你一个巧妙而有效的解释）。19 世纪末，美国战争部[①]曾花费 9000 美元购买炸药，并将它们在得克萨斯州引爆。但人们没发现任何科学根据。在云层中播撒碘化银颗粒，在理论上提供了可以凝结水蒸气的核，这种颗粒非常细小，如今被广泛用于降雨，但即便这种方法有效，可还是不清楚是否会降雨。人们曾多次尝试向飓风眼壁[②]注入碘化银来减弱飓风的威力，但结果仍旧是不确定的。美国国家海洋和大气管理局一直在探索阻止飓风的理论构想，比如向可能生成飓风的风暴发射激光，以引发雷闪放电，在风暴中消耗一些能量。还有阴谋论说，气候变化不是由人类产生的二氧化碳造成的，而是某个邪恶的秘密组织控制了气候，使美国处于不利的境地。

随机性有许多形式，混沌理论告诉我们，一只蝴蝶扇动翅膀可以从根本上改变天气。我们已经讨论了在什么情况下这种说法是正确的："改变"实际上意味着"重新分配和更改"。当冯·诺依曼得知这种效应时，他指出，除了明确天气变得不可预测外，它还可能让天气变得可控。找到合适的蝴蝶，就能重新分配飓风。

我们无法操控飓风或龙卷风，甚至连毛毛雨也不行。但是我们可以对心脏起搏器的电波有所作为，在非重要时刻，它还被广泛地用于在太空任

① 一个已经废除的美国政府部级单位，曾负责管辖美国陆军并维护其装备。——译者注

② 即风眼四周环绕的一圈剧烈雷暴区域，那里的天气通常是最恶劣的。——译者注

务里规划如何节约燃料。在这两个场景中，主要的数学成果在于选择正确的蝴蝶，也就是说，找到在何时何地，以及如何对系统进行轻微扰动，以便得到想要的结果。1990 年，爱德华・奥特（Edward Ott）、塞尔索・格雷博基（Celso Grebogi）和詹姆斯・约克解决了混沌控制的基本数学问题[99]。混沌吸引子通常会包含大量的周期轨迹，但这些轨迹都是不稳定的，任何微小的偏差都会导致指数级变化。奥特、格雷博基和约克想知道，正确地控制动力系统是否可以稳定这些轨迹。这些嵌入其中的周期轨迹通常是鞍点，因此某些邻近的状态首先会被吸引过去，而其他状态则会被排斥。所有邻近的状态最终几乎都不再被吸引，并落入排斥区域，因此出现了不稳定性。奥特－格雷博基－约克的混沌控制方法就是不断地对系统进行微小改变。选择的扰动使得每当状态开始脱离轨道时，都会被重新拉回来，它不是推动状态，而是修改系统并移动吸引子，因此，状态会发现自己回到了原先的周期轨道上。

人的心脏跳动相当有规律，它是一种周期性的状态，但有时会出现纤颤，使心跳变得极不规律——倘若不迅速终止这种状态，它足以导致死亡。当心脏的规则周期状态被打破，产生一种特殊类型的混沌时，纤颤就会发生。这种特殊的混沌被称为螺旋混沌，它会将通过心脏的一连串常规圆形波分解为许多局部性的螺旋[100]。针对心律失常的标准治疗方法是安装一个起搏器，它可以向心脏发送电信号，以保持心跳同步。起搏器的电刺激很大。1992 年，艾伦・加芬克尔（Alan Gafinkel）、马克・斯帕诺（Mark Spano）、威廉・迪托（William Ditto）和詹姆斯・韦斯（James Weiss）报告了一个关于兔子心脏组织的实验[101]。他们使用了一种混沌控制方法，通过改变使心脏组织跳动的电脉冲的时点，将螺旋混沌转化成了有规律的周期性行为。他们用比传统起搏器小得多的电压来恢复正常的心跳。按这个思路，大体上可以造出损害性更小的起搏器，在 1995 年还对它进行过一些人体试验。

如今，混沌控制在太空任务中很常见。使之成为可能的动力学特性可以追溯到庞加莱在三体引力中发现的混沌现象。在太空任务的应用中，这三个天体可能是太阳、某颗行星和它的一颗卫星。第一个成功的应用是由爱德华·贝尔布鲁诺（Edward Belbruno）在 1985 年提出的，它涉及太阳、地球和月球。当地球绕着太阳转，月球绕着地球转时，引力场和离心力共同作用，形成了一个能量图景，其中有五个平衡点，在那里，所有的力都被相互抵消。在这些平衡点中，一个是峰点，一个是谷点，另外三个是鞍点，它们都被称为拉格朗日点。其中一个被称为 L1 的点位于月球和地球之间，天体的引力场和地球围绕太阳旋转的离心力在那里相互抵消。在这个点附近，动力学是混沌的，所以小物体的飞行路径对小扰动非常敏感。

空间探测器在这种情况下可以被看作一个小物体。1985 年，国际日地探测器 3 号（ISEE-3）几乎耗尽了用来改变轨道的燃料。倘若它能在消耗燃料较少的情况下被送到 L1，就有可能利用蝴蝶效应将它重定向到某个遥远的区域，如此一来，也几乎不会消耗燃料。这种方法能让卫星与贾科比尼－津纳彗星相会。1990 年，贝尔布鲁诺鼓励日本航天局在他们的“飞天”探测器上使用类似技术，当时，“飞天”为了完成任务，已经用完了大部分燃料。所以日本航天局把它停在月球轨道上，然后又把它重定向到另外两个拉格朗日点，去观测留在那里的尘埃粒子。这种混沌控制在无人驾驶的太空任务中使用得非常频繁，以至于已经成了一种标准技术，因为燃料的效能和低成本相较于速度而言更重要。

# 第 18 章

# 未知的未知

当意识到自己的无知时，我们可以试着提高自己的知识水平。当无知而不自知时，我们可能正生活在愚人的天堂里。

这本书的大部分内容是关于人类如何把未知的未知变成已知的未知的。我们没有把自然灾害归咎于神，而是把它们记录下来，并仔细研究测量结果，从中提炼出有用的规律。我们并没有实现万无一失的预言，但确实得到了一个比随机猜测更好的预测未来的统计预言。在某些情况下，我们把未知的未知变成了已知的已知。我们知道行星如何运动，也知道**为什么**能知道。但是，当新的自然法则被证明并不足够管用时，我们会用实验和清晰的思维来量化这种不确定性：尽管仍然不确定，但我们知道不确定的程度。概率论就是这样应运而生的。

我的六个不确定性的时代贯穿了对于理解我们为什么不确定、我们能对此做些什么的最重要的进展。许多毫不相干的人类活动也起到了一定的作用。赌徒和数学家联合起来研究概率论的基本概念。其中有一位数学家就曾是个赌徒，一开始，他利用自己的数学知识大发横财，但最终还是输掉了家族的运数。21 世纪初，世界各地的银行家也遇到了同样的情况，他们坚信，数学能让他们的赌博免于风险，因此也失去了整个家族的财富。不过，他们的家庭成员要多一些，也就是地球上的所有人。靠运气的游戏给数学家们提出了许多有趣的问题，以这些游戏为基础的小例子简单得足以进行非常详尽的分析。具有讽刺意味的是，骰子和硬币都不像我们想象的那么随机，许多随机性来自掷骰子或抛硬币的人。

随着对数学理解的深入，我们发现了如何才能将同样的见解应用到自然界，然后再应用于自身。天文学家们试图从不完美的观测中获得准确的结果，由此发展了最小二乘法，将数据拟合成误差最小的模型。抛硬币的小模型解释了如何平均化以得到更小的误差，它让正态分布作为二项分布的一种实用的近似，而中心极限定理又证明了在结合大量的小误差后，无论这些个体误差是什么概率分布，它总能被当作正态分布。

与此同时，凯特勒和他的后继者们还把天文学家的想法应用到了人类行为的模型上。很快，正态分布成了**最优秀**的统计模型。一门全新的学科——统计学诞生了，它不仅让模型和数据拟合成为可能，而且还能评估模型与数据的拟合程度、量化实验和观察的显著性水平。统计学可以应用于任何数值测量的事物。结果的可靠性和显著性虽然有待商榷，但统计学家们找到了估计这些特征的方法。关于"什么是概率"这一哲学问题导致了频率主义者和贝叶斯主义者之间的严重分歧，前者通过数据计算概率，后者则认为概率是一种信念的程度。这并不意味着，贝叶斯本人一定会同意这个如今以他的名字命名的观点，但我认为他愿意承认条件概率的重要性，并告诉我们如何计算条件概率。有一些非正式的例子可以说明条件概率是一个多么难以捉摸的概念，以及人类直觉在这方面的表现是非常糟糕的。它在医学和法律上的实际应用有时还会强化这种担忧。

基于精心设计的临床试验数据的有效统计方法，极大地提高了医生对疾病的认识，并提供了可靠的安全性评估，使新的药物和治疗方案成为现实。这些方法远远超出了传统的统计方法，有些方法可行，是因为我们现在拥有能够处理大量数据的高速计算机。金融领域不断地对所有用于预测的方法提出问题，但我们正在学习不要过度依赖经典经济学和正态分布。来自其他不同领域——如复杂系统和生态系统——的想法为我们带来了新的曙光，并为防范下一次金融危机提出了一些明智的政策性建议。心理学家和神经学家开始认为，我们的大脑是按贝叶斯的模式运作的，它将信念体现为神经细胞之间连接的强度。我们也开始意识到，不确定性有时会是我们的朋友。它可以用于完成一些有用的工作，而这些工作通常非常重要，比如太空任务和心脏起搏器。

不确定性还是我们能够呼吸的原因。气体物理学是微观力学的宏观结果。分子的统计结果解释了为什么大气不会全部聚在一处。热力学源于对更高效的蒸汽机的追求，并由此产生了一个有些难以捉摸的新概念：熵。这似乎反过来解释了时间之箭，因为熵随着时间的流逝而增加。然而，熵在宏观尺度上的解释与微观尺度上的一个基本原理是相悖的，这个原理就是机械系统是时间可逆的。这个悖论依然令人困惑，而我认为它源于对简单的初始条件的关注，破坏了时间反转对称性。

大约在那个时候，我们认为不确定性并不是上天的心血来潮，而是人类无知的表现，物理学前沿的新发现打破了这种解释。物理学家们开始相信，量子世界里的随机性是不可约化的，而且常常很古怪。光既是粒子又是波。纠缠的粒子以某种方式通过“鬼魅超距作用”进行通信。贝尔不等式保证了只有概率理论才能解释量子世界。

大约 60 年前，数学家们破坏性地发现了“随机”和“不可预测”是两码事。混沌表明，确定性的定律可以产生不可预测的状况。它们可以有一个预测范围，而超出这个范围的话，预测就不再准确。结果，预报天气的方法发生了彻底变革，变成从一系列预报中推断出最可能的结果。更复杂的是，混沌系统的某些方面在更长的时间尺度上是可以预测的。几天后的天气（吸引子上的轨迹）是不可预测的，而气候（吸引子本身）是可以预测的。要正确理解全球变暖和相关的气候变化，就必须明白它们之间的差别。

混沌是非线性动力学的一个组成部分，如今，它正通过一些逻辑漏洞对贝尔不等式的某些方面提出质疑。曾被认为是量子特征的一些现象出现在了古老而经典的牛顿物理学里。也许量子的不确定性根本就不是无法确定的。也许正如古希腊人所认为的那样，混沌是先于宇宙的。也许爱因斯坦关于“上帝不掷骰子”的格言需要修改成：上帝的确掷了骰子，但这些骰子被藏了起来，它们并不是真正随机的。就像真正的骰子也不是随机的一样。

我对那些关于不确定的年代之间是怎样擦出火花的非常感兴趣。你经常会发现属于不同时代的方法被结合在一起使用，比如概率论、混沌理论和量子理论。长期探索预测不可预测事物的结果之一便是，我们眼下**知道**存在未知的未知。纳西姆·尼古拉斯·塔勒布（Nassim Nicholas Taleb）写的《黑天鹅》就是关于这些未知的，他称之为“黑天鹅事件”。公元 2 世纪的古罗马诗人尤维纳利斯用拉丁语写道：“世间罕有之鸟，酷似黑天鹅”，这是他对“不存在”的比喻。每个欧洲人都**晓得**天鹅是白色的，直到 1697 年荷兰探险家在澳大利亚发现了大量黑天鹅。直到那时人们才明白，尤维纳利斯以为他所知道的，其实根本不是已知的已知。在 2008 年的金融危机中，银行家们也犯了同样的错误：他们所谓的“4 西格玛”潜在灾难，被认为太过罕见，甚至不值得考虑，结果却在他们之前从未遇到过的情况下成了家常便饭。

这六个充满不确定性的时代都对人类产生了持久的影响，直到今天，这些影响依然存在。如果出现干旱，有些人会祈祷下雨，有些人会试图弄清楚其中的缘由，有些人会尝试阻止每个人再犯同样的错误，有些人会去寻找新的水源，有些人会想知道是否可以用人工降雨来满足需求，还有些人会探索更好的方法，利用电子电路中的量子效应，通过计算机来预测干旱。

未知的未知仍然困扰着我们（看看海洋里充斥着塑料垃圾这一迟来的认知吧），但我们开始意识到，世界比我们想象的要复杂得多，一切都是相互关联的。每天都有关于不确定性的新发现，它们的形式和意义各不相同。未来是不确定的，但关于不确定的科学是未来的科学。

# 注释

[1] 这个引用可能和贝拉没有关系，它有可能源于古老的丹麦谚语："Det er vanskeligt at spaa, især naar det gælder Fremtiden."

[2] 《以西结书》21：21。

[3] Ray Hyman. "Cold reading: how to convince strangers that you know all about them", *Zetetic* 1 (1976/77) 18–37.

[4] 我不太确定"点燃的碳"的确切含义，可能是指木炭，但有好几处资料提到了这个词，其中包括：

John G. Robertson, *Robertson's Words for a Modern Age* (reprint edition), Senior Scribe Publications, Eugene, Oregon, 1991.

[5] 如果"战胜这种可能性"是指"提高获取中奖号码的机会"，那么根据概率论，除非发生意外，这样的系统是不存在的。如果它的意思是"如果能赢得奖金，就能将其最大化"，那么，你可以采取一些简单的预防措施。其中最主要的是：避免选那些多数人也可能会选的号码。倘若中奖号码是你选的（就像其他号码一样），和你分奖金的人会更少一些。

[6] 波动方程是一个很好的例子，它最初是从一段在平面上的线段（小提琴琴弦）的振动模型推导出来的。这个模型为更真实的情况铺平了道路，如今它被广泛地应用于各种情况，包括从分析斯特拉迪瓦里琴的振动，到利用地震的记录计算地球内部结构等方方面面。

[7] 我知道"dice"（骰子）标准的单数形式是"die"，但今天几乎每个人都把"dice"当作它的单数形式。"die"这个词已经过时了，很容易被误解；许多人不知道"dice"是复数形式。所以在这本书里，我会写"a dice"。

[8] "We ditched fate to make dice fairer", *New Scientist*, 27 January 2018, page 14.

[9] 如果你对红－蓝骰子的说法满意，但不确定看起来一样的骰子是否也正确，那么考虑以下两点或许会有帮助。首先，彩色的骰子怎么"知道"产生的组合总数是颜色相同的骰子的两倍呢？也就是说，不同的颜色怎么会影响投掷结果呢？其次，拿两个像得无法区分的骰子，投掷多次后计算结果是两个 4 的比

例。如果结果无序的，那么计算的结果会接近 $\frac{1}{21}$。

如果是有序的，结果应该接近 $\frac{1}{36}$。

如果你连彩色的骰子也质疑，那么同样思路也适用，但此时应该用彩色骰子做实验。

[10] 和等于 10 的 27 种方法：

1+3+6　1+4+5　1+5+4　1+6+3
2+2+6　2+3+5　2+4+4　2+5+3　2+6+2
3+1+6　3+2+5　3+3+4　3+4+3　3+5+2　3+6+1
4+1+5　4+2+4　4+3+3　4+4+2　4+5+1
5+1+4　5+2+3　5+3+2　5+4+1
6+1+3　6+2+2　6+3+1

和等于 9 的 25 种方法：

1+2+6　1+3+5　1+4+4　1+5+3　1+6+2
2+1+6　2+2+5　2+3+4　2+4+3　2+5+2　2+6+1
3+1+5　3+2+4　3+3+3　3+4+2　3+5+1
4+1+4　4+2+3　4+3+2　4+4+1
5+1+3　5+2+2　5+3+1
6+1+2　6+2+1

[11] "Fermat and Pascal on Probability".

[12] 赌注分配的比例应该是：

$$\sum_{k=0}^{s-1}\binom{r+s-1}{k} \text{比} \sum_{k=s}^{r+s-1}\binom{r+s-1}{k}$$

其中，玩家 1 需要取胜 $r$ 局以上，玩家 2 需要取胜 $s$ 局以上。在这个例子里，比例是：

$$\binom{8}{0}+\binom{8}{1}+\binom{8}{2}+\binom{8}{3}+\binom{8}{4}+\binom{8}{5} \text{比} \binom{8}{6}+\binom{8}{7}+\binom{8}{8}$$

[13] Persi Diaconis, Susan Holmes, and Richard Montgomery. "Dynamical bias in the coin toss", *SIAM Review* 49 (2007) 211–235.

[14] M. Kapitaniak, J. Strzalko, J. Grabski, and T. Kapitaniak. "The three-dimensional dynamics of the die throw", *Chaos* 22 (2012) 047504.

[15] Stephen M. Stigler, *The History of Statistics*, Harvard University Press, Cambridge,

Massachusetts, 1986, page 28.

[16] 我们想求 $(x-2)^2+(x-3)^2+(x-7)^2$ 的最小值。这里的 $x$ 是二次的，其中 $x^2$ 的系数是 3，它是正数，因此表达式有唯一的最小值。当求导后的表达式等于 0，即 $2(x-2)+2(x-3)+2(x-7)=0$ 时，可以得到最小值。因此，均值为 $x=\frac{2+3+7}{3}$。对于有限数据集也可以用类似的方法计算均值。

[17] 公式 $\sqrt{\frac{2}{n\pi}}\exp\left[-\frac{2\left(x-\frac{1}{2n}\right)^2}{n}\right]$ 是 $n$ 次抛掷后，得到 $x$ 次正面的近似概率。

[18] 假设有一间每次只能进一个人的房间。当第 $k$ 个人进入房间后，房间里所有人的生日都不相同的概率是：

$$\frac{365}{365}\times\frac{364}{365}\times\frac{363}{365}\times\cdots\times\frac{365-k+1}{365}$$

因为每个新到的人都必须和前面 k−1 个人的生日不同。它等于 1 减去至少有两个人生日相同的概率，因此我们想要最小的 $k$，需要使整个表达式小于 $\frac{1}{2}$。计算的结果是 $k=23$。更详细的信息请参考英文版维基百科“Birthday Problem”词条。

[19] 关于出生概率分布不平均的情况讨论参见：
M. Klamkin and D. Newman. “Extensions of the birthday surprise”, *Journal of Combinatorial Theory* 3 (1967) 279–282.
关于平均分布的概率是最小的证明参见：
D. Bloom. “A birthday problem”, *American Mathematical Monthly* 80 (1973) 1141–1142

[20] 图表看起来很相似，但是现在每块区域都被分成了 365×365 个正方形。每块区域里的深色条带包含了 365 个正方形。但目标区域内有 1 个重叠的正方形。因此，它包含了 365+365−1=729 个深色正方形，在目标区域外有 365+365=730 个深色正方形，因此，深色正方形的总和为 729+730=1459。符合目标的条件概率为 $\frac{729}{1459}$，约等于 0.4997。

[21] 为了计算，凯特勒对 1000 次抛硬币使用了二项分布，他认为这样更方便，但

他在理论工作中强调了正态分布。

[22] Stephen Stigler, *The History of Statistics*, Harvard University Press, Cambridge, Massachusetts, 1986, page 171.

[23] 这并不是一定要满足的条件。它假设所有的分布都是通过结合钟形曲线得到的。但这对高尔顿来说已经足够了。

[24] “回归”这个词源于高尔顿对遗传的研究。他使用正态分布解释了为什么总体而言，如果父母双方都是高个子或矮个子，孩子的身高会倾向于在两者之间，他称之为“向均值回归”。

[25] 另一位值得一提的人物是弗朗西斯·伊西德罗·埃奇沃思（Francis Ysidro Edgeworth）。他没有高尔顿的见地，却是一位非常棒的技术人员，他把高尔顿的想法建立在坚实的数学基础之上。然而，关于他的故事太过专业了，就不在这里展开了。

[26] 符号表示为：

$$P\left(\left(X_1+\cdots+\frac{X_n}{n}-\mu\right)<\beta\sqrt{n}\right)\to\int_{-\infty}^{\beta}\mathrm{e}^{-\frac{y^2}{2}}\mathrm{d}y$$

其中，不等式右侧是均值为 0、方差为 1 的累积正态分布。

[27] 我们有 $P(A|B)=\frac{P(A且B)}{P(B)}$，以及 $P(B|A)=\frac{P(B且A)}{P(A)}$。但事件 $A$ 且事件 $B$ 和事件 $B$ 且事件 $A$ 是相同的。将两个等式相除，可以得到 $\frac{P(A\mid B)}{P(B\mid A)}=\frac{P(A)}{P(B)}$。然后，在等式两边同时乘以 $P(B|A)$ 可得。

[28] 弗兰克·德雷克（Frank Drake）在 1961 年的首届地外文明探索（SETI）会议上提出该方程式，总结了一些影响外星生命可能性的关键因素。它经常被用来估算银河系中外星文明的数量，但许多变量很难估计，因此对于那个目的而言并不太合适。它还涉及一些乏善可陈的建模假设。参见英文版维基百科“Drake Equation”词条。

[29] N. Fenton and M. Neil. *Risk Assessment and Decision Analysis with Bayesian Networks*, CRC Press, Boca Raton, Florida, 2012.

[30] N. Fenton and M. Neil. “Bayes and the law”, *Annual Review of Statistics and Its Application* 3 (2016) 51–77. 参见英文版维基百科“Lucia de Berk”词条。

[31] Ronald Meester, Michiel van Lambalgen, Marieke Collins, and Richard Gil. “On the (ab)use of statistics in the legal case against the nurse Lucia de B”.

arXiv:math/0607340 [math.ST] (2005).

[32] 据说，科学史学家克利福德·特鲁斯德尔（Clifford Truesdell）曾说过："每位物理学家都知道（热力学）第一定律和第二定律的意思，但问题在于，没有两个人的观点是一致的。" 参见：Karl Popper. "Against the philosophy of meaning", in: *German 20th Century Philosophical Writings* (ed. W. Schirmacher), Continuum, New York, 2003, page 208.

[33] 余下的部分参见 *First and Second Law*(Flanders / Swann) 歌词。

[34] N. Simanyi and D. Szasz. "Hard ball systems are completely hyperbolic", *Annals of Mathematics* 149 (1999) 35–96.

N. Simanyi. "Proof of the ergodic hypothesis for typical hard ball systems", *Annales Henri Poincaré* 5 (2004) 203–233.

N. Simanyi. "Conditional proof of the Boltzmann-Sinai ergodic hypothesis". *Inventiones Mathematicae* 177 (2009) 381–413.

还有一份 2010 年的预印本，这份预印本似乎尚未公开出版：N. Simanyi. "The Boltzmann-Sinai ergodic hypothesis in full generality".

[35] Carlo Rovelli. *The Order of Time*, Penguin, London 2018

[36] 这幅图是计算机计算的，也有同样的误差。沃里克·塔克（Warwick Tucker）通过计算机辅助完成了一个严格的证明，它证明了洛伦茨系统有一个混沌吸引子。这种复杂性是真实存在的，而不是某种数值上的人造物。

W. Tucker. "The Lorenz attractor exists". *C.R. Acad. Sci. Paris* 328 (1999) 1197–1202.

[37] 从技术上讲，人们只证明了某些特殊吸引子存在可以给出正确概率的不变测度。塔克在同一篇论文中证明了洛伦茨吸引子有一个。但大量的数值证据表明，它们很普遍。

[38] J. Kennedy and J. A. Yorke. "Basins of Wada", *Physica* D 51 (1991) 213–225

[39] P. Lynch. *The Emergence of Numerical Weather Prediction*, Cambridge University Press, Cambridge, 2006.

[40] 菲什后来说，那个打电话的人指的是在佛罗里达的飓风。

[41] T. N. Palmer, A. Döring, and G. Seregin. "The real butterfly effect", *Nonlinearity* 27 (2014) R123–R141.

[42] E. N. Lorenz. "The predictability of a flow which possesses many scales of motion". *Tellus* 3 (1969) 290–307.

[43] T. N. Palmer. "A nonlinear dynamic perspective on climate prediction". *Journal of*

*Climate* 12 (1999) 575–591.

[44] D. Crommelin. "Nonlinear dynamics of atmospheric regime transitions", PhD Thesis, University of Utrecht, 2003.

D. Crommelin. "Homoclinic dynamics: a scenario for atmospheric ultralow-frequency variability", *Journal of the Atmospheric Sciences* 59 (2002) 1533–1549.

[45] 计算过程大致是这样的：

| | |
|---|---|
| 90 天里的总和 | 90×16=1440 |
| 10 天里的总和 | 10×30=300 |
| 100 天里的总和 | 1740 |
| 平均值 | 1740/100=17.4 |

它比 16 大 1.4。

[46] 80 万年的记录参见：E. J. Brook and C. Buizert. "Antarctic and global climate history viewed from ice cores", *Nature* 558 (2018) 200–208.

[47] 这段引文出现在 1977 年 7 月的《读者文摘》，没有任何文档证明。1950 年 1 月 8 日，《纽约时报》发表过一篇由作曲家罗杰·塞申斯（Roger Sessions）撰写的文章《作曲家是怎么做到"难以应付"的》。文中提到："我还记得爱因斯坦的一句话，它也理所当然地适用于音乐。他说，实际上，每件事都应该力求简单，但不能过于简单！"

[48] 美国地质调查局的数据显示，全球火山每年会产生约 2 亿吨二氧化碳。人类运输和工业的二氧化碳排放量是 240 亿吨，是前者的 120 倍。

[49] The IMBIE team (Andrew Shepherd, Erik Ivins, and 78 others). "Mass balance of the Antarctic Ice Sheet from 1992 to 2017", *Nature* 558 (2018) 219–222.

[50] S. R. Rintoul and 8 others. "Choosing the future of Antarctica", *Nature* 558 (2018) 233–241.

[51] J. Schwartz. Underwater, *Scientific American* (August 2018) 44–55.

[52] E. S. Yudkowsky. "An intuitive explanation of Bayes' theorem".

[53] W. Casscells, A. Schoenberger, and T. Grayboys. "Interpretation by physicians of clinical laboratory results", *New England Journal of Medicine* 299 (1978) 999–1001.

D. M. Eddy. "Probabilistic reasoning in clinical medicine: Problems and opportunities", in: (D. Kahneman, P. Slovic, and A. Tversky, eds.), *Judgement Under Uncertainty: Heuristics and Biases*, Cambridge University Press, Cambridge, 1982.

G. Gigerenzer and U. Hoffrage. "How to improve Bayesian reasoning without instruction: frequency formats", *Psychological Review* 102 (1995) 684–704.

[54] 卡普兰 - 迈耶估计（Kaplan-Meier estimator）或许值得一提，但这样会打断整个故事。这是一种使用最为广泛的方法，通过数据来估计生存率，其中的一些受试者或许在实验结束前就离开了——可能是因为死亡，也可能出于其他原因。这种方法是非参数的，在高引用的数学论文里排名第二。参见：E.L. Kaplan and P. Meier. "Nonparametric estimation from incomplete observations", Journal of the American Statistical Association 53 (1958) 457–481. 参见英文版维基百科"Kaplan-Meier estimator"词条。

[55] B. Efron. "Bootstrap methods: another look at the jackknife", *Annals of Statistics* 7 B (1979) 1–26.

[56] Alexander Viktorin, Stephen Z. Levine, Margret Altemus, Abraham Reichenberg, and Sven Sandin. "Paternal use of antidepressants and offspring outcomes in Sweden: Nationwide prospective cohort study", *British Medical Journal* 316 (2018); doi: 10.1136/bmj.k2233.

[57] 置信区间是一个是令人困惑，且被广泛误解的概念。从技术上讲，95% 的置信区间是指，在 95% 的情况下，统计量的真实值位于从样本计算出的置信区间内。这并不意味着"真实的统计量落在区间内的概率是 95%"。

[58] 这是公司对"这些人永远都还不了债"的委婉说法。

[59] 严格来说，经济科学奖是瑞典国家银行为纪念阿尔弗雷德·诺贝尔于 1968 年设立的，不属于诺贝尔在 1895 年的遗嘱中设立的奖项。

[60] 从技术上讲，如果分布 $f(x)$ 像幂律一样衰减，那么它就有一个厚尾；也就是说，$f(x)\sim x^{-(1+a)}$，其中 $a>0$，$x$ 趋于无穷。

[61] Warren Buffett. "Letter to the shareholders of Berkshire Hathaway", 2008.

[62] A. G. Haldane and R. M. May. "Systemic risk in banking ecosystems", *Nature* 469 (2011) 351–355.

[63] W. A. Brock, C. H. Hommes, and F. O. O. Wagner. "More hedging instruments may destabilise markets", *Journal of Economic Dynamics and Control* 33 (2008) 1912–1928.

[64] P. Gai and S. Kapadia. "Liquidity hoarding, network externalities,and interbank market collapse", *Proceedings of the Royal Society* A (2010) 466, 2401–2423.

[65] 长期以来，人们认为人脑中神经胶质细胞的数量是神经元的 10 倍。可信的互联网资源写的仍然是大约 4 倍。但 2016 年的一篇关于这一主题的综述认为，人类大脑中的神经胶质细胞略少于神经元。

Christopher S. von Bartheld, Jami Bahney, and Suzana Herculano-Houze, "The search for true numbers of neurons and glial cells in the human brain: A review of 150 years of cell counting", *Journal of Comparative Neurology, Research in Systems Neuroscience* 524 (2016) 3865–3895.

[66] D. Benson. "Life in the game of Go", *Information Sciences* 10 (1976) 17–29.

[67] Elwyn Berlekamp and David Wolfe. *Mathematical Go Endgames: Nightmares for Professional Go Players,* Ishi Press, New York 2012.

[68] David Silver and 19 others. "Mastering the game of Go with deep neural networks and tree search", *Nature* 529 (1016) 484–489

[69] L. A. Necker. "Observations on some remarkable optical phaenomena seen in Switzerland; and on an optical phaenomenon which occurs on viewing a figure of a crystal or geometrical solid", *London and Edinburgh Philosophical Magazine and Journal of Science* 1 (1832) 329–337.

J. Jastrow. "The mind's eye", *Popular Science Monthly* 54 (1899) 299–312.

[70] I. Kovács, T. V. Papathomas, M. Yang, and A. Fehér. "When the brain changes its mind: Interocular grouping during binocular rivalry". *Proceedings of the National Academy of Sciences of the USA* 93 (1996) 15508–15511.

[71] C. Diekman and M. Golubitsky. "Network symmetry and binocular rivalry experiments", *Journal of Mathematical Neuroscience* 4 (2014) 12; doi: 10.1186/2190-8567-4-12.

[72] 参见理查德·费曼的讲稿《物理定律的本性》。

早些时候，尼尔斯·玻尔曾说："任何不被量子理论震惊的人都不懂量子理论。"但两者的意思完全不同。

[73] Richard P. Feynman, Robert B. Leighton, and Matthew Sands. *The Feynman Lectures on Physics*, Volume 3, Addison-Wesley, New York, 1965, pages 1.1–1.8.

[74] Roger Penrose. "Uncertainty in quantum mechanics: Faith or fantasy?" *Philosophical Transactions of the Royal Society* A 369 (2011) 4864–4890.

[75] 参见英文版维基百科"Complex Number"词条。

[76] François Hénault. "Quantum physics and the beam splitter mystery".

[77] 如果量子的自旋数是 $n$，那么旋转的角动量为 $S=\left(\frac{h}{4\pi}\right)\sqrt{n(n+2)}$；其中，$h$ 是普朗克常数。

[78] 电子的自旋很奇怪。两个方向相反的自旋态↑和↓的叠加可以被解释为一个单

一的自旋状态，其轴的方向与原自旋态叠加的比例有关。然而，对**所有**的轴的测量结果都是$\frac{1}{2}$或$-\frac{1}{2}$。这一点在彭罗斯的论文（注释 74）里有解释。

[79] 这里有一个未经检验的假设：如果一个经典原因产生一个经典效应，那么该原因的量子分数（在某种叠加状态下）会产生一个相同效应的量子分数。一个半衰变的原子产生一只半死的猫。这在概率上有一定的意义，但如果在普遍意义上也是正确的，那么马赫－曾德尔干涉仪中的半光子波在撞上一个分束器时就会产生半个分束器。所以量子世界的行为不可能是这种经典叙述的叠加。

[80] 更详细的关于薛定谔猫的讨论，参见我的 *Calculating the Cosmos*, Profile, London, 2017.

[81] Tim Folger. "Crossing the quantum divide", *Scientific American* 319 (July 2018) 30–35.

[82] Jacqueline Erhart, Stephan Sponar, Georg Sulyok, Gerald Badurek, Masanao Ozawa, and Yuji Hasegawa. "Experimental demonstration of a universally valid error-disturbance uncertainty relation in spin measurements", *Nature Physics* 8 (2012) 185–189.

[83] Lee A. Rozema, Ardavan Darabi, Dylan H. Mahler, Alex Hayat, Yasaman Soudagar, and Aephraim M. Steinberg. "Violation of Heisenberg's measurement-disturbance relationship by weak measurements", *Physics Review Letters* 109 (2012) 100404. Erratum: Physics Review Letters 109 (2012) 189902.

[84] 如果你生成一对非零自旋的粒子，它们的总自旋为零，根据角动量（即自旋）守恒的原理，只要不干扰这对粒子，那么在它们分开后，自旋将保持完全反相关。也就是说，它们的自旋方向在一条轴上总是相反。现在，倘若你测量其中的一个粒子，即坍缩它的波函数，就会得到一个确定的自旋方向。因此，另一个粒子也必然坍缩，同时得到相反的结果。这听起来很疯狂，但似乎很管用。这是我用间谍举例的一个变种，在这种情况下，间谍们只是将彼此的手表做了反向同步。

[85] 见注释 74。

[86] "Even male insects feel pleasure when they 'orgasm'", *New Scientist*, 28 April 2018, page 20.

[87] J. S. Bell. "On the Einstein Podolsky Rosen paradox", Physics 1 (1964) 195–200.

[88] 杰弗里·布勃（Jeffrey Bub）认为贝尔和赫尔曼曲解了冯·诺依曼的证明，它并非为了证明隐变量是完全不可能的。

Jeffrey Bub. “Von Neumann’s ‘no hidden variables’ proof: A reappraisal”, *Foundations of Physics* 40 (2010) 1333–1340.

[89] Adam Becker, *What is Real?*, Basic Books, New York 2018

[90] 严格地说，贝尔最初的说法也要求当两个探测器平行时，实验两边的结果必须完全反相关。

[91] E. Fort and Y. Couder. “Single-particle diffraction and interference at a macroscopic scale”, *Physical Review Letters* 97 (2006) 154101.

[92] Sacha Kocsis, Boris Braverman, Sylvain Ravets, Martin J. Stevens, Richard P. Mirin, L. Krister Shalm, and Aephraim M. Steinberg. “Observing the average trajectories of single photons in a two-slit interferometer”, *Science* 332 (2011) 1170–1173.

[93] 本节基于 Anil Anathaswamy, “Perfect disharmony”, *New Scientist*, 14 April 2018, pages 35–37.

[94] 不可能只是大小，对吧？考虑分束器（产生 $\frac{1}{4}$ 相移）和粒子探测器（扰乱波函数）的影响，这两者都是宏观的。前者被认为是量子的，而后者则不是。

[95] D. Frauchiger and R. Renner. “Quantum theory cannot consistently describe the use of itself”, *Nature Communications* (2018) 9：3711; doi: 10.1038/S41467-018-05739-8.

[96] A. Sudbery. *Quantum Mechanics and the Particles of Nature*, Cambridge University Press, Cambridge, 1986, page 178.

[97] Adam Becker, *What is Real?,* Basic Books, New York, 2018.

[98] Peter Bierhorst and 11 others. “Experimentally generated randomness certified by the impossibility of superluminal signals”, *Nature* 223 (2018) 223–226.

[99] E. Ott, C. Grebogi, and J. A. Yorke. “Controlling chaos”, *Physics Review Letters* 64 (1990) 1196.

[100] 心脏衰竭中出现了混沌——它不只是随机性，已经在人类身上被发现：Guo-Qiang Wu and 7 others, “Chaotic signatures of heart rate variability and its power spectrum in health, aging and heart failure”, *PLos Online* (2009) 4(2): e4323; doi: 10.1371/journal.pone.0004323.

[101] A. Garfinkel, M. L. Spano, W. L. Ditto, and J. N. Weiss. “Controlling cardiac chaos”, *Science* 257 (1992) 1230–1235.
最近一篇关于心脏模型的混沌控制的文章参见：B. B. Ferreira, A. S. de Paula, and M. A. Savi. “Chaos control applied to heart rhythm dynamics”, *Chaos, Solitons and Fractals* 44 (2011) 587–599.

# 图片致谢

图 1－1：David Aikman, Philip Barrett, Sujit Kapadia, Mervyn King, James Proudman, Tim Taylor, Iain de Weymarn, and Tony Yates. “Uncertainty in macroeconomic policy-making: art or science?” *Bank of England paper*, March 2010.

图 11－1：Tim Palmer and Julia Slingo. “Uncertainty in weather and climate prediction”, *Philosophical Transactions of the Royal Society* A 369 (2011) 4751–4767.

图 14－2：I. Kovács, T.V. Papathomas, M. Yang, and A. Fehér. “When the brain changes its mind: Interocular grouping during binocular rivalry”, *Proceedings of the National Academy of Sciences of the USA* 93 (1996) 15508–15511.

图 16－1 左图：Sacha Kocsis, Boris Braverman, Sylvain Ravets, Martin J. Stevens, Richard P. Mirin, L. Krister Shalm, and Aephraim M. Steinberg. “Observing the average trajectories of single photons in a two-slit interferometer”, *Science* (3 Jun 2011) 332 issue 6034, 1170–1173.

尽管作者和出版社已经尽量联系插图的版权所有者，但仍然无法找到有些图片的来源，如读者能提供关于这些图片的信息，我们将感激不尽，并且很乐意在后续版次中做出修订。

# 译后记

这是我第三次翻译伊恩·斯图尔特教授的著作，在此感谢图灵新知的信任和鼓励。在翻译过程中我和教授保持了良好的沟通，我向他请教问题，帮他勘校瑕疵，还请他撰写了中文版序言。

《谁在掷骰子？不确定的数学》是一本数学科普书，它征引各个领域的例子，为我们呈现了用以解决和利用不确定性的各种数学思想和方法。该书同时也是一本历史书，它不仅为我们讲述了人类通过科学思维使文明得以进步的宏大历史进程，也涉及人类活动的方方面面。

关于本书的内容和编排，斯图尔特教授在中文版序言、第 1 章和第 18 章里已经做了系统化的描述，我就不再赘言。然而，在翻译的过程中，我发现本书有两大特点：书中很少涉及公式和计算，有限的几处也是为了让例子更直观；数学应用非常前沿，无论是药物研发、金融系统、人工智能，还是量子物理学，都不是故纸堆里的应用。

书中提到的气候变化问题，是我们每个地球公民都应该关注的事情。我不认为为了环保就要降低生活质量，事实上这样的环保也很难得到广泛的认可和支持。我更倾向于用好身边的每一份资源，让它们物尽其用。“勿以恶小而为之，勿以善小而不为”，我们眼前的事、我们口中的粮、我们脚下的路，都不应该被挥霍浪费。

人类喜欢确定，信念一旦形成就很难改变，因此，在这信息爆炸的时代里，我们的贝叶斯大脑吸收的往往是那些强化自己信念的信息——我们不喜欢被陌生的事物挑战，“熵减”需要付出额外的精力。然而，知道自己不知道，才能一步一个脚印地进步。科学为我们提供了一个绝佳的榜样。它从不声称自己全知全能，可以指导一切；它愿意向证据低头，革新自己的面貌。

在交稿时，我不禁想，所谓探索不确定性，其实就是寻找规律。正如第 17 章中关于序列和算法的信息量之间的关系一样，呈现在我们眼前的纷繁复杂的现象和它们背后的规律，不就是大自然的“序列”和“算法”吗？我们的脑中能容下浩瀚的星空和瑰丽的量子世界，就是因为它们并没有那么不确定。

和之前的译作相比，翻译本书需要用到更多背景知识。能够把这些知识准确地传递给读者，离不开编辑老师和其他审读老师的帮助和指正。在整个翻译过程中，我也得到了我的家人和朋友的帮助，在此谨致谢意。尽管如此，本书难免存在各种疏漏和错误，欢迎读者发送邮件到 dr.watsup@outlook.com 和我交流探讨。希望这本关于不确定性的书在给读者更多知识的同时，能帮助读者减少自己的“不确定”，成就一番佳话。

何生

2022 年 2 月

# 版 权 声 明

Original title: *Do Dice Play God? The Mathematics of Uncertainty*, by Ian Stewart.
Copyright © Joat Entreprise, 2019. This edition arranged with Profile Books Ltd. through Andrew Nurnberg Associates International Limited.
Simplified Chinese-language edition copyright © 2022 by Posts & Telecom Press. All rights reserved.

本书中文简体字版由 Profile Books Ltd 通过 Andrew Nurnberg Associates 授权人民邮电出版社有限公司独家出版。未经出版者书面许可，不得以任何方式复制或传播本书内容。

版权所有，侵权必究。